Medizinische Informatik und Statistik

Herausgeber: S. Koller, P. L. Reichertz und K. Überla

12

Juristische Probleme der Datenverarbeitung in der Medizin

GMDS/GRVI Datenschutz-Workshop 1979

Herausgegeben von
W. Kilian und A. J. Porth

Springer-Verlag
Berlin · Heidelberg · NewYork 1979

Reihenherausgeber
S. Koller, P. L. Reichertz, K. Überla

Mitherausgeber
J. Anderson, G. Goos, F. Gremy, H.-J. Jesdinsky, H.-J. Lange,
B. Schneider, G. Segmüller, G. Wagner

Bandherausgeber
Wolfgang Kilian
Fakultät für Rechtswissenschaften
Universität Hannover
Hanomagstr. 8
3000 Hannover 91

Albert J. Porth
Medizinische Hochschule Hannover
Karl-Wiechert-Allee 9
3000 Hannover 61

ISBN-13: 978-3-540-09515-6   e-ISBN-13: 978-3-642-81365-8
DOI: 10.1007/978-3-642-81365-8

CIP-Kurztitelaufnahme der Deutschen Bibliothek
Juristische Probleme der Datenverarbeitung in der Medizin / GMDS - GRVI - Datenschutz -Workshop,
12./13. Januar 1979, Bad Homburg v. d. H. Hrsg. von W. Kilian u. A. J. Porth. - Berlin, Heidelberg,
New York : Springer, 1979.
(Medizinische Informatik und Statistik ; 12)

NE: Kilian, Wolfgang [Hrsg.]; Datenschutz-Workshop
<1979, Homburg, Höhe>; Deutsche Gesellschaft für Medizinische Dokumentation, Informatik u. Statistik

2145/3140 - 5 4 3 2 1 0

VORWORT

Am 12. und 13. Januar 1979 fand in der Werner-Reimers-Stiftung in Bad Homburg v. d. H. ein gemeinsamer Workshop der Gesellschaft für Rechts- und Verwaltungsinformatik e.V. (GRVI) und der Deutschen Gesellschaft für Medizinische Dokumentation, Informatik und Statistik e.V. (GMDS) statt. Teilnehmer waren medizinische und juristische Experten, die auf der Grundlage von 9 Referaten das hochbrisante Thema der fortschreitenden Automation medizinischer Daten in der Arztpraxis, im Krankenhaus, in Behörden, bei Versicherungsträgern und in Forschungsinstituten hinsichtlich des Datenschutzes diskutierten. Von den technologischen Veränderungen und dem Aufbau großer Datenbanken werden zunehmend nicht nur das Arzt-Patienten-Verhältnis, sondern auch die Beziehungen zwischen privaten und öffentlichen Stellen sowie Forschungseinrichtungen stark betroffen. Die nachfolgend veröffentlichten Referate und Thesen der Referenten sowie Diskussionszusammenfassungen beleuchten die aktuelle Situation. Sie liefern vielfältige Anregungen für die juristische und medizinische Wissenschaft und Praxis und bieten zahlreiche Vorschläge für den Gesetzgeber.

Der Workshop war thematisch in zwei ganztägigen Seminaren durch eine gemeinsame Kommission beider Gesellschaften vorbereitet worden. Der Kommission, die als eine ständige Expertengruppe für juristische Fragen der Datenverarbeitung in der Medizin eingerichtet wurde, gehören an: Prof. J. F.V. Deneke (Hauptgeschäftsführer der Bundesärztekammer, GMDS); Dr. jur. C.E. Eberle (Universität Konstanz, GRVI); Prof. Dr. jur. H. Heußner (Vorsitzender Richter am Bundessozialgericht, GRVI); Dr. jur. A. Hollmann (Geschäftsführerin in der Ärztekammer Niedersachsen, GRVI); Prof. Dr. jur. W. Kilian (Universität Hannover, GRVI); Priv.-Doz. Dr. rer. nat. A. J. Porth (Medizinische Hochschule Hannover, GMDS); Dr. med. O.P. Schaefer (Facharzt für innere Krankheiten, Kassel, GMDS).

Die Gesamtorganisation des Workshops sowie die Zusammenfassung der Diskussion auf der Grundlage von Tonbandaufnahmen lag bei den Herausgebern dieses Tagungsbandes. Sie stellen sich auch als Kontaktstelle für Anfragen und Anregungen an die gemeinsame Kommission von GRVI und GMDS zur Verfügung.

Unser Dank gilt der Werner-Reimers-Stiftung, die ihre Räume überlassen und die Tagung durch einen Zuschuß unterstützt hat, sowie dem Springer-Verlag für die schnelle Veröffentlichung der Tagungsergebnisse.

Ebenfalls danken wir Frau Roswitha Büttner (Universität Hannover) und Frau Karola Sontag (Medizinische Hochschule Hannover) für ihre Mithilfe beim Schreiben und Zusammenstellen der Texte.

Wolfgang Kilian
1. Vorsitzender der GRVI

Albert J. Porth
Vorsitzender der Beiratskommission
"Juristische Fragen in der Medizin"
der GMDS

Dipl.-Math. Dr. jur. G. BORCHERT, Wissenschaftliches Institut der Ortskrankenkassen, Bonn

Dr. jur. U. DAMMANN, Oberregierungsrat beim Bundesbeauftragten für den Datenschutz, Bonn

Prof. J. F.V. DENEKE, Hauptgeschäftsführer der Bundesärztekammer, Köln

Dr. jur. C.E. EBERLE, Wissenschaftlicher Assistent der Universität Konstanz

Privatdozent Dr. med. E. GREISER, Diabetes-Forschungs-Institut der Universität Düsseldorf

Prof. Dr. med. G. GRIESSER, Institut für medizinische Statistik und Dokumentation der Universität Kiel

Prof. Dr. jur. H. HEUSSNER, Vorsitzender Richter am Bundessozialgericht, Kassel

Dr. jur. A. HOLLMANN, Geschäftsführerin in der Ärztekammer Niedersachsen, Hannover

Prof. Dr. jur. W. KILIAN, Fakultät für Rechtswissenschaften der Universität Hannover

Dr. rer. pol. C.O. KÖHLER, Institut für medizinische Dokumentation, Informatik und Statistik, Deutsches Krebsforschungszentrum, Heidelberg

Dr. jur. E. KÜPPERS, Ministerialrat im Bundesministerium für Arbeit und Sozialordnung, Bonn

Dr. jur. B. LUTTERBECK, Oberregierungsrat beim Bundesbeauftragten für den Datenschutz, Bonn

Dipl.-Kfm. B. MASCHMANN-SCHULZ, Forschungsstelle für Informationstechnologie, Fakultät für Rechtswissenschaften der Universität Hannover

Dr. jur. J. MEYDAM, Justitiar im Bundesverband der Betriebskrankenkassen, Essen

Prof. Dr. med. J. MÖHR, Institut für medizinische Dokumentation und Statistik der Universität Heidelberg

Privatdozent Dr. rer. nat. A. J. PORTH, Akademischer Oberrat, Medizinische Hochschule Hannover

Privatdozent Dr. jur. F. RULAND, Leitender Verwaltungsdirektor beim Verband Deutscher Rentenversicherungsträger, Frankfurt/M.

Dr. med. O. P. SCHAEFER, Niedergelassener Facharzt für Innere Krankheiten, Kassel

Dr. jur. J. SCHINDEL, Leitender Regierungsdirektor beim Hessischen Datenschutzbeauftragten, Wiesbaden

M. SCHUSTER, Assessor, Forschungsstelle für Informationstechnologie, Fakultät für Rechtswissenschaften der Universität Hannover

Dr. jur. J. SIMON, Akademischer Rat, Fakultät für Rechtswissenschaften der Universität Hannover

Prof. Dr. jur. W. STEINMÜLLER, Fachbereich Rechtswissenschaft der Universität Regensburg

Prof. Dr. med. G. WAGNER, Institut für medizinische Dokumentation, Informatik und Statistik, Deutsches Krebsforschungszentrum Heidelberg

B. ZIEGLER-JUNG, Rechtsanwältin, Datenschutzbeauftragte, Medizinisches Informationszentrum (MIZ) GmbH., Berlin

INHALTSVERZEICHNIS

Ausgewählte Gesetzestexte

ENTSTEHUNG MEDIZINISCHER DATEN

J. F. VOLRAD DENEKE

Das Thema "Entstehung medizinischer Daten" kann nicht gut behandelt werden ohne Klarheit darüber, was als "medizinische Daten" bezeichnet wird.

1. Frage: Was sind und wie entstehen Daten im Sinne der Dokumentation, Informatik und Statistik?

Das wichtigste Ergebnis der Überlegungen zu dieser Frage sei vorweggenommen:

1. These: Daten im Sinne der Dokumentation, Datenverarbeitung und Informatik entstehen dadurch, daß Aufzeichnungen von Gegebenem in Form von stehenden und bewegten Bildern und/oder in Form von Tönen und Tonfolgen und/oder in Form von Signalen und Signalkomplexen in Dateien (Dokumentations-, Datenverarbeitungs- und Informationssysteme) aufgenommen werden.

Diese erste definitorische These gliedert Daten im Sinne auch des Datenschutzgesetzes begrifflich aus dem Ober- und Gesamtbegriff "Daten" aus. Das bedeutet: die Thematik "Entstehung medizinischer Daten (im Sinne von Info-Daten)" enthält in der Vokabel "Entstehung" überhaupt kein Problem eigener Art. Auch medizinische Daten "entstehen", indem etwas in eine "Datei" eingegeben wird. Nicht der Prozeß der Entstehung eines "Info-Datums" ist problematisch, sondern der dieser Entstehung vorgelagerte Entscheidungsprozeß: soll überhaupt ein Datum entstehen? Wenn ja, in welche Form von "Datei" soll es eingegeben werden?

Gegebenheiten, Lebensdaten von Personen als Zwischenprodukte oder Endprodukte der Erkundung und Erforschung in medizinischen Berufstätigkeiten, die in eine Datei in irgendeiner Form eingegeben werden können, entstehen innerhalb der medizinischen Berufstätigkeiten in Hülle und Fülle. Sie entstehen bei der Anamneseerhebung, sie entstehen bei der Befundung, bei der Diagnosestellung, in der Therapie, in der Prognostik, bei der Begutachtung, in der Forschung, bei der Abrechnung. Sie entstehend mit unterschiedlicher Aussagepräzision für die Gegenwart und für etwaige zukünftige Lebenszusammenhänge. Sie entstehen als mehr oder weniger harte oder weiche Feststellungen, Befunde, Tatbestandserhebungen.

Erst in dem Augenblick der Aufnahme einer Aufzeichnung solcher massenhaft in den medizinischen Berufstätigkeiten anfallenden Beobachtungen über "Lebensdaten" in eine Datei im weitesten Sinne des Wortes, in ein Dokumentations-, Datenverarbeitungs- und Informationssystem entstehen Daten im Sinne der hier zur Diskussion stehenden Thematik "Info-Daten".

Die bloße Aufzeichnung zum Zwecke der Aufbewahrung (Konservierung) oder Tradierung von Bewußtseinsinhalten an Dritte (z. B. Brief, Testament, Buchmanuskript) läßt noch kein Datum im Sinne eines Dateibestandteiles entstehen. In diesem Sinne trägt die Vokabel "Datenträger" z. Zt. noch ebenso wie der undifferenzierte Gebrauch des Wortes "Daten" zur Begriffsverwirrung bei, wenn alle Materialien bzw. Produkte, die zur Aufnahme von Aufzeichnungen benutzt werden, nur deswegen schon als "Datenträger" statt etwa als Bild-, Ton- und Schriftträger bezeichnet werden.

Mit dieser Unterscheidung zwischen Lebens-Daten und Info-Daten stellt sich das erste Grundproblem aller Datenschutzdiskussionen als Aufgabe und Verantwortung bei der Auswahl von Info-Daten aus der Fülle von Lebens-Daten. Das entsprechende Thema müßte etwa lauten: Zweckmäßige und verantwortliche Auswahl von Daten für medizinische Dokumentation und Informatik in medizinischer Forschung und Praxis. Das Feld der Konflikte liegt zwischen dem welchen Zwecken auch immer Dienlichen und der Persönlichkeitsrechte achtenden Verantwortung.

Wenn für das Thema "Entstehung medizinischer Daten" insoweit festzuhalten ist, daß medizinische Daten prinzipiell nicht anders entstehen als alle anderen Daten in Dokumentations-, Datenverarbeitungs- und Informationssystemen, dann bleibt an dieser Stelle allerdings immer noch die Frage: Was geschieht eigentlich in dem Augenblick, in dem Aufzeichnungen von Lebens-Daten aus medizinischer Berufstätigkeit in eine Datei aufgenommen werden? Was für medizinische Lebens-Daten können überhaupt in medizinische Info-Daten verwandelt werden?

Der Erkenntnis dieser Vorgänge mag es dienlich sein, zunächst den Grundbegriff "Daten" und den Begriff "Datei" zu erörtern. Weil Daten im Sinne der speziellen Fragestellung und des Datenschutzes immer Partikel einer Datei sind, sei mit diesem insoweit vorgeordneten Begriff begonnen.

2. Frage: Was ist eine Datei?

Das Gesetz zum Schutz vor Mißbrauch personenbezogener Daten bei der Datenverarbeitung (Bundesdatenschutzgesetz - BDSG) vom 27. Januar 1977 enthält in § 2 Abs. Nr. 3 eine Begriffsbestimmung:

> "Im Sinne des Gesetzes ist eine Datei eine gleichartig aufgebaute Sammlung von Daten, die nach bestimmten Merkmalen erfaßt und geordnet, nach anderen bestimmten Merkmalen umgeordnet und ausgewertet werden kann, ungeachtet der dabei angewendeten Verfahren; nicht hierzu gehören Akten und Aktensammlungen, es sei denn, daß sie durch automatisierte Verfahren umgeordnet und ausgewertet werden können. "

Abgesehen davon, daß durch diese Begriffsbestimmung im Gesetz Tatbestände erfaßt werden, die der Gesetzgeber ganz sicher nicht hatte erfassen wollen, ist die Begriffsbestimmung als solche für den Begriff "Datei" im wesentlichen zutreffend und komplex. Es werden damit ebenso Adressenverzeichnisse im Notizkalender jedes Bürgers erfaßt, wie die nach Aktenplänen mikrophotographierten Aktenbestände von großen Industrieunternehmen oder - in Zukunft auch - Behörden, die damit bundes- und schließlich weltweit detailliert transportabel und abrufbar werden.

Die Definition deckt auch insofern den Begriff des "Datenspeichers" mit ab, als dieser immer das Aufbewahren von Mehrheiten in irgendeiner Beziehung gleichförmiger Einheiten umfaßt und insofern bereits eine "gleichartig aufgebaute Sammlung" darstellt. Ein einzelner Brief, eine einzelne Mitteilung werden aufbewahrt, aber nicht "gespeichert". Mehrere gemeinsam in einem Raum oder gemeinsam auf gleichem Schriftträger zu etwaiger, noch nicht vorhersehbarer späterer Verwendung aufbewahrte Gegenstände oder Aufzeichnungen stellen bereits eine Sammlung dar, deren gemeinsames Erfassungsmerkmal freilich vorerst vielleicht nur die Aufbewahrung ist. Der Ordnungsgedanke ist im Begriff des Speichers in Form gemeinsamer räumlicher Zuordnung der aufzubewahrenden Einheiten enthalten.

2. These: Wesentliche Kriterien einer Datei im weitesten Sinne des Wortes sind

- Konstanz ihres Ordnungssystems und
- Aktualität ihres Datenbestandes durch partielle Ergänzungen,
  Veränderungen und Löschungen.

Im Sinne der Dokumentation, Informatik und Statistik sind dementsprechend Daten immer geordnete und zu ordnende Mehrheiten. Der Begriff "Daten" ist ja die Pluralform von "Datum".

"Datum" ist dem sprachlichen Herkommen nach das Perfekt der lateinischen Vokabel "dare" = geben. Ein Datum ist also ein Perfektum, ein Gegebenes.

Nach dem Verständnis des Begriffes, wie es in der zur Zeit neuesten Ausgabe des Brockhaus, 4. Band, 1968, S. 335, aktuell wiedergegeben ist, sind Daten "Einzelgegebenheiten, die aus Beobachtungen, Experimenten, Erfahrungen, statistischen Erhebungen u.a. gewonnen werden."

In dieser vagen Definition wird mit der Vokabel "Einzelgegebenheit" deutlich gemacht, daß Daten Details aus größeren Zusammenhängen sind. Sie sind also nicht selbständige Texte mit zugeordneten Kontexten, sondern Teilstücke eines größeren Ganzen, aus einem größeren Zusammenhang entnommene Partikel. Soweit Daten der lebendigen geschichtlichen Wirklichkeit entnommen werden, handelt es sich um Momentaufnahmen eines Bewegungsvorganges, Querschnitte einer Entwicklung. Insoweit sind auch Datenkomplexe, die Bewegungsvorgänge konservieren, wie z. B. Filme, fixierte "Moment"-Aufnahmen, nur daß sie nicht einen "zeitlosen" Moment zwischen Vergangenheit und Zukunft festhalten, sondern einen Zeitabschnitt fixieren.

Datum als Perfektum ist insoweit das Endprodukt eines Vorganges. Weil ein Datum immer aber auch Moment eines Vorganges ist, kann das Datum dann wiederum Ausgangspunkt, "Gegebenes" für weitere gedankliche oder tatsächliche Vorgänge sein. Von genau dieser Möglichkeit wird Gebrauch gemacht, wenn Daten einer Datei entnommen und wieder verwandt werden, wenn Info-Daten in Lebens- und Forschungszusammenhänge transplantiert werden. Die Probleme, die dabei entstehen, sind denen bei Organtransplantationen durchaus vergleichbar.

3. These: Daten sind einzelne, zeitlich fixierte Gegebenheiten aus geschichtlichen Bewegungs-zusammenhängen. Ihre Aufzeichnung zum Zwecke der Eingabe in Dateien verwandelt insoweit konkrete Lebenswirklichkeit in abstrakte Signale und Signalkomplexe, die als solche über Zeit und Raum tradierbar sind. Bei der Verwendung von Material aus Datenbanken ist dessen Stimmigkeit zum neuen Bewegungszusammenhang zu beachten.

Bei der Verwandlung von "Lebens-Daten" in "Info-Daten" werden Ausschnitte fließender Wirklichkeit als Momentaufnahmen von Bewegungsvorgängen der konkreten Wirklichkeit entnommen und insoweit auch dieser konkreten Wirklichkeit entfremdet. Sie bleiben nach ihrer Entnahme Aufzeichnungen und Abbildungen der sich immer weiter entfernenden Vergangenheit.

Zweck der Umwandlung von Lebens-Daten in Info-Daten ist

- die Konservierung zum Zwecke späterer Nutzung und/oder
- die Tradierung von Bewußtseinsinhalten auf andere.

Wenn die Umwandlung von Lebens-Daten in Info-Daten bedeutet, daß Details aus einem geschichtlichen Bewegungsvorgang, aus einem konkreten geschichtlichen Umfeld entnommen werden, dann muß genau dieses Herkommen aus Umfeld und Geschichte bei der Weiterverarbeitung und bei der weiteren Verwendung von Info-Daten beachtet werden. Es stellen sich dann stets die Fragen: Wie und in welchem Umfange werden durch Verarbeitung und in der Wiederverwendung die Daten ihrem ursprünglichen geschichtlichen Umfeld entfremdet? Inwieweit verändert sich das Verständnis der Signale und Signalkomplexe durch Zeitablauf und als Folge der Einpassung in ein neues, dem Entnahme-Umfeld nicht kongruentes Weiterverwendungs-Umfeld?

Info-Daten können als Transplantate wirklichkeitsgerecht in neue Funktionszusammehänge nur eingepaßt werden unter Beachtung der Vergleichbarkeit und Stimmigkeit mit der neuen Biozöse.

In diesem Bilde gesprochen handelt es sich bei Datenmißbrauch um Unverträglichkeit des Transplantats für den inkorporierten Organismus. Entsprechendes gilt auch für die konventionellen Datenverarbeitungsvorgänge der Auswertung statistischer Erhebungen.

3. Frage: Was sind "medizinische Daten" und was ist für sie im Unterschied zu anderen "Daten" charakteristisch?

Die "ars medicina" ist die ärztliche Kunst, die Heilkunde, die Wissenschaft vom gesunden und kranken Menschen, von Ursachen, Erscheinungen, Auswirkungen menschlicher Krankheiten, ihrer Erkennung, Heilung und Verhütung.

In dieser, das allgemeine Sprachverständnis wiedergebenden Beschreibung wird ganz zutreffend deutlich gemacht, daß Medizin sowohl Wissenschaft ist als auch Erfahrung und Kunst. Medizinische Dokumentation, Informatik und Statistik beschäftigt sich insoweit mit einer Fülle von Tatbeständen und Vorgängen, bei denen die Verwandlung von Lebens-Daten und Info-Daten sehr verschiedenen Gesetzmäßigkeiten folgt. Viele somatische Tatbestände lassen sich relativ konkret aufzeichnen, in Bildern und Signalen festhalten. Für die medizinisch nicht weniger relevanten psychischen Gegebenheiten ist dies entschieden problematischer. Wieder anders ist die höchst unterschiedliche Möglichkeit der Umsetzung sozial-medizinischer Lebens-Daten in Info-Daten.

4. These: In der durchgesehenen Literatur werden als "medizinische Daten" bezeichnet

- medizinisch relevante Daten,
- Daten, die im Tätigkeitsfeld der medizinischen Berufe entstehen und
- in medizinischen Berufstätigkeiten genutzte Daten.

Die Brauchbarkeit dieser drei differenten Begriffsverständnisse ist höchst unterschiedlich. Die Verwendung des Begriffes für alle medizinisch relevanten Daten erscheint für allzuviele Zwecke allzu extensiv. Grob verallgemeinernd kann man sagen, daß es so gut wie überhaupt keine Daten gibt, die nicht für die medizinische Forschung und Praxis relevant sein oder werden könnten.

Das Begriffsverständnis im Sinne von Daten, die im Tätigkeitsfeld der medizinischen Berufe entstehen, ist dagegen gerade für die Erörterung des gesamten Fragenkomplexes "Datenschutz" besonders geeignet. Es handelt sich hier um eine etwas weitere Fassung des Begriffsverständnisses dieser Daten als "Daten aus der Patient-Arzt-Beziehung". Die besonderen Probleme des Datenschutzes werden nicht zuletzt deswegen durch diese Genese "medizinischer Daten" betonende Begriffsabgrenzung besonders gut erfaßt, weil im Tätigkeitsfeld der medizinischen Berufe gewonnene Daten auch anderweitig verwendbar sind und der Mißbrauch immer bei der ihre Genese nicht hinreichend beachtenden anderweitigen Verwendung von Daten erfolgt.

Das Begriffsverständnis "medizinische Daten = in medizinischen Berufstätigkeiten benutzte Daten" ist innerhalb des Tätigkeitsfeldes der medizinischen Berufe und insbesondere innerhalb der Forschung relevant, weil eben auch viele Daten, die außerhalb des Tätigkeitsfeldes der medizinischen Berufe anfallen und gewonnen werden, mindestens von der medizinischen Forschung genutzt werden müssen. Für den Datenschutz bietet dieses Begriffsverständnis keine brauchbare Definition.

In mündlichen Diskussionen, nicht in der durchgesehenen Literatur, ist angeboten worden, als "medizinische Daten" zu bezeichnen

> - die körperliche und/oder die geistige Gesundheit einer Person betreffende Daten, soweit diese unter Beteiligung der datenbezüglichen Person zustande gekommen sind.

Eine solche Begriffsbestimmung würde den Personenbezug bei der Entstehung von Daten besonders hervorheben, diesen jedoch nicht auf Ergebnisse medizinischer Berufstätigkeiten beschränken, sondern auch Daten einbeziehen, die aufgrund von Selbstaussagen, z. B. gegenüber Versicherungen, Behörden, Verbänden, Arbeitgebern usw. entstehen. Die Definition schleppt die ganze Problematik der Abgrenzung des Gesundheitsbezuges auch anderweitig relevanter Daten ins Kalkül, wird jedoch der Tatsache gerecht, daß für auf Selbstangaben beruhende Daten, zum Beispiel über Vorerkrankungen in Versicherungsdateien, die Bezeichnung "medizinische Daten" nicht gut unzutreffend genannt werden könnte. Abgrenzende Bedeutung hätte in diesem Zusammenhang die Beantwortung der Frage, ob sich der über persönliche Lebensdaten Auskunft Erteilende und/oder sein Partner des Gesundheitsbezuges der Angaben bei der Datenerhebung bewußt waren.

5. These: Medizinische Daten sind immer direkt oder indirekt auf Personen bezogene Daten, soweit man unter "medizinisch" human-medizinisch versteht. Demnach ist zu unterscheiden zwischen

- unmittelbar auf Personen (Individuen) bezogene Daten,
- mittelbar auf Personen bezogene Daten mit der Möglichkeit rückbezüglicher Identifikation des unmittelbaren Personenbezuges und
- mittelbar auf Personen bezogene Daten ohne die Möglichkeit rückbezüglicher Identifikation des unmittelbaren Personenbezuges.

Wenn als "personenbezogen" in der bisherigen Diskussion zum Datenschutz nur solche Daten bezeichnet werden, die noch nach ihrer Entnahme erkennbar einer Person individuell zugeordnet werden können, dann muß man zwischen personenbezogenen medizinischen Daten unterscheiden und solchen, die dies nicht sind. Die Dreiteilung weist jedoch unmißverständlicher auf die Problematik aller Grenzfälle hin, indem sie diese Problemfälle zu einer Kategorie sui generis macht. Aufmerksamkeit und Verantwortung bei der Umwandlung von medizinischen Lebens-Daten in medizinische Info-Daten werden durch diese Dreiteilung deutlicher auf diese Kategorie konzentriert.

Der generelle Hinweis darauf, daß medizinische Daten immer in Entstehung und Verwendung - gleichgültig, ob man den Begriff "medizinisches Datum" mehr oder weniger extensiv auslegt -

direkt oder indirekt personenbezogen sind, charakterisiert die besondere Empfindlichkeit medizinischer Daten. Im Sinne ungefährer Übereinstimmung des allgemeinen Sprachgebrauchs und Begriffsverständnisses bezeichnen wir als "Person" den einzelnen Menschen als eine geistig-leibliche Entwicklungseinheit in ihrem sozialen und ökologischen Umweltbezug.

6. These: Für den Personenbezug medizinischer Daten sind folgende Kriterien von besonderer Bedeutung:

1. Person ist eine komplexe Lebenseinheit; ihr entnommene Daten gehen dieses Zusammenhanges verlustig, auf sie bezogene Daten müssen stimmig sein.
2. Person ist eine geschichtlich einmalige Einheit; der Individualität entnommene Daten gehen des Charakters der geschichtlichen Einmaligkeit nicht verlustig, auch dann nicht, wenn sie mit scheinbar gleichförmigen Daten aus anderen einmaligen Einheiten zu einer neuen, z. B. statistischen Konfiguration zusammengestellt werden.
3. Person ist eine Entwicklungseinheit; demgegenüber sind personenentnommene oder personenbezogene Daten aus dem lebendigen Entwicklungsprozeß herausgelöste Aufzeichnungen geschichtlicher Details.
4. Person ist immer nur existent in ihrem sozialen und ökologischen Umweltbezug; personenbezogene Daten sind damit immer auch einem größeren sozialen und naturgeschichtlichen Kontext entnommen.

So diskussionswürdig diese These im Detail sein mag, sie soll verdeutlichen, daß für alle medizinischen Daten wegen ihres direkten oder indirekten Personenbezuges ein besonderes Problem der Daten-Wahrhaftigkeit besteht. Die Gefahr der Verfremdung und Verfälschung von Tatbeständen und Bewußtseinsinhalten durch Umwandlung von Lebens-Daten in Info-Daten ist wegen der Entnahme aus einem personalen Gesamtzusammenhang und der späteren Wiedereinfügung in einen dann vielleicht völlig veränderten Lebensfluß besonders groß. Es handelt sich hier also u.a. um die Frage, ob der Verfremdungs- und Verfälschungseffekt bei der Umwandlung von Lebens-Daten in Info-Daten für alle personenbezogenen Daten in der bisherigen Diskussion zum Datenschutz schon gehörig beachtet worden ist.

7. These: In Ansehung der Definition von "Daten" und "Person" ist es generell fragwürdig, personenbezogene Daten von gestern nicht nur deskriptiv und retrospektiv zu verwerten, sondern auch nach Fristabläufen Personen noch oder wieder zuzuschreiben, da wegen der Komplexität der "Person" eigentlich nie alle Veränderungen des Kontextes ins Kalkül gezogen werden können.

Um abschließend den Fragenkranz, der bei der Entstehung medizinischer Daten durch Umwandlung von Lebens-Daten in Info-Daten, durch Eingabe von Daten in Dateien, Dokumentations-, Datenverarbeitungs- und Informationssysteme schematisch darzustellen, sei nach dem

Muster der LASWELL'schen Kommunikationsformel eine mehrgliedrige Datenformel angeboten. Sie kann vielleicht Entscheidungshilfe bedeuten, weil sie die Entstehung, den Verlauf und die Verwendung der Daten- und Informationsflüsse systematisiert:

<u>Wer nimmt</u> (oder wer veranlaßt wen zu nehmen)

<u>warum</u> (aus welchen Motivationen und zu welchen Zwecken)

<u>was</u>

<u>von wem</u>

<u>in welche Datei</u> (Dokumentations-, Datenverarbeitungs- und Informationssystem, Statistik)

<u>mit welchen Möglichkeiten zur Weiterverwendung</u> (für welche Zwecke)

<u>für wen</u> und

<u>mit welcher Wirkung</u>?

An dieser Stelle kann diese auch den Text des Bundesdatenschutzgesetzes beachtende neungliedrige Daten- und Informationsformel nicht im einzelnen abgetastet, beschrieben und erläutert werden. Für zweckmäßige und verantwortliche Auswahl von Daten für medizinische Dokumentation und Informatik in Forschung und Praxis kann jedoch nach dieser Datenformel das ganze Material systematisch zusammengetragen und analysiert werden, das jeweils als Entscheidungshilfe im Einzelfall oder auch bei der Einführung genereller Regelungen beachtet werden sollte. Die Formel weist auch darauf hin, daß die Verhütung des Datenmißbrauchs zwar den ganzen Verlauf aller Datenflüsse begleiten muß, immer aber bei der Frage beginnt, ob und was überhaupt in ein Dokumentations-, Datenverarbeitungs- und Informationssystem aufgenommen werden darf.

ZUSAMMENFASSUNG DER DISKUSSION ZUM REFERAT
"ENTSTEHUNG MEDIZINISCHER DATEN"

ALBERT J. PORTH

Herr KÜPPERS verweist darauf, daß die von Herrn DENEKE genannte mehrgliedrige Formel (nach dem Muster der LASWELLschen Kommunikationsformel) in den meisten Punkten dem § 12 Bundesdatenschutzgesetz und der Datenschutzveröffentlichungsordnung entspricht. Herr DENE-KE bemerkt hierzu, daß ihm dieser enge Zusammenhang bei der Ausarbeitung seines Referats ebenfalls bewußt wurde und er darin eine Bestätigung zu dieser Betrachtungsweise sehe.

Herr KÜPPERS stellt die Frage, ob unter den Begriff "Person" auch Verstorbene fallen und wenn ja, wie lange. Herr DENEKE und andere Diskussionsredner beantworten dies dahingehend, daß weniger die Frage, ob Verstorbene Personen sind, im Vordergrund steht, sondern das Problem, wie lange personenbezogene Daten nach dem Tode des Betroffenen schutzwürdig bleiben. Dies sei auch über den Tod einer Person hinaus zu bejahen.

Herr KÖHLER wirft die Frage auf, ob in der angegebenen Kommunikationsformel nicht auch noch die rechtliche Grundlage für die Person des "Datennehmenden" hinein gehört. Herr DENEKE vertritt jedoch die Ansicht, daß die rechtliche Frage in diesem Zusammenhang sekundär sei ("Das Recht ist wandelbar"). Die Kommunikationsformel soll den Vorgang als solchen nur beschreiben. Die Rechtsfrage ist relevant, aber in diesem Zusammenhang herauszulassen.

Herr MEYDAM sieht wie Herr KÖHLER die Rechtsfrage nicht so stark getrennt von der Kommunikationsformel wie Herr DENEKE. Er findet die Formel trotzdem sehr hilfreich.

Herr GRIESSER äußert sich skeptisch hinsichtlich der besonderen Hervorhebung solcher Daten als "Infodaten". Er findet diese Wortneuschöpfung nicht sehr glücklich, weil hier die Begriffe "Datum" und "Information" in einer Weise vermengt werden, die nicht ihrer üblicherweise zugrundeliegenden Bedeutung entsprechen. Herr DENEKE betont, daß er damit alle Daten zusammenfaßt, die im Rahmen des Gesamtkomplexes eine Rolle spielen. Er möchte jedoch bei dem Begriff bleiben, da er seiner Meinung nach die Grenze deutlich macht, ab der ein Datum schutzwürdig ist, nämlich mit seiner Aufzeichnung.

Herr PORTH   verweist in diesem Zusammenhang darauf, daß ein Datum nicht singulär ist, sondern zunächst aus bestimmten Zusammenhängen herausgenommen wurde und bei der Dokumentation - mit welchem Hilfsmittel auch immer - die Schwierigkeit (wenn nicht sogar die Unmöglichkeit) besteht, den Sachzusammenhang, d.h. den Kontext des Datums ebenfalls zu dokumentieren. Bei Weiterverwendung eines dokumentierten oder gespeicherten Datums besteht folglich die Gefahr, selbst bei korrekten Ausgangsdaten zu falschen Informationen zu kommen, da wegen des fehlenden Kontextes, der ursprüngliche Sachzusammenhang eines Datums nicht zweifelsfrei rekonstruierbar ist.

Herr MÖHR unterstreicht die von Herrn PORTH aufgeworfene Problematik der Kontextbezogenheit eines Datums. Er stellt dem Referenten die weitere Frage, wie unter Datenschutzaspekten das Problem zu sehen ist, daß man mit Hilfe personenbezogener Daten von Patienten Schlüsse über den behandelnden Arzt zieht mit dem Ziel einer Qualitätsverbesserung (z. B. bei der Befundung in der Elektrokardiographie, Elektroenzephalographie, Computertomographie u.a.). Herr DENEKE antwortet, daß - streng genommen - Daten nur zu dem Zweck verwendet werden dürfen, zu dem sie erfaßt worden sind, denn nur dann kann eine Chance bestehen, daß Datenmißbrauch wirksam vermieden wird. Denn ein Arzt, der den in diesem Beispiel genannten Verwendungszweck kennt, wird seine Datendokumentation in anderer Weise beeinflussen als ein Arzt, der diese Zweckbestimmung nicht kennt. Deswegen sei zunächst das Augenmerk darauf zu richten, was bei solchen Datenverfremdungen passiert. Herr DENEKE führt folgende Beispiele an:

1. Bei einer Zusammenstellung von Bescheinigungen über Arbeitsunfähigkeit bestünde eine Regelung, den Grund der Arbeitsunfähigkeit präzise angeben zu müssen. Dies soll dann ausgewertet werden. Eine derartige Auswertung würde wenig erfolgreich sein, da mit sehr vielen "Schutzbehauptungen" hinsichtlich der Krankheitsangabe zu rechnen ist (um den Effekt abzusichern).

2. Man sammelt Diagnosen, die aufgeschrieben wurden, um eine Krankenhauseinweisung zu rechtfertigen, dann wird man feststellen, daß möglicherweise auf keiner dieser Einweisungen als Grund angegeben ist: "Die pflegende Familie will in Urlaub gehen und die Großmutter ist sonst nicht versorgt", obwohl dies der eigentliche Grund ist.

Herr SCHAEFER kommt noch einmal auf den Begriff "Infodaten" zurück und betont ebenfalls die Berücksichtigung des Verwendungszusammenhanges. Er verweist ergänzend auf den oftmals zeitlich sehr begrenzten Charakter hinsichtlich der Relevanz eines Datums. Herr KILIAN fragt nach, ob mit dem Begriff "Infodatum" das Datum allein gemeint sei oder ob es in einem ganz bestimmten Verwendungszusammenhang betrachtet werden müsse. Herr SCHAEFER bejaht das letztere und verweist in Beispielen darauf, daß Daten auch erhoben werden mit dem einzigen Zweck, in verschiedenen Zeitabständen künftig überprüft zu werden. Wenn solch ein Datum dann in einer Datei erfaßt wird, kann es in einen völlig anderen Sachzusammenhang gestellt werden.

Für Herrn HEUSSNER ist die Unterscheidung zwischen Lebensdatum und Informationsdatum etwas problematisch, obwohl er die Miteinbeziehung des Verwendungszwecks und Zusammenhangs für notwendig erachtet. Denn jedes Datum ist zuerst eine Tatsachenfeststellung, wobei nicht immer eine aktive Umsetzung solcher Daten in "Informationsdaten" erfolgen muß. Hier ist nochmals der Bezug zu betonen, in den ein Datum hineingestellt wird. Somit ist zunächst jedes Datum auch gleichzeitig Information, und der Datenschutz greift dort ein, wo bestimmte Daten aus einem Zusammenhang herausgenommen werden und durch Speicherung, Übermittlung oder anderweitig in einen anderen Zusammenhang gestellt werden. Herr HEUSSNER hält den Begriff "Datenschutz" insofern für falsch, da ja bekanntlich nicht Daten geschützt werden sollen, sondern Personen, auf die sich solche Daten beziehen. Bedenklich werde es immer dann, wenn jemand ein Datum von sich erheben läßt und damit der Meinung ist, daß dieses Datum in bestimmter Weise verwendet wird und daß es dann ohne seine Kenntnis und Einflußmöglichkeit zu ganz anderen Verwendungszwecken gelangt.

Herr DENEKE stimmt mit Herrn HEUSSNER überein und betont ergänzend zwei Vorstadien:

1. daß überhaupt ein Datum existiert und
2. ob dieses Datum aufgeschrieben wird oder nicht.

Ein Datum, welches zunächst nur aufgeschrieben wird, um ohne jegliche Weitergabe nach kurzer Zeit vernichtet zu werden, ist also kein "Infodatum", da nicht die Möglichkeit eines Mißbrauchs besteht. Ein "Infodatum" entsteht erst dann, wenn es in eine Datei gespeichert wird. Der Begriff ist insofern etwas ungenau, weil auch solche Daten u. U. später nicht mehr weiterverwendet werden und somit ebenfalls keine Mißbrauchsmöglichkeit gegeben ist. Insofern könnte es vielleicht besser sein, von "Dateidaten" zu sprechen.

Herr HEUSSNER erinnert daran, daß ein Jurist geneigt ist, sich an eingeführte Definitionen und Begriffe des BDSG zu halten. Danach kann es möglicherweise nicht nur relevant sein, was als Datum in eine Datei eingegangen ist, sondern wie es insbesondere um die Zulässigkeit jeder damit zusammenhängenden Phase steht (Erfassen der Daten, ihre Aufbewahrung auf einem Datenträger und ihre Weiterverwendung). Selbst bei der Speicherung auf einer Karteikarte kann die Frage des Erlaubtseins der Speicherung schon relevant werden. Insofern muß es nicht erst dann erheblich sein, wenn ein Datum in eine Datei eingeht. Denn gespeichert ist ein Datum bereits, wenn es aufgezeichnet worden ist, relevant wird es aber erst dann, wenn es irgendwo eingefügt wird, so daß es nach mehreren Kriterien umsortierbar ist. Schon das Datum, das gespeichert wird, ist bereits rechtlich relevant, ohne daß es schon in eine Datei eingefügt sein muß.

Herr DENEKE sieht den Begriff des Speicherns nicht so eng und meint, daß Speicherung vielmehr erst dann beginnt, wenn mindestens mehrere Dinge aneinandergefügt werden. (Hierzu konnte keine Einheitlichkeit in der Meinung erreicht werden.)

Herrn EBERLE erscheint Herrn DENEKES Definition des "medizinischen Datums" etwas zu weit: Der Hauptzweck der Definition eines Begriffes überhaupt kann doch nur sein, daß man - wie in unserem Beispiel - die medizinischen Daten von anderen Daten unterscheiden kann. Solch eine

Unterscheidung ist aber bei diesem Begriff sehr fraglich, denn es zeigt sich doch, daß jedes Datum ein medizinisches Datum werden kann. Auch aus anderen Gründen ist eine derartige Abgrenzung der medizinischen Daten von anderen nicht sehr relevant (PODLECH hat dies an anderer Stelle nachgewiesen). Deswegen sollten die medizinischen Daten nach ihrer pragmatischen Relation definiert und gesehen werden. Insofern ist (in Übereinstimmung mit Herrn KILIAN) der Erzeuger, der Empfänger und der Verwendungszweck relevant, und man kommt zu einer etwas engeren Definition der medizinischen Daten. Danach sind medizinische Daten solche, die der Arzt (oder eine Hilfsperson) zur Erfüllung der ärztlichen Aufgabenstellung im Wege der Übermittlung durch den Patienten oder durch eigene Erhebung ermittelt oder erzeugt. Man sollte also zurückkehren auf das Arzt-Patient-Verhältnis.

Herr BORCHERT verweist darauf, daß man bei der Forderung zur Verwendung von Daten ausschließlich in ihrem ursprünglichen Sinnzusammenhang mindestens die eine Ausnahme zulassen soll: falls bei Neuverwendung von Daten aller Wahrscheinlichkeit nach keine Wirkungen für den Betroffenen entstehen.

Herr DENEKE betont in seinem Schlußwort, daß die Abfassung dieses Referats für ihn ein gewisses Abenteuer gewesen sei. Er habe eine Fülle von Literatur durchgelesen hinsichtlich der Definitionen der Begriffe und habe wenig Brauchbares gefunden außer den Gesetzestext selbst. Er betrachte den Begriff "medizinisches Datum" nicht so eng wie Herr EBERLE und sehe den Entstehungsraum medizinischer Daten bewußt weiter. Einzubeziehen seien hierzu alle medizinischen Berufe und nicht nur das Arzt/Patient-Verhältnis.

GEFÄHRDUNG VON PATIENTENDATEN BEI KONVENTIONELLER UND AUTOMATISCHER VERARBEITUNG IM SYSTEM DER KASSENÄRZTLICHEN VERSORGUNG

OTFRIED P. SCHAEFER

1. Einleitung

Die Gegenüberstellung konventioneller und automatischer Verarbeitung von Patientendaten ist für die Betroffenen - Patienten wie Ärzte - keine erkennbare Realität.

Denn die automatische Verarbeitung von Patientendaten tritt für sie kaum in Erscheinung, die unmittelbare Arzt-Patientenbeziehung in der Praxis und im Krankenhaus scheint bis heute davon kaum berührt.

Dieser Irrtum wird durch das noch weitgehend getrennte Nebeneinander konventioneller Verarbeitung in der Praxis einerseits und automatischer Verarbeitung der Daten in den Kassenärztlichen Abrechnungsstellen und bei den Krankenversicherungen andererseits begünstigt. Wie sieht die Realität aus?

Lassen Sie mich dies an einem fiktiven Beispiel einer freiwillig versicherten Person, nachfolgend Patientin genannt, verdeutlichen:

2. Fluß der Patientendaten im System der Kassenärztlichen Versorgung an einem Beispiel

Eine Patientin X tritt freiwillig in die gesetzliche Krankenversicherung ein. Sie hat neben dem Familiennamen den Vornamen, das Geburtsdatum, den Familienstand, die Zahl der Kinder, den Arbeitgeber und ihr Einkommen sowie das des Ehegatten und der Kinder (!) angegeben. Sie ist erfaßt.

Die Patientin wird krank und sucht mit einem Krankenschein den Arzt A auf. Die eigene Vorgeschichte und die Familienvorgeschichte werden erhoben, Befunde werden erstellt und zusammen mit der Diagnose und der Verordnung in der Karteikarte dokumentiert.

Arzt A stellt die Diagnosen:

1. Depressive Verstimmung im Klimakterium,
2. Trichomonadiasis,
3. Subklinischer Diabetes mellitus bei Übergewicht,
4. Hyperlipidaemie.

Die Patientin erhält ein Rezept mit einem Antidepressivum, einem eindeutig definierenden Vaginaltherapeuticum und ein lipidsenkendes Medikament, das bei einem Apotheker eingelöst wird.

Abgesehen davon, daß der Apotheker und seine Hilfen aus dem vorgelegten Rezept 3 der 4 gestellten Diagnosen ableiten können, wandert das Rezept zur zuständigen Apothekenabrechnungsstelle, wo alle eingehenden Rezepte periodisch nach Apotheken, Ärzten und Krankenkassen sortiert zur Abrechnung mit der betreffenden gesetzlichen Krankenversicherung vorbereitet und schließlich weitergeleitet werden. Hier beginnt der erste Schritt der automatischen Verarbeitung, nachfolgend mit DV gekennzeichnet.

Der Arzt ist gehalten, die von ihm veranlaßten diagnostischen und therapeutischen Maßnahmen gegenüber der Kassenärztlichen Verrechnungsstelle bzw. der Krankenversicherung zu begründen bzw. zu rechtfertigen, um die Wirtschaftlichkeit seiner Arbeitsweise überprüfen zu können. Er trägt folglich auf dem Krankenschein der Patientin neben den Gebührenordnungsziffern seine Arbeits- bzw. "Rechtfertigungsdiagnosen" ein. Mit der nächsten Quartalsabrechnung wird der Krankenschein an die zuständige Bezirksstelle der Kassenärztlichen Vereinigung weitergereicht.

Die KV-Bezirksstelle prüft die Eintragungen und erstellt maschinenlesbare Belege (DV) und leitet den Krankenschein mit allen relevanten Abrechnungsdaten einschließlich Diagnosen an die Krankenkasse weiter, die wiederum alle Behandlungsdaten und gestellten Diagnosen über den Krankenschein erfährt, nicht zuletzt, um die Leistungspflicht gegenüber der Patientin prüfen zu können. Die maschinenlesbaren Belege gehen zur Abrechnung an die KV-Landesstelle (DV).

Im Falle einer Beanstandung durch die gesetzliche Krankenversicherung, wird der Krankheitsfall der Patientin einem weiteren Personenkreis, nämlich dem gesetzlich vorgesehenen Prüfgremium, das mit Vertretern von Krankenkassen und Kassenärztlicher Vereinigung besetzt ist, bekannt gemacht.

Würde die Patientin an Arzt B überwiesen, so hat sich der Vorgang mit zusätzlichen Informationen über die Patientin wiederholt, wobei Vorinformationen durch den erstbehandelnden Arzt in die Kartei des zweitbehandelnden Arztes eingehen und - fachspezifisch gefiltert - Weitergabe in der vorher beschriebenen Form erfahren. Es werden also auch Daten und Informationen über die Patientin dokumentiert, die nicht selbst erhoben (d.h. ungeprüft) sind.

Würde schließlich eine Krankenhausbehandlung notwendig, so werden dabei in aller Regel Teilinformationen über die Patientin vom behandelnden Hausarzt und beratenden Facharzt weitergegeben, neue Informationen zur Vorgeschichte der Patientin erhoben und zusammen mit allen Befunden und einer epikritischen Würdigung des Behandlungsfalles im Krankenblatt dokumentiert.

Nehmen wir zur Verdeutlichung der Problematik weiter an, daß während des Krankenhausaufenthaltes sozio-psycho-somatische Gesichtspunkte des Krankheitsgeschehens aufgedeckt wurden, die ihren Ursprung sowohl in der frühkindlichen Entwicklung, als auch in einer ehelichen

Konfliktsituation haben. Es wird auch festgehalten, daß die Patientin übergewichtig ist, mehr als 20 Zigaretten raucht und regelmäßig Wein und Cognac konsumiert.

Vom Hausarzt weitergegebene Informationen und Eigenerhebungen des Krankenhauses können dabei durchaus auch unbeteiligte Dritte betreffen, sofern eine ausführliche Familienvorgeschichte erfaßt wurde. Darin können auch "sozial diskriminierende Angaben" enthalten sein, wenn z. B. die Frage nach "Alkoholismus in der Familie" von der Patientin für den Vater bejaht wurde.

Dem Krankenblatt werden alle für die Krankenhausverwaltung entscheidenden Daten für die Abrechnung mit der Krankenkasse entnommen (teilweise DV), ehe es zum Sekretariat und weiter ins Archiv wandert. Einweisender Arzt und auch die mitbehandelnden Ärzte erhalten in aller Regel einen Arztbericht.

Erfolgen beim niedergelassenen oder Krankenhaus-Arzt nun Anfragen von privaten oder gesetzlichen Kranken- bzw. Rentenversicherungen, so z. B. zur Klärung von Zusammenhangsfragen oder wegen eines Kurantrages oder aufgrund eines Rentenantrages, so werden die notwendigen und verfügbaren Informationen bei der Berichterstattung aus allen vorhandenen Unterlagen, also auch aus dem Krankenhausentlassungsbericht, entnommen und u.U. sogar der Entlassungsbericht in toto weitergegeben.

Der Arzt handelt bei Auskunftsbegehren dabei im wesentlichen auf der Grundlage vertraglicher Bestimmungen der RVO und des BMÄ bzw. aufgrund des Nachweises von der Entbindung der Schweigepflicht gegenüber privaten Personenversicherern.

Daß auch bei Beachtung des vertraglichen Rahmens das Patientengeheimnis besonderen Gefahren ausgesetzt sein kann, soll folgendes Beispiel verdeutlichen:

> Kürzlich kam ein jüngerer Patient, Angestellter einer Betriebskrankenkasse, in meine Behandlung. Die vielschichtig geklagten Beschwerden konnten aufgrund ausführlicher Anamneseerhebung, besonders aus dem sozialen Umfeld, als "sozio-psycho-somatisch" bedingt geklärt werden. Es wurde daraufhin von mir eine ambulante Psychotherapie vorgeschlagen. Der Patient bat jedoch, von einer Überweisung an einen Psychiater oder Psychotherapeuten abzusehen, da er fürchtete, daß der hierfür notwendige Überweisungsschein seinen Arbeitskollegen nach der nächsten Kassenabrechnung zur Kenntnis gebracht würde und allein die Tatsache, daß er sich in psychiatrischer Behandlung befände, seine Berufskarriere behindern müsse oder könne.

Das Beispiel macht deutlich, daß nicht erst die Diagnose, sondern schon die Tatsache einer Behandlung durch einen Nervenarzt in einer bestimmten Lebenssituation (Festigung einer

Berufskarriere), ein sozial diskriminierendes Datum werden kann. Daher müßte man folgerichtig fordern, daß den Angestellten von Krankenkassen die Möglichkeit eingeräumt werden sollte, Versicherungsschutz bei einer anderen Krankenkasse zu erhalten.

3. Die Gefahren bei konventioneller Verarbeitung

Die Gefahren beginnen bei der häufig unverschlossen aufbewahrten Patientenkartei des niedergelassenen Arztes, zu der sich auch Unbefugte Zugang verschaffen können. Das gleiche gilt, wie wir wissen, auch für die Krankenblattarchive der Krankenhäuser.

Die für den Arzt uneingeschränkt gültige Grundlage des Handelns beim Umgang mit Patientendaten ist - neben den übrigen geltenden Rechtsnormen (z. B. § 203 StGB) - die in den Berufsordnungen als verbindliches Satzungsrecht der Ärztekammern festgelegte Verpflichtung der Verschwiegenheit ("Ärztliche Schweigepflicht") (1).

Die Angestellten der Kassenärztlichen Vereinigungen unterliegen zwar der Schweigepflicht gemäß § 203 Abs. 2 Nr. 2 StGB; zweifelhaft ist aber, ob dieses auch für die Mitarbeiter der Apotheken-Abrechnungsstelle gilt.

Gehen wir von einem möglicherweise notwendigen Prüfverfahren zur Überprüfung der Wirtschaftlichkeit der abgerechneten Leistungen des behandelnden Arztes aus, so verbietet zwar der § 97 StPO die Beschlagnahme der Karteikarte zur Beweisführung und damit die Offenbarung aller Eintragungen über einen Patienten einschließlich Vorgeschichte in diesem Verfahren. Die Preisgabe von Behandlungsdaten und Diagnosen, ohne deren Kenntnis eine sachgerechte Wirtschaftlichkeitsprüfung nicht möglich ist, kann aber aufgrund des Rechtsverhältnisses zwischen Arzt und KV verlangt werden (2).

Im übrigen muß in aller Regel davon ausgegangen werden, daß die Weitergabe ärztlicher Schweigepflicht unterliegender Tatsachen an Dritte dann nicht unbefugt ist, wenn der Arzt aufgrund der Sach- und Interessenslage des Patienten annehmen kann, daß der Patient befragt, seine Einwilligung gäbe, weil ja die Weitergabe ausschließlich in seinem eigenen Interesse erfolgt und damit dem Untersuchungszweck entspricht und der Patient die Möglichkeit hätte, zu widersprechen (mutmaßliche Einwilligung) (3). Hier wird zukünftig noch die Notwendigkeit der Erfüllung des § 3 BDSG (schriftliche Einwilligung) zu prüfen sein.

Die allgemeine Verfahrensweise der Ärzte in Praxis und Krankenhaus bei der Auskunftserteilung an Dritte findet nach meiner langjährigen Erfahrung in Klinik und Praxis und aufgrund der Praxisanalyse des Forschungs- und Entwicklungsprojektes "Informationssystem für den niedergelassenen Arzt (INA)"* auf der Grundlage der Rechtsgüterabwägung statt (4).

---

*) Gefördert durch den Bundesminister für Forschung und Technologie (DVM 014)

Wie schmal der Grat dieser Verfahrensweise ist, weiß jeder Arzt aus den täglich zahlreichen, nicht selten sogar telefonischen Auskunftsbegehren von Patientenangehörigen, Krankenkassen, Arbeitgebern, Vertretern des öffentlichen Gesundheitsdienstes und der sozialärztlichen Dienste. Die zweifelhafte Gepflogenheit, ausführliche Kur- und Heilverfahrensberichte mit Eigenanamnese, Familienvorgeschichte, Sozialanamnese, klinischen und Zusatzbefunden nicht nur den behandelnden Ärzten, sondern auch den Kranken- und Rentenversicherungen zuzustellen, muß an dieser Stelle der Vollständigkeit halber kritisch erwähnt werden.

Dieses Verfahren ist schwerlich mit dem Grundsatz in Einklang zu bringen, daß die Inanspruchnahme von Sozialleistungen durch den Versicherten seine Einwilligung in die Offenbarung der Krankheitsumstände nur in so weit beinhaltet, als diese für die Feststellung der Leistungspflicht des Sozialversicherungsträgers notwendig ist.

Schließlich muß hier die bei jedem Lebensversicherungsantrag dem Antragsteller abgenötigte Einverständniserklärung zur Befreiung von der Schweigepflicht erwähnt werden: Der Bezug zum System der "Kassenärztlichen Versorgung" wird hergestellt durch die Formulierung: "Ich ermächtige die Gesellschaft vor Abschluß des Vertrages und in den ersten drei Jahren danach die Ärzte sowie alle Stellen, die sachverständig über meine Gesundheitsverhältnisse Auskunft geben können (z. B. Krankenanstalten unter ärztlicher Leitung und unter ärztlicher Leitung stehende ähnliche Einrichtungen sowie andere Personenversicherer und deren Gemeinschaftseinrichtungen), zu befragen". Unter dem Begriff "alle Stellen, die sachverständig über meine Gesundheitsverhältnisse Auskunft geben können" sind auch gesetzliche Krankenversicherungen zu verstehen.

Eine solche Auskunftserteilung läßt sich nur bei sehr weitherziger Auslegung mit den Interessen des Patienten und somit auch durch sein stillschweigendes Einverständnis in die Weitergabe rechtfertigen, wobei erneut zu prüfen sein wird, ob damit dem § 3 BDSG (schriftliche Einwilligung) wirklich Genüge getan wird!

Es ist aber auch denkbar, daß im Falle eines Unfalles eines Patienten, eine private Haftpflichtversicherung des schuldigen Unfallgegners, Anfragen an den behandelnden Hausarzt richtet, um z. B. Vorerkrankungen des Patienten zu erfahren, die sich im Zweifelsfall negativ auf den Heilverlauf oder die Schwere der Folgeerkrankungen des Unfalles auswirken können. Eine Befreiung von der Schweigepflicht gegenüber einer _fremden_ Haftpflichtversicherung liegt in aller Regel nicht vor. Sie wird, wie ich jüngst wieder erlebt habe, ohne jeden schriftlichen Nachweis von der Versicherung nicht selten einfach behauptet.

Auf den Kern des Problems reduziert, heißt das: Vertrauliche Angaben des Patienten (Vorgeschichte) und vom Arzt erhobene Untersuchungsbefunde, die ursprünglich zum Zwecke der Wiederherstellung der Gesundheit preisgegeben wurden, erfahren unter den genannten Umständen und im Falle einer Auskunftserteilung u. U. eine zweckentfremdete Verwendung durch Dritte, deren primäres Ziel es ist, den Leistungsanspruch des Patienten als möglichen Prozeßgegner herabzusetzen, nicht aber, ihm zu nutzen.

Abgesehen von diesem durchaus alltäglichen Geschehen, sind die Gefahren für die beim Patienten erhobenen Befunde und Daten sehr zahlreich, insbesondere, wenn sozial-diskriminierende Sachverhalte schon aus der einfachen Diagnose, ja selbst aus der Fachbezeichnung des behandelnden Arztes, herzuleiten sind und sich auf den sozialen Status und den beruflichen Werdegang auswirken können. Datenschutz fängt also sehr früh an und man kann sagen: Je genauer die Diagnosen, desto größer die Gefahren.

Die im Rahmen der Kassenabrechnung weitergegebenen Diagnosen - dies gilt es auch hier noch einmal besonders hervorzuheben - sind mehrheitlich keine wissenschaftlichen Diagnosen, sondern angesichts des prozessualen Charakters der Diagnosefindung, die sich über mehr als ein Behandlungsquartal erstrecken kann (!):

- Verdachtsdiagnosen,

- Arbeitsdiagnosen,

- Differentialdiagnosen,

- Rechtfertigungsdiagnosen.

Letztere besonders, um angesichts der Prüfung auf Wirtschaftlichkeit von Diagnostik und Therapie des Arztes, die veranlaßten Maßnahmen zu rechtfertigen oder zu begründen. So will z. B. die Diagnose V. a. (Verdacht auf) oder eine "z. B." Diagnose Magengeschwür oder toxische Hepatose nichts anderes besagen, als daß der Verdacht auf eine dieser Erkrankungen bestand und abgeklärt wurde.

Im Patientenfile einer Krankenkasse kann dies aber zu jeder irrtümlichen Interpretation Anlaß geben, weil mehrheitlich medizinische Laien mit der Bearbeitung befaßt sind und zumal es keine Absprachen für den Arzt bei der Verwendung diagnostischer Begriffe bei der Kassenabrechnung geben kann. Es liegt auf der Hand, welche Gefährdung des Patienteninteresses durch die Preisgabe von Diagnosen aus der Kassenabrechnung eintreten kann, z. B. bei Anfragen privater Personenversicherer und sei es selbst nur zur zweifelsfreien (?) Feststellung der Todesursache oder zeitlicher Zusammenhangsfragen eines zum Tode führenden Leidens.

Fassen wir die Gefahren im konventionellen Informationsfluß zusammen, so ergeben sich im wesentlichen 7 Gefahrenbereiche:

1. durch die Art und Weise der Aufbewahrung vertraulicher Aufzeichnungen (Patientenkartei/ Krankenblattarchiv/Versichertenkartei);

2. durch unbewußte Weitergabe von Patientendaten an Personen und Institutionen, die bisher nicht eindeutig der Geheimhaltungspflicht nach § 203 StGB unterliegen;

3. durch Auskunftsbegehren Dritter, die zwar gesetzlichen Anspruch auf Offenbarung von Teilinformationen über Patienten haben, die jedoch den eindeutigen Zweck, weswegen sie solche Informationen im Interesse des Patienten erhalten, im eigenen Interesse zu überschreiten trachten (Interessenkollision);

4. durch das Auskunftsbegehren Dritter, die keinen Anspruch auf Offenbarung von Patientengeheimnissen haben, diesen aber ohne oder mit Hilfe unzureichender Einwilligung des Patienten vorschützen;

5. durch eine unzulässig weitherzige Auslegung der stillschweigenden Einwilligung des Patienten in die Offenbarung;

6. durch die subjektive Handhabung des Grundsatzes der "Rechtsgüterabwägung" durch den der Geheimhaltungspflicht unterliegenden Arzt oder seines Hilfspersonals bei Auskunftserteilung;

7. durch die Ausnutzung einer einmal gegebenen Ermächtigung zur Entbindung von der Schweigepflicht und eine dadurch bedingte - möglicherweise nachteilige - Verwendung diagnostischer Begriffe, die zu anderen Zwecken als denen der Auskunftserteilung erstellt werden.

Hinzu kommt noch die völlig ungeklärte Frage der Zulässigkeit einer Weitergabe von Informationen über Dritte im Rahmen der Familienvorgeschichte, wenn diese Bestandteil der Gesamtbeurteilung eines Krankheitsfalles (oder der Risikobeurteilung) ist und damit zu einer Preisgabe an andere als den unmittelbar konsultierten, zur Verschwiegenheit verpflichteten Arzt führt.

3. Die Gefahren bei automatischer Verarbeitung von Patientendaten

Eine automatische Verarbeitung von Patientendaten in den Praxen niedergelassener Ärzte erfolgt in der Bundesrepublik Deutschland - abgesehen von einigen Piloteinrichtungen - bisher so gut wie nicht.

Eine Ausnahme stellt die Labordatenverarbeitung in mittleren und großen Gemeinschaftseinrichtungen (Laborgemeinschaften) niedergelassener Ärzte dar. Wenngleich in diesen Gemeinschaftseinrichtungen auch nur Laboranforderungen und -ergebnisse zwischen Ärzten und ihren Laboratorien ausgetauscht werden, wurde unlängst doch die Gefährdung von Patientendaten durch die leichtfertige Behandlung alter Ergebnislisten in Hessen bekannt: Die mit Patienten- und Arztnamen versehenen Altlisten lagen zum Abtransport durch die Müllabfuhr auf der Straße! Es kam zu einer Intervention der Landesärztekammer und des Hessischen Datenschutzbeauftragten.

Die automatische Verarbeitung von Patientendaten im Bereich der Primärversorgung findet sonst nur an einer Reihe von Universitätskliniken, Krankenhäusern der Maximalversorgung und der Forschung dienenden Piloteinrichtungen statt. Über die Verwendung und den Schutz der dort verarbeiteten Daten wird an anderer Stelle berichtet.

Die personenbezogenen Patientendaten, die mit der Kassenabrechnung von den Vertragsärzten an die Kassenärztlichen Vereinigungen und Krankenkassen gelangen, erfahren in aller Regel heute überall schon eine maschinelle Verarbeitung:

> In den KV-Bezirksstellen werden Arzt-Nummer, Kassen-Nummer und Leistungsdaten auf Platte oder Lochstreifen erfaßt, auf Plausibilität und Richtigkeit geprüft und an die KV-Landesstelle insgesamt übersandt. Die Originalkrankenscheine gehen an die zuständigen Krankenkassen und verbleiben dort.

> Die gesetzlichen Krankenversicherungen erhalten nach Abschluß der Abrechnung eine Einzelleistungsaufstellung mit Arzt-Nummer, Fall-Nummer, Gesamtbetrag des Falles und Leistungs-Nummern der Gebührenordnung, nach Tagen getrennt. Darüber hinaus werden den Krankenkassen Anzahl- und Summenstatistiken mit Fallzahl pro Arzt und errechnetem Fallwert von der KV-Landesstelle übermittelt.

Aufgrund dieser Angaben trifft die gesetzliche Krankenversicherung ihre Auswahl für das Prüfwesen. Eine besondere Gefährdung der Patientendaten ist hierbei nicht zu erkennen.

Die Ersatzkassen liefern ihrerseits die Summen der Arzneimittelbeträge pro Arzt an die Kassenärztlichen Vereinigungen weiter, da diese Informationen direkt von den Apotheken-Abrechnungsstellen an die Kassen gegeben werden und nicht an die Kassenärztlichen Vereinigungen. Auch diese Maßnahme dient in erster Linie dem Prüfwesen.

Zur Verdeutlichung des gegenwärtigen Standes automatischer Verarbeitung von Patientendaten nur soviel: In Hessen erfolgt inzwischen die automatische Datenverarbeitung der Ortskrankenkassen in drei großen regionalen Rechenzentren und zwar in Frankfurt/Main, Wiesbaden und in Schwalmstadt (für den nord-, mittel- und osthessischen Raum). Letzterem sind z. B. bisher 14 Ortskrankenkassen der Region angeschlossen, um ihr Beitragswesen abzuwickeln. Die Anlage ist im Aufbau, Leistungs- und Finanzwesen ist in Vorbereitung. Datenfernverarbeitung ist ab Mitte 1979 mittels Standleitung und Datensichtgeräten geplant. Träger aller dieser Einrichtungen ist der Landesverband der Ortskrankenkassen in Hessen als Körperschaft des öffentlichen Rechts. Also Datenverarbeitung außer Haus unter veränderter Hoheit (LDO).

In diesem Zusammenhang muß auch das sogenannte DOMINIG-Projekt * erwähnt werden.

---

*) DOMINIG = Datenverarbeitungseinsatz zur Lösung überbetrieblicher Organisations- und Managementaufgaben durch Integration des normierten Informationsflusses zwischen verschiedenen Einrichtungen des Gesundheitswesens. Jetzt im "Programm der Bundesregierung" zur Förderung von Forschung und Entwicklung im Dienste der Gesundheit 1978-1981".

Wenngleich das "Zentralinstitut für die Kassenärztliche Versorgung in der Bundesrepublik Deutschland (ZI)" die Fortsetzung seiner Mitarbeit am Großforschungsprojekt, Teil III, dieser Tage aufgekündigt hat (5), weil das genehmigte Großkonzept und Lösungsziel nicht erreichbar erscheint und auch das Teilprojekt DOMINIG I (Senator für Umweltschutz Berlin) (6) nunmehr erheblich modifiziert und reduziert vorliegt, gehört doch die Zielsetzung solcher umfassender interaktiver Gesundheitsinformationssysteme mit in unsere Betrachtungen.

Interaktive DV-Systeme sind teilweise in Großkliniken realisiert, teilweise noch in der Planung. Sie sind aber auch, wie das DOMINIG, als umfassende Gesundheitsinformationssysteme entworfen (7) und als Systemvorschläge mit regionaler Abschottung, wie das oben erwähnte INA-Projekt, für den regionalen Verbund niedergelassener Ärzte als Gemeinschaftseinrichtung konzipiert (8, 9).

Die Einführung umfassender medizinischer Informationssysteme - und darauf muß sich unsere Betrachtung konzentrieren - wurde zunächst unter dem Aspekt der Rationalisierung der Verwaltungsarbeit gesehen. Inzwischen gehen aber die Ansprüche an solche Systeme bedeutend weiter. Diese Ansprüche werden angesichts der "gigantischen Möglichkeiten eines Informationssystems" - wie von FERBER es nannte (10) - aber weniger aus der Perspektive des Versicherten zu sehen sein, als aus der Sicht der Gesundheitspolitiker, der planenden Verwaltung, der Medizin-Soziologie und nicht zuletzt aus der Sicht der Vertragspartner im System der sozialen Sicherung und der rivalisierenden gesellschaftlichen Gruppen.

War es anfangs ein Ziel, die Motivation und Einbestellung der Versicherten zur Wahrnehmung von Früherkennungsuntersuchungen zu verbessern, beinhaltet die Planung interaktiver Gesundheitsinformationssysteme heute jedoch weit mehr:

1. Verbesserung des Informationsflusses zwischen möglichst allen Bereichen der medizinischen Versorgung,

2. Vereinfachung und Rationalisierung der Verwaltungsarbeit durch eine weitgehende Verflechtung aller Vertragspartner,

3. Verbesserung der epidemiologischen Forschung und damit der Planungsgrundlagen im Gesundheitswesen und als Folge daraus,

4. Einflußnahme auf Lebensgewohnheiten und Verhaltensmuster der Versicherten im Sinne einer "gesunden Lebensweise".

Diese Aufzählung erhebt keinen Anspruch auf Vollständigkeit, sondern soll in erster Linie die Problematik verdeutlichen, die sich hinsichtlich der noch zu erörternden zusätzlichen Gefahren - ungeachtet einer ungeklärten Kosten-Nutzen-Relation - herleitet.

Zweifellos lassen sich einige der Gefährdungen, die in der konventionellen Patientendatenverarbeitung erkennbar sind, durch den Einsatz der EDV leichter beseitigen, als mancher Skeptiker geneigt ist zu glauben. Viele sind identisch.

So ist es unvergleichlich viel schwieriger für den Laien, selbst eindeutig definierende Patientendaten aus einem Datenspeicher oder einer codierten Liste zu mobilisieren, als den Griff in eine alphabetisch sortierte Kartei zu tun.

Es verdient jedoch festgehalten zu werden, daß der individuelle Mißbrauch durch den Griff in die Patientenkartei oder durch das Knacken eines verschlüsselten Patientendatums ebenso wenig vollkommen ausgeschlossen werden kann wie Mord und Totschlag.

Dies sind sicher nicht die Gefahren, die mit der Einführung der automatischen Datenverarbeitung im System unserer sozialen Sicherung zu erkennen sind. Vielmehr ist es die Tatsache, daß durch die Einrichtung umfassender interaktiver Informationssysteme neue Gefahren in Erscheinung treten, die bei der konventionellen Verarbeitung nicht entstanden und für den Laien - den Lieferanten von Informationen - schon jetzt nicht mehr überschaubar, geschweige denn zu durchschauen sind.

Die Rechtsgrundlage für solche Systeme wurde u.a. durch die Einführung der §§ 223 und 319 a in die RVO durch das sogenannte Kostendämpfungsgesetz geschaffen. Diese Bestimmungen bergen die Gefahr in sich, daß die Krankenkassen Daten von Patienten über den bisherigen Zweck hinaus z. B. zur Ermöglichung einer Therapiekontrolle durch medizinische Laien durchführen können (11). Hier muß auch darauf hingewiesen werden, daß keineswegs nur Patientendaten, sondern auch "Arztdaten" in den Gefahrenbereich einbezogen werden.

Die mißbräuchliche Verwendung von angereicherten Datenbeständen wird aber auch dadurch begünstigt, daß der Kreis der "Wissenden" von einer eben noch überschaubaren Zahl von Personen und Institutionen in die Anonymität entschwindet. Ein entscheidender Gesichtspunkt der Gefährdung ist auch die Verlagerung der Verfügungsgewalt der Daten vom primären Erfassungsbereich auf eine anonyme höhere Ebene, wodurch eine bis heute zu Recht geübte "von Fall zu Fall Entscheidung" der Preisgabe vertraulicher Informationen praktisch unmöglich gemacht wird.

Eine weitere Gefahr ergibt sich aus der jederzeit verfügbaren Summe medizinischer Daten der Versicherten bei Auskunftsbegehren Dritter, die "ein berechtigtes Interesse" an der Auskunftserteilung nachweisen können - so z. B. durch private Personenversicherer. Die ursprünglich zu völlig anderen Zwecken abgegebenen ärztlichen "Diagnosen" erhalten im Rahmen einer versicherungsrechtlichen Beurteilung ein völlig neues und nicht gewolltes Gewicht.

Was der Arzt aus seiner Kartei im Zweifelsfall und im eindeutigen Interesse seines Patienten gegenüber Dritten zurückhalten kann und muß, ist bei einer einmaligen Hergabe an ein übergeordnetes System seiner persönlichen Einflußnahme entzogen, ganz zu schweigen von der Gefahr, irrtümlich fehlerhafte Informationen fest- und fortzuschreiben.

Allen vorher genannten Aspekten der Gefährdung von Patientendaten bei der automatischen Datenverarbeitung ist gemeinsam, daß sie die Gefahr des Mißbrauchs von Personendaten zum Nachteil eines Kollektivs angesichts bestehender, besonders aber bei jeder theoretisch möglichen Veränderung bestehender Machtverhältnisse begünstigen können.

Angesichts einer sozialpolitisch pointierten, zunehmend gesellschaftsbezogenen Betrachtungsweise der Rechte und Pflichten unserer Staatsbürger, läßt sich absehen, wann bestimmte Merkmalträger aus sozio-ökonomischen Gründen zu einer Herausforderung für die Mehrheit der Versichertengemeinschaft werden, sofern sie es nicht schon sind.

Beispiel:
Alle deutlich übergewichtigen Personen belasten die Versichertengemeinschaft durch ein erhöhtes Krankheitsrisiko, durch ein vermehrtes Operationsrisiko, durch die vermehrte Neigung zu postoperativen Komplikationen, durch die vermehrte Neigung zu statischen Beschwerden, Krampfaderleiden, Hochdruck, Diabetes usw.
Oder:
Zigarettenraucher belasten - selbstverschuldet - die Versichertengemeinschaft durch die vermehrte Neigung zu chronischen Atemwegserkrankungen, zu Gefäßerkrankungen, Herzinfarkt, chronischen Magen-Schleimhautentzündungen bis hin zum Bronchial-Carcinom.
Oder:
Patienten über 65 Jahre belasten die Versichertengemeinschaft eindeutig durch die zunehmende - wenn auch unverschuldete - "Multimorbidität" des höheren Lebensalters.

Angesichts der eminenten Kostensteigerung im gesamten System der sozialen Sicherheit, nicht nur in der Bundesrepublik Deutschland, fehlt es schon heute nicht an Stimmen, die einen Risikozuschlag von denjenigen Personen fordern, die durch ihr "gesundheitswidriges Verhalten" die Gesamtheit der Versicherten belasten.

Wie könnte dieser Personenkreis besser erfaßt werden als durch umfassende Gesundheitsinformationssysteme, wie könnten die für eine Selektion von Risikogruppen notwendigen, an verschiedenen Orten zu verschiedenen Zeiten erfaßten Teilinformationen (Kriterien) besser zusammengeführt werden, als durch interaktive Informationssysteme?

Man muß auch fragen, wer angesichts der heute schon geübten Praxis der Weitergabe vertraulicher Informationen über Patienten in der Lage ist auszuschließen, daß die Erfassung von Risikogruppen nicht in naher Zukunft schon, im wohlverstandenen Interesse der Versichertengemeinschaft, als legitim im Sinne des höherwertigen Rechtsgutes angesehen und praktiziert wird?

Auf diese Problematik hat auch W. WEISSHAUER in seinem Beitrag zum Thema "Computer und Arztgeheimnis" anläßlich der XXVII. Generalversammlung des Weltärztebundes unter dem Titel "Schweigepflicht des Arztes - die Ansicht des Patienten" eindringlich hingewiesen (12, 13). Er wählte das aktuelle Beispiel des Führerscheinentzuges über die Meldung aller Patienten mit schwerer Beeinträchtigung von Organfunktionen, die zum Führen eines Kraftfahrzeuges ungeeignet macht.

Dieser Prozeß mag manchem noch utopisch erscheinen, ich persönlich teile diese Auffassung nicht, auch nicht angesichts der bestehenden Machtverhältnisse in unserer sozialen Demokratie. Jede theoretische Änderung der Machtverhältnisse aber läßt die Gefahren eines "Mißbrauchs zum Nachteil eines Kollektivs" in kaum überschaubare Dimensionen entgleiten. Der Selektion und Manipulation definierter Personengruppen (Merkmalträger) wären Tür und Tor geöffnet.

Herrschaft über Informationen bedeutet Macht.
Mit zentralen, umfassenden Informationssystemen wird die Konzentration von Macht begünstigt, und hier sind natürlich keineswegs nur umfassende Informationssysteme - etwa bei der gesetzlichen Krankenkasse - gemeint. Jede andere Trägerschaft ist denkbar. Daß aber Machtkonzentration auch zu ihrem Mißbrauch verleitet, ist eine Binsenweisheit; dies wissen wir aus der Geschichte.

Zusammenfassung der Gefahren bei automatischer Verarbeitung
Fassen wir auch die Gefährdungsmöglichkeiten von Patientendaten bei ihrer automatischen Verarbeitung zusammen, so ergeben sich neben der Mehrzahl der bei der konventionellen Verarbeitung aufgezählten Gefahren stichwortartig folgende 5 Bereiche:

1. Einmal im Zusammenhang mit einer ärztlichen Behandlung preisgegebene Informationen und Daten entschwinden für den Patienten in unvorhersehbare Kanäle ohne sichere zeitliche Begrenzung.

2. Der Kreis der "Mitwisser" wird immer größer und bleibt anonym.

3. Informationssysteme der gesetzlichen Krankenversicherung drohen bei extensiver Auslegung des Begriffs "berechtigte Interessen" zu Selbstbedienungsläden auskunftheischender öffentlicher und nicht öffentlicher Einrichtungen zu werden.

4. Falsche, irrtümliche oder fehlerhafte Informationen, die einmal gespeichert werden, können sich dauerhaft nachteilig für den Patienten auswirken.

5. Es besteht zumindest hypothetisch die Gefahr, daß medizinische Merkmalträger unterschiedlicher Kategorien aus den Datenbeständen zentraler Dateien mobilisiert und mit Sanktionen belegt werden.

5. Lösungswege
STEINMÜLLER hat in seinem Beitrag "Datenschutz bei riskanten Systemen" (14) ausführliche Lösungsvorschläge gerade für den Bereich der Primärdatenerfassung und -verarbeitung

gemacht. Davon möchte ich schlaglichtartig nur 5 von insgesamt 10 Postulaten zitieren und mir zu eigen machen, obgleich der Autor selbst noch zu Wort kommt:

1. das POSTULAT der möglichst dichten Abschottung des riskanten Informationssystems ("je dichter die Grenzen eines Informationssystems nach außen sind, umso freier und ungehinderter kann die Informationsverarbeitung im Innern sein"),

2. das POSTULAT der Ausschließung des undichten Dritten ("jede Datenschutzmaßnahme innerhalb eines Systems und jede Abschottung nach außen ist wirkungslos und überflüssig, wenn das Empfängersystem "undicht ist"),

3. das POSTULAT der definierten Struktur ("das Definitionspostulat dient der Erhöhung der Transparenz eines Informationssystems durch Offenlegung möglicher Gefahrenquellen"),

4. das POSTULAT der möglichsten Einfachheit ("es bezweckt die quantitative Minimierung der definierten Struktur im Hinblick auf die leichtere Überschaubarkeit und Beherrschung des Gesamtsystems"),

5. das POSTULAT der verteilten Kontrolle ("dies bedeutet, daß eine rechtliche Organisationsform gewählt werden muß, die die individuelle Verantwortlichkeit des Arztes auch im Rahmen des Gesamtsystems bestehen läßt - "Selbstkontrolle" - und eine kollektive Verantwortlichkeit für das Gesamtsystem gewährleistet").

Der Schutz vor Mißbrauch personengebundener Daten aus dem Gesundheitsbereich, insbesondere zum Nachteil einer "definierten Gruppe von Merkmalträgern", ist nur dann wirksam zu verhindern, wenn in Rechenzentren eine periodische Löschung von Primärdaten, z. B. bei den Leistungsträgern gesetzlich verfügt wird und der Patient das Recht auf Auskunft der über ihn gespeicherten Daten mit dem Ziel der Korrektur, Löschung oder Sperrung wahrnehmen kann.

Auskunftserteilung über Gesundheitsdaten sollte jedoch stets durch Ärzte (des Vertrauens) erfolgen, um einen möglichen Schaden durch die Auskunftserteilung selbst zu vermeiden.

Sollte die Rechtsauslegung dahin tendieren, daß Krankenblätter oder Patientenkarteien, die der unmittelbaren Patientenbetreuung dienen, auch unter das BDSG fallen, so müßte das Recht auf Löschung und Sperrung für diesen Bereich ausgeschlossen werden, da sonst das Ziel selbst - nämlich die Patientenbetreuung - unzumutbar behindert würde.

Medizinische Informatiker sollten mitverantwortliche Leiter von Rechenzentren sein, die medizinische Daten speichern, verarbeiten und abgeben.

Schließlich ist zur Durchsetzung der Rechte des Bürgers gegenüber der planenden Verwaltung, die völlige Unabhängigkeit von Datenschutzbeauftragten zu fordern. Die Datenschutzbeauftragten der Länder und des Bundes sollten nicht der jeweiligen Regierung, sondern dem Parlament verantwortlich sein.

LITERATURVERZEICHNIS

(1) Berufsordnung für deutsche Ärzte, 7. Erg. Bundesärzteordnung, Anhang A2, § 2 Schweigepflicht, S. 110 (47)

(2) HESS, Arnold: Ärztliche Schweigepflicht im Prüfverfahren, Deutsches Ärzteblatt -
Ärztliche Mitteilungen 44 (1965) S. 2421-2423

(3) HOLLMANN, Angela: Schweigepflicht der Ärzte und des ärztlichen Hilfspersonals, Aktuelle
Aspekte, Internist, (1974), S. 534

(4) SCHAEFER, Otfrid P. et al: Informationssystem für den niedergelassenen Arzt (INA),
Schlußbericht Teil II, Untersuchungen zum Bereich Arztpraxen, 1.4.1 Schweigepflicht, ARO
e.V. Kassel (1974), S. 53

(5) N.N. ZI/DÄ: Forschungsprojekt Dominig III nicht realisierbar, Deutsches Ärzteblatt,
1/1979, S. 11

(6) Senator für Gesundheit und Umweltschutz Berlin: Antrag auf weitere Hauptförderung in
den Jahren 1979 bis 1981 für das modifizierte Forschungsvorhaben DOMINIG I (Analyse von
Versorgungsfunktionen im Regional-differenzierten Gesundheitswesen und Entwicklung von
Organisationsmodellen mit systeminnovatorischer Wirkung - A R G O S -)

(7) JAHN, Erwin: Integriertes System der medizinischen Versorgung - ein Modell - WSI-
Mitteilungen 4 (1974), S. 122-138

(8) SCHAEFER, Otfrid P. et al: Informationssystem für den niedergelassenen Arzt (INA),
Zusammenfassung des INA-Berichts, ARO e.V. Kassel, April 1975, S. 1-249

(9) SCHAEFER, Otfrid P. et al: Das Medizinische Team System (MTS), ein Denkmodell einer
vollintegrierten medizinischen Versorgung einer Region, WSI-Forum "Integrierte medizinische Versorgung", April 1975, Düsseldorf

(10) v. FERBER, Christian: Ein Informationssystem der Krankenversicherung - Eine gesundheits-
politische Aufgabe? - Die Krankenversicherung 5 (1972), S. 125-131

(11) HOLLMANN, Angela: Das neue Datenschutzrecht, DMW 1977, S. 1395 ff; dieselbe: Das
Krankenversicherungskostendämpfungsgesetz, DMW 1977, S. 1484 ff

(12) Weltärztebund, XXVII. Generalversammlung, Computer und Arztgeheimnis in der Medizin,
Pressestelle der deutschen Ärzteschaft, Lövenich, Kreis Köln, (1973)

(13) WEISSAUER, W.: Die Schweigepflicht des Arztes - Die Ansicht des Patienten: Computer
und Arztgeheimnis in der Medizin, XXVII. Generalversammlung des Weltärztebundes,
München, Pressestelle der deutschen Ärzteschaft (1973), S. 102-106

(14) STEINMÜLLER, W., ERMER, L., SCHIMMEL, W.: Datenschutz bei riskanten Systemen,
Informatik-Fachberichte Nr. 13, Heidelberg 1978

THESEN

1. Der Mißbrauch von Patientendaten ist weder bei konventioneller noch bei automatischer Verarbeitung auszuschließen.

2. Die Verwendung diagnostischer Begriffe bei der Kassenabrechnung muß überdacht werden. Es ist zu prüfen, ob nicht übergeordnete diagnostische Begriffe anstelle der bisher gebräuchlichen Arbeits- und Rechtfertigungsdiagnosen Verwendung finden sollten. Sie könnten den erforderlichen Zwecken bei gleichzeitig verbessertem Datenschutz dienen.

3. Der Arzt sollte bei allen Auskunftsbegehren Dritter eine aktuelle Entbindung von der Schweigepflicht verlangen.

4. Die automatische Verarbeitung von Patientendaten schafft durch Verschlüsselung und Anonymisierung auf Teilebenen der Verarbeitung nur eine Scheinsicherheit.

5. Eine Weitergabe von Patientendaten an Personen und Institutionen, die bisher nicht eindeutig der Geheimhaltungspflicht nach § 203 StGB unterliegen, ist zu unterbinden.

6. Die Zweckbindung bei Weitergabe und Verarbeitung von personengebundenen Daten muß in jedem denkbaren System oberster Grundsatz bleiben.

7. Bei Auskunftsbegehren Dritter an Rechenzentren ist - unabhängig vom Nachweis berechtigter Interessen

   - die Zweckbindung der Ursprungsdaten zu beachten,

   - der Umfang der Auskunft auf das unbedingt notwendige Maß zu beschränken,

   - in Zweifelsfällen eine aktuelle Einwilligung des Patienten zur Auskunftserteilung zu beschaffen.

8. Alle Patientendaten sind bei den für ihre Verarbeitung berechtigten Stellen - in Abstimmung mit dem zuständigen Datenschutzbeauftragten - periodisch auf ihre Entbehrlichkeit zu überprüfen und gegebenenfalls zu löschen.

9. Das Recht des Bürgers auf lückenlose Auskunft über die über ihn gespeicherten Daten und Informationen sollte auch im medizinischen Bereich - allerdings durch Ärzte - gewährleistet werden, unbeschadet des Rechts auf Korrektur, Sperrung und Löschung im Sinne des BDSG.

10. Zur Wahrung und Durchsetzung der Rechte des Bürgers gegenüber der Verwaltung, ist die völlige Unabhängigkeit des Datenschutzbeauftragten zu fordern. Die Datenschutzbeauftragten der Länder und des Bundes sollten nicht der jeweiligen Regierung, sondern nur dem Parlament verantwortlich sein.

ZUSAMMENFASSUNG DER DISKUSSION ZUM REFERAT
"GEFÄHRDUNG VON PATIENTENDATEN BEI KONVENTIONELLER UND
AUTOMATISCHER VERARBEITUNG IM SYSTEM DER KASSENÄRZTLICHEN VERSORGUNG"

ALBERT J. PORTH

Herr EBERLE fragt, ob sich der Arzt bei der Datenweitergabe z. B. an eine Lebensversicherung im allgemeinen auf die gesetzlichen Regelungen beruft oder die Datenübermittlung durch die individuelle Einwilligung eines Patienten absichert. Herr SCHAEFER führt aus, daß man sich in der täglichen Praxis auf gesetzliche Regelungen stützt, nämlich die heute gültige Formulierung, wie sie vom Bundesverband der Lebensversicherer durch das Bundesaufsichtsamt genehmigt ist und auch verwendet wird. Diese Rechte sind so weitgehend, daß damit jede Form des Datenmißbrauchs möglich wird. Wer eine solche Ermächtigungsklausel in seinem Versicherungs- antrag nicht unterschreibt, bekommt keine Versicherung. Die Ermächtigungsklausel gibt dem Personenversicherer das Recht, die gespeicherten Gesundheitsdaten des Versicherten an andere Versicherer weiterzugeben oder sie dort abzurufen.

Herr DAMMANN äußert sich zu zwei Aussagen von Herrn SCHAEFER:

1. Aufgrund der Ermächtigung dürfen nicht auch Daten über Familienangehörige weitergegeben werden; Ermächtigungen gelten nur für den Betroffenen selbst.

2. Die Abgabe von Daten an andere Versicherungen bezieht sich nur auf den Fall, daß der Versicherte später zu einer anderen Versicherung geht. Aufgrund des Abschlusses der neuen Versicherung wird dann eine Ermächtigung unterschrieben, wonach die Daten aus früheren oder weiteren bestehenden Versicherungsverhältnissen übertragen werden dürfen. Die Ermächtigung bezieht sich jedoch nicht auf künftige Versicherungen.

Herr KILIAN weist darauf hin, daß der von Herrn SCHAEFER skizzierte Fall sich eher auf die Gepflogenheiten bei der SCHUFA als auf Lebensversicherer bezieht. An die Zentralstelle der Lebensversicherer dürfen nach deren Ermächtigungsklausel nicht die Daten der Einzelversicherer weitergegeben werden. Trotzdem funktioniert diese Gemeinschaftseinrichtung. Bei der SCHUFA läßt man eine Ermächtigungsklausel bei Konto-Eröffnungsverträgen in der Form unterschreiben:

"Ich bin informiert, daß diese Daten an die Gemeinschaftseinrichtungen der SCHUFA usw. weitergegeben werden".

Herr SCHAEFER bleibt jedoch weiter bei seiner Aussage, daß bei den Lebensversicherern diese explizite Ermächtigung zur Weitergabe an die Zentralstelle in ähnlicher Form wie bei der

SCHUFA enthalten ist. Herr DAMMANN erklärt, daß die so formulierte Klausel sich nur auf die Gesundheitsdaten des Versicherten bezieht. Herr SCHAEFER betont nochmals, daß Auskünfte über Dritte (z. B. Tod von Verwandten) abgefragt und übermittelt werden. Diese Daten werden vom Arzt erfragt aufgrund der vorgelegten Standardfragebogen und dieser Ermächtigungsklausel.

Herr GREISER stellt die Frage, wie der Referent zur Herausgabe von Gesundheitsdaten an Krankheitsregister zum Zwecke der epidemiologischen Forschung steht. Herr SCHAEFER wollte in seinem Referat diese Frage jedoch bewußt ausklammern, da im Rahmen dieser Veranstaltung die epidemiologische Forschung einen eigenen Komplex bildet.

Herr SCHINDEL nimmt Bezug auf die Aussage von Herrn SCHAEFER nach der "Übermittlung von Daten im stillschweigenden Einverständnis des Patienten", "wenn es im mutmaßlichen Interesse des Patienten ist". SCHINDEL verweist auf § 3 BDSG, wonach Datenverarbeitung nur zulässig ist, wenn eine Rechtsvorschrift oder die schriftliche Einverständniserklärung des Betroffenen vorliegen. Warum ist im vorliegenden Fall keine schriftliche Einwilligung erforderlich?
Herr SCHAEFER nennt den klassischen Fall der Überweisung eines Patienten zu einem anderen Arzt, der einen bestimmten medizinischen Sachverhalt abklären soll. Die Weitergabe aller Daten an den anderen Arzt geschieht somit im ausschließlichen Interesse des Patienten. Herr SCHAEFER verweist darauf, daß es durchaus Patienten gibt, die den behandelnden Arzt bitten, bestimmte Sachverhalte einem anderen Arzt nicht mitzuteilen. Dann wird dies selbstverständlich berücksichtigt. Der andere Fall ist die Weitergabe von Daten des behandelnden Arztes z. B. an ein Versorgungsamt, damit ein Antrag des Patienten bearbeitet werden kann, was ebenfalls im unmittelbaren Interesse des Patienten liegt. Herr SCHINDEL wirft ein, daß dafür aber eine gesetzliche Grundlage besteht. Herr SCHAEFER verweist anhand eines Beispiels aus seiner Praxis, daß die Alternative in § 3 BDSG (existierende Rechtsvorschrift oder persönliche Einwilligung) nicht immer die schutzwürdigen Interessen des Patienten sicherstellt: Wenn ein Patient bestimmte Daten aus seinem Intimbereich an das Versorgungsamt nicht weitergeben möchte, obwohl eine entsprechende Rechtsvorschrift zur Übermittlung seiner gesundheitlichen Daten an das Versorgungsamt besteht, ist die zusätzliche Einwilligung oder Einschränkung bestimmter Übermittlungen sicher sinnvoll.

Herr EBERLE möchte auch das ärztliche Standesrecht als eine mögliche Zulässigkeitsvorschrift für die Datenübermittlung berücksichtigen. Herr KILIAN verweist auf den Zusammenhang mit § 45 BDSG und das Problem, ob das ärztliche Standesrecht dem BDSG vorgeht oder nicht. Er hält es für ein nicht vorgehendes Recht, weil gerade das Berufsrecht von der Ermächtigungsgrundlage her sehr zweifelhaft ist.

Herrn HEUSSNER erscheinen die Forderungen von Herrn SCHAEFER hinsichtlich der Einwilligung trotz bestehender Rechtsvorschriften zu sehr einschränkend: Mit den §§ 319 a und 223 RVO ist für die Verwendung von Informationen eine gesetzliche Grundlage geschaffen. Eine rechtliche

Handhabe für eine zusätzliche Einwilligungserklärung durch den Patienten bei bestehender Rechtsvorschrift fehlt. In Betracht kommt höchstens die verfassungsrechtliche Überprüfung, ob durch den Gesetzgeber eine rechtliche Position des Bürgers verletzt ist. Man darf nämlich nicht aus dem Auge verlieren, daß die Rechtsgüter von Personen im Hinblick auf EDV noch sehr verschwommen sind: einmal hinsichtlich der Privatsphäre, zum anderen hinsichtlich der Selbstbestimmung über die Information und zum dritten sozialpolitisch (wobei die großen Dienstleistungsaufgaben ohne Computereinsatz nicht mehr erfüllt werden können!). Also wird sich der Datenschutz um Festlegungen von Situationen bemühen müssen, wo es möglich ist ohne personenbezogene Informationen auszukommen und wo dies bei einer Güterabwägung entfällt. Damit dies nicht in jedem Einzelfall neu überprüft werden muß, hat man sich im BDSG auf die zwei Grundlagen - existierende Rechtsvorschrift und persönliche Einwilligung - geeinigt. Damit muß jeder, der eine gesetzliche Legitimation einer Datenverarbeitung angreift, nachweisen, welches höhere Gebot dem entgegensteht. "Selbstverständlich ist innerhalb des § 3 bei dem Gesetzesvorbehalt auch die rangniedere Norm - also jede Rechtsnorm - gemeint (Betriebsvereinbarung, Tarifvertrag, Satzung einer Krankenkasse, gegebenenfalls auch das ärztliche Berufsrecht)." Die Rechtswidrigkeit einer jeden Rechtfertigungsnorm kann sich nur aus dem jeweils höherrangigen Recht ableiten (z. B. einem Gesetz, aus der Verfassung).

Herr MEYDAM spricht sich im Bereich sensibler Daten, insbesondere beim Zugriff auf Patientendaten, für eine Rechtfertigung aus, der "in ihrer Rechtsqualität sehr starke Normen" zugrunde liegen, und dies dürfte in der Regel einer eindeutigen _gesetzlichen_ Verankerung gleichkommen.

Zum Problembereich der Verdachts-/Arbeits-/Rechtfertigungsdiagnosen äußert er sich skeptisch und hält derartige Unterscheidungen nicht für erforderlich. Ebenso wie Herr SCHAEFER erachtet er den Auskunfts- und Löschungsanspruch nach dem BDSG für besonders wichtig, möchte jedoch den Vorschlag nach periodischer Löschung nicht unterstützen.

Eine Gefahr eines Machtmißbrauchs unter anderen politischen Verhältnissen sieht Herr MEYDAM nicht erhöht, da es "auch ohne intensive Datenverarbeitung und ohne Datensammlung der Sozialversicherungen nun mal Machtmißbrauch in Deutschland gegeben hat". Er schließt daraus, daß Datensammlungen nicht unbedingt ein starker Anreiz zum Machtmißbrauch sein müssen. Hier sei das Risiko in anderen Bereichen (z. B. Verfassungsschutz) sicher wesentlich höher.

Herr MÖHR sieht das Problem der Rechtfertigungsdiagnose und ihre notwendige Heraushebung im selben Themenkreis angesiedelt, der bereits zum Referat von Herrn DENEKE diskutiert wurde: unterschiedliche Kontextzusammenhänge von Daten hinsichtlich ihrer Erfassung und späteren Auswertung. Er betont ferner, daß die Tatsache der Auswertung unter veränderten Zusammenhängen kein Charakteristikum der automatischen Datenverarbeitung ist und warnt vor der Gefahr, daß durch zu starke Limitierung die automatische Datenverarbeitung weniger effizient wird als die konventionelle.

Zur Diskussion um die Weitergabe von Patientendaten fragt Herr MÖHR nach der Legitimation der Weitergabe einer Praxiskartei an einen Praxisnachfolger. Herr KILIAN verweist darauf, daß es in bestimmten Zusammenhängen (z. B. nach der Röntgenverordnung) die Abgabepflicht an die Ärztekammer aber auch bestimmte Aufbewahrungspflichten gibt. Außerdem existiert das von ihm zitierte Urteil des Bundesgerichtshofes von 1974, nach dem die Patientenkartei mitverkauft werden darf. Herr HEUSSNER hält letzteres ebenso wie Herr KILIAN für problematisch.

Herr KÖHLER betont die Aussage von Herrn SCHAEFER, wonach die Anonymisierung von Patientendaten nur eine geringe Sicherheit bringt, da mit Hilfe der automatischen Datenverarbeitung die Möglichkeit einer Reidentifizierung anhand sekundärer Daten durchaus wahrscheinlich ist. Herr KÖHLER fragt den Referenten, wie er die Schutzwürdigkeit des Arztes sieht, dessen Qualität kontrolliert werden kann mit Hilfe der von ihm gespeicherten Patientendaten. Herr SCHAEFER antwortet, daß er die arztbezogenen Daten in demselben Maße für schutzwürdig hält wie die des Patienten und zwar "in dubio pro universitate medici".

Herr KÜPPERS nennt einige interessante Zahlen zu Auskunftsersuchen nach dem BDSG, die sich aus einer Blitzumfrage im Dezember 1978 an die Stellen des Geschäftsbereichs des Bundesministers für Arbeit und Sozialordnung, an die bundesunmittelbaren Versicherungsträger und die übrigen bundesunmittelbaren Körperschaften des Öffentlichen Rechts sowie die Verbände ergeben haben. Von den 270 angeschriebenen Stellen wurden nur 121 Auskunftsersuchen gemeldet und diese verteilen sich auf nur 14 Stellen. Als Maximum meldete eine Ersatzkasse 28 Ersuchen. Eine Nachfrage ergab als Kuriosum, daß der größte Teil der Anfragen von Datenschutzbeauftragten in Unternehmen stammten, die damit zu erfahren suchten, wie die Auskunftserteilung von den Kollegen gehandhabt wird. "Man könnte dies optimistisch interpretieren, indem man von einem ungebrochenen Vertrauen in die automatische Datenverarbeitung ausgeht, man kann es aber auch pessimistischer sehen."

Herr RULAND ergänzt hierzu, daß bei der Versicherungsanstalt für Angestellte bisher ca. 20 Anfragen gekommen seien. Als den Anfragenden mitgeteilt wurde, die Auskunft sei gebührenpflichtig, hat nur noch einer sein Auskunftsersuchen aufrechterhalten.

Herr KILIAN berichtet von ähnlich niedrigen Zahlen aus dem betrieblichen Bereich in Niedersachsen. Er hält deshalb eine Auskunftserteilung über organisierte Interessenvertretungen für sinnvoller.

Herr LUTTERBECK stellt aus der Praxis des Bundesdatenschutzbeauftragten ein funktionierendes Arzt/Patient-Verhältnis infrage und vermutet, daß es sich hierbei heute schon weitgehend nur um eine Fiktion handelt: Insofern geht es zunächst weniger um juristische Probleme, sondern mehr um medizinisch-soziologische. Diese Probleme glaubt er bei Herrn SCHAEFER herausgehört zu haben, und er unterstreicht dessen Aufforderung zur Suche nach Alternativen. Die anwesenden Ärzte teilen nicht Herrn LUTTERBECKS Auffassung von einem nichtfunktionierenden Arzt/Patient-Verhältnis. Wenn auch sicher manches Problem bestehe, so sei man jedoch eher geneigt, jüngsten Meinungsumfragen zu glauben, die von einer sehr hohen Zufriedenheitsquote (mehr als 80 %) der Patienten berichtet hätten.

Herr HEUSSNER geht auf die Aussage von Herrn SCHAEFER ein, wonach dem Arzt zugemutet wird, Daten von seinen Patienten weiterzugeben, die sich seiner weiteren Verwendungskontrolle entziehen. Dies Problem ist juristisch zu untersuchen, denn eine gesetzliche Vorschrift, die es erlaubt, eine Daten- und Informationsverarbeitung vorzunehmen, kann sich in der Praxis als weit weniger harmlos erweisen, als es der Gesetzgeber wollte.

Herr EBERLE kommt am Beispiel des sehr allgemein gefaßten § 223 RVO auf die grundrechtliche Relevanz dieser Vorschrift hinsichtlich der Zulässigkeitstatbestände für Datenverarbeitung zu sprechen und betont, daß jede Datenverarbeitung und insbesondere jede Verarbeitung personenbezogener Daten Grundrechte berührt und einschränkt. Im Hinblick auf die Zulässigkeit zur Verarbeitung von personenbezogenen Daten warnt er davor, zwischen Leistungsbereich und Eingriffsbereich zu trennen. "Die öffentlich-rechtliche Dogmatik hat heute längst erkannt, daß diese Unterscheidung im Hinblick auf Grundrechtsverletzungen nicht mehr aufrecht erhalten werden kann. Wenn beispielsweise jemandem der Anspruch auf Leistungen in der Sozialversicherung vorenthalten wird, dann kommt dies einem Eingriff gleich."

Herr GREISER kommt noch einmal auf die verschiedenen Diagnosebegriffe von Herrn SCHAEFER zurück und betont, daß man sehr wohl zwischen diesen Begriffen differenzieren muß, weil sie zumindest unterschiedlich hohe Qualitätsebenen haben. Aber auch epidemiologische Daten minderer Qualität können durchaus sinnvoll verwendet werden, z. B. für Fragestellungen wie: "Hat in einem Land zu einem bestimmten Zeitpunkt eine Grippeepidemie stattgefunden?", auch wenn sie hierzu primär nicht erhoben worden sind.

In seinem Schlußwort hebt Herr SCHAEFER hervor, daß er bewußt verschiedene Dinge habe infragestellen wollen - so z. B. die Rechtmäßigkeit des § 223 RVO - um auf Gefährdungsmöglichkeiten aufmerksam zu machen, die auch durch den Gesetzgeber vielleicht unbewußt in Unkenntnis der subtilen Sachzusammenhänge geschaffen werden können. Herr SCHAEFER betont nochmals das Erfordernis der verschiedenen Diagnosebegriffe, warnt jedoch ausdrücklich davor, diese Angaben zur Grundlage von Forschung (z. B. epidemiologische Forschung) zu machen, ohne sich vorher mit den Ärzten abzustimmen, von denen die Daten dokumentiert wurden.

" Es hat eben etwas damit zu tun, daß der Mensch keine statische Einheit ist, der man ein Etikett anhängen kann: 'Das ist ein Diabetiker'. Was sich hinter diesem Einzelbegriff alles verbirgt, vermag der Laie überhaupt nicht zu überblicken, hier sind ganz subtile Unterscheidungen möglich. Wohin dies entgleitet bei all denjenigen, die heute noch sozialdiskriminierend empfunden werden - nämlich im Psycho-Sozialbereich - vermag der Laie noch weniger zu überblicken, selbst viele Ärzte sind dazu nicht in der Lage."

Die Möglichkeit eines Machtmißbrauchs wollte Herr SCHAEFER nicht nur auf die Krankenkassen bezogen wissen, sondern generell auf die Verlockung hinweisen, mit Datenmaterial herumzuspielen oder es zu manipulieren.

AKTUELLE DATENSCHUTZPROBLEME IM MEDIZINISCHEN BEREICH
AUS DER SICHT EINER ÄRZTEKAMMER

ANGELA HOLLMANN

Der Wunsch, Zugang zu personenbezogenen Daten zu erhalten, steigt offensichtlich in allen Bereichen, wahrscheinlich bedingt durch die elektronische Datenverarbeitung, die die Möglichkeiten der Auswertung in verschiedenster Hinsicht bietet. Das gilt für die öffentliche Verwaltung, die private Wirtschaft sowie für Wissenschaft und Forschung und hat vielerlei Auswirkungen auf den ärztlichen Bereich. Das zeigt sich ganz deutlich in den Ärztekammern, die von den Ärzten um Verhaltenshinweise gebeten werden. Die wichtigsten Datenschutzprobleme, die sich in der Ärztekammer Niedersachsen gestellt haben, sollen hier kurz geschildert werden.

Wenn man über Datenschutzprobleme sprechen muß, muß man sich zuerst klar machen, wo die Daten entstehen, weiter, wo sie hinwandern und schließlich, wem sie zugänglich sind oder zugänglich gemacht werden, und in welcher Weise hier Gefährdungsmöglichkeiten entstehen. Gesetzliche Regelungen über Datenzugang fehlen weitgehend. Die Referate von DENEKE und SCHAEFER befassen sich in Einzelheiten damit, so daß ich mich auf die Darstellung von Einzelproblemen beschränken kann.

Geht man davon aus, daß "Datum" jedes Merkmal oder jede Eigenschaft einer Person ist, die von einer anderen Person wahrgenommen werden kann, so können im Gesundheitsbereich praktisch alle Merkmale einer Person als medizinische oder Gesundheitsdaten betrachtet werden. Das sind also alle Daten, die aus dem Patient-Arzt-Verhältnis stammen und die damit einer besonderen Schutzwürdigkeit unterliegen. Der Schutzwürdigkeit des Persönlichkeitsrechtes, aus dem der strafrechtlich und auch datenschutzrechtlich sanktionierte Geheimnisschutz resultiert, würde es nicht gerecht, wenn man hier unterscheiden würde zwischen medizinischen und nicht medizinischen Daten. Letztere sind sicherlich unabhängig von anderen Daten gesehen, nicht Adresse, Beruf, Arbeitgeber, familiäre Verhältnisse usw. Im Zusammenhang mit medizinischen Befunden, Diagnosen und ähnlichem sind sie aber besonders wichtig und schutzbedürftig. Deshalb muß dieser Schutz bereits dort gegeben sein, wo Daten erstmals erhoben werden, nämlich beim Arzt. Der Patient, der sich zu einem Arzt in der Praxis, im Krankenhaus, im Gesundheitsamt oder in einer anderen Institution begibt, gibt ihm eine ganze Reihe von Daten bekannt, nämlich diejenigen, die er ihm besonders mitteilt und weiter diejenigen, die der Arzt ohne Zutun des Patienten zur Kenntnis nimmt.

Beim Arzt besteht schon immer ein besonderer Schutz für diese Daten. Der Arzt darf sie nämlich nicht ohne Rechtfertigung weitergeben (S. Hollmann, Schweigepflicht der Ärzte und des ärztlichen Hilfspersonals in "Der Internist", Heft 11/1974, Seite 534 - 540, "Schweigepflicht der Ärzte und des ärztlichen Hilfspersonals - aktuelle Aspekte"; HB-Merkblatt "Rechtsgrundlagen der Schweigepflicht und der Befugnis zur Weitergabe medizinischer Daten", 4. überarbeitete Auflage April 1977). Hier ist also das Datenschutzrecht nicht in erster Linie maßgebend, da § 203 StGB (früher § 300 StGB) seit eh und jeh als Strafvorschrift das Geheimnis des Patienten schützen soll. Viele Daten gehen aber weit über das Patient-Arzt-Verhältnis hinaus, in der Regel mit der entsprechenden Rechtfertigung, der ausdrücklichen oder stillschweigenden Einwilligung des Patienten oder gestützt auf eine Rechtsgrundlage oder zum Schutze höherwertiger Rechtsgüter. Dort wandern diese Informationen oftmals in Dateien, für die die Datenschutzgesetze Anwendung finden. Deshalb ist die besonders sorgfältige Prüfung der Ärzte, ob sie Daten weitergeben, von besonderer Bedeutung. Sie halten sich zu Recht auch dafür verantwortlich, daß der Patient sich über die Auswirkungen seiner ausdrücklichen oder stillschweigenden Einwilligung zur Weitergabe solcher Daten durch den Arzt klar wird.

I. Sind Krankenblätter Dateien im Sinne des Bundesdatenschutzgesetzes?

Gemäß § 2 Abs. 3 Nr. 3 Bundesdatenschutzgesetz ist eine Datei eine gleichartig aufgebaute Sammlung von Daten, die nach bestimmten Merkmalen erfaßt und geordnet, nach anderen bestimmten Merkmalen umgeordnet und ausgewertet werden kann, ungeachtet der dabei angewendeten Verfahren; nicht hierzu gehören Akten und Aktensammlungen, es sei denn, daß sie durch automatisierte Verfahren umgeordnet und ausgewertet werden können.

Nach dem Kommentar von ORDEMANN/SCHOMERUS, Bundesdatenschutzgesetz, 2. Auflage, Beck-Verlag München 1978, ist der Begriff "Datei" anzuwenden, wenn es sich um eine gleichartig aufgebaute Sammlung von Daten handelt.

Das Merkmal "gleichartig aufgebaute Sammlung" charakterisiert einmal die äußere Form der Datei. Bei Dateien, die nach herkömmlichen Verfahren geführt werden, namentlich bei Karteien, ist bestimmend, daß die einzelnen Aufbauelemente (Karteikarten, Lochkarten, Sichtlochkarten) einheitlich und gleichartig sind. Allerdings sind die Begriffe "gleichartig aufgebaut" nicht nur Charakteristika der äußeren Form. Sie beziehen sich auch auf die Organisation der Daten im übrigen. In elektronisch geführten Dateien sind die Daten selbst vielfach auf einem einzelnen Datenträger (Magnetband, Magnetplatte oder Lochstreifen) aneinandergereiht. Die Ordnung ergibt sich erst aus dem Programm. Dieses muß so gestaltet sein, daß die Merkmale "gleichartig aufgebaute Sammlung" erfüllt sind.

Weiterhin ist für eine Datei erforderlich, daß sie nach bestimmten Merkmalen erfaßt und geordnet werden kann. Darüber hinaus muß sie nach anderen bestimmten Merkmalen umgeordnet und ausgewertet werden können.

In den Kommentierungen zum Bundesdatenschutzgesetz aber auch zum Niedersächsischen Datenschutzgesetz ist nicht eindeutig geklärt, ob ganz grundsätzlich Krankenkarteien als

Akten oder Aktensammlungen im Sinne des § 2 Abs. 3 Nr. 3 anzusehen sind und somit nicht unter die gesetzlichen Bestimmungen fallen. Grundsätzlich wird man aber davon ausgehen müssen, daß die Krankenunterlagen nicht unter das Bundesdatenschutzgesetz fallen, mit Ausnahme der in § 6 enthaltenen Sicherungsbestimmungen. Schon § 1 Abs. 2 bestimmt, daß für personenbezogene Daten, die nicht zur Übermittlung an Dritte bestimmt sind und in nicht automatisierten Verfahren verarbeitet werden, von den Vorschriften dieses Gesetzes nur § 6 gilt.

Die Krankenunterlagen, die aus den ärztlichen Aufzeichnungen und den Befunden von Labor-, Röntgen- oder sonstigen Untersuchungen bestehen, sind nach der bisherigen Rechtssprechung immer noch als Gedächtnisstützen des Arztes anzusehen - auch der Bundesgerichtshof hat in seiner Entscheidung vom Juni 1978 diese Überlegung nicht ausgeräumt, wenn er gleichwohl dem Patienten ein Einsichtsrecht gewährt hat und von einer Verpflichtung des Arztes gegenüber dem Patienten hinsichtlich der Dokumentation spricht.

Lediglich dann, wenn bestimmte Feststellungen dateimäßig gespeichert werden, um an Dritte weitergeleitet zu werden, wie zum Beispiel die Krankenscheine mit den Leistungsziffern und Diagnosen über die Kassenärztliche Vereinigung an die Krankenkasse weitergeleitet werden, kann unter Umständen von einer Datei im Sinne des § 2 Abs. 3 Ziffer 3 ausgegangen werden.

Geht man davon aus, daß Krankenunterlagen - vor allem beim niedergelassenen Arzt - als Akten oder Aktensammlungen anzusehen sind, so fallen sie nicht unter die Datenschutzgesetze, da die automatisierte Verarbeitung solcher Unterlagen bisher noch nicht bekannt geworden ist (ORDEMANN/SCHOMERUS, Bundesdatenschutzgesetz, Anmerkung 3.3.2 zu § 2).

II. Gesetzliche Grundlagen für Zugang und Weitergabe von Daten aus dem Gesundheits-bereich an die öffentliche Verwaltung.

Die rechtliche Verpflichtung des Arztes, bestimmte Daten weiterzugeben, verschafft bestimmten Stellen indirekt Zugang zu diesen Daten, indirekt insofern, als erst gewisse Druckmittel angewendet werden müssen, um den Arzt zur Pflichterfüllung zu veranlassen. (Bundesseuchengesetz, Geschlechtskrankheitengesetz, u.a.).

II.1. Aber auch direkter Zugang kann verschafft werden z. B. durch Beschlagnahme der Krankenunterlagen im Prozeß. Hier entstehen bereits Unsicherheiten bei den Ärzten, wenn sie von einem Rechtsanwalt eines Patienten zur Einsichtnahme in Krankenunterlagen oder zur Herausgabe aufgefordert werden. Im vorprozessualen Bereich ist eine Herausgabepflicht der Ärzte nicht gegeben.

In den Beispielen ist die Weitergabe der Daten notwendig, um Gefahren von anderen abzuwehren, und zwar zur speziellen Abwehr konkreter Gefahren. Der Hinweis auf die konkrete Gefahr erscheint deshalb von Bedeutung, weil die Nutzung von Patientendaten für Forschungszwecke natürlich auch der Gefahrenabwehr dient, nämlich der Untersuchung, ob bzw. woher Gefährdungen rühren, um diesen sodann begegnen zu können. Diese Gefährdungen kann man aber als abstrakt bezeichnen, denn es besteht zunächst nur die Überlegung, woher die Gefahren oder Gefährdungen rühren können, nicht aber ein konkreter Anhaltspunkt. Deshalb können die Bestimmungen der Amtshilfe hier auch nicht eingreifen, denn sie beziehen sich gerade auf den konkreten Fall, in dem eine Behörde die Hilfe der anderen benötigt.

II.2. Die eigentlichen Zugangsmöglichkeiten werden unter dem Datenschutzgedanken erst bedeutungsvoll, wenn sie den Veranwortungsbereich des Arztes verlassen haben. Dabei ist nur zu denken an das am 1.7.1977 in Kraft getretene Gesetz zur Dämpfung der Ausgabenentwicklung und zur Strukturverbesserung in der gesetzlichen Krankenversicherung (KVKG, Bundesgesetzblatt, Teil I, Seite 1069 ff.), das die §§ 223 und 319 a in die RVO eingefügt hat. § 319 a verpflichtet die Krankenkassen zur Führung eines Mitgliederverzeichnisses, in das die Aufzeichnungen aufzunehmen sind, die zur rechtmäßigen Erfüllung ihrer Aufgaben erforderlich sind. Diese Bestimmung ist im Zusammenhang mit dem ebenfalls neuen § 223 RVO zu sehen, wonach die Krankenkassen in "geeigneten Fällen" im Zusammenwirken mit den Kassenärztlichen Vereinigungen den Krankenhausträgern sowie den Vertrauensärzten die Krankheitsfälle vor allem im Hinblick auf die in Anspruch genommenen Leistungen überprüfen und den Versicherten und den Arzt über diese Leistungen unterrichten können. Hier besteht die Gefahr, daß die Krankenkassen zur Ausübung einer Therapiekontrolle Daten speichern, die der ärztlichen Schweigepflicht unterliegen und bisher den Krankenkassen nicht überlassen werden mußten, da sie zur Überprüfung der Leistungspflicht nicht erforderlich sind. Wenn aber die Krankenkassen nunmehr das gesetzlich fixierte Recht haben, die Krankheitsfälle zu überprüfen, so können sie die in Anspruch genommenen Leistungen auch in das Mitgliederverzeichnis aufnehmen. Eine solche Regelung ermöglicht einen Einbruch in das Persönlichkeitsrecht des Patienten, das auch die Verfügungsberechtigung über sein Geheimnis beinhaltet, ohne daß dadurch notwendigerweise dem Interesse der Allgemeinheit der Vorrang eingeräumt werden müßte (HOLLMANN, Kommentar, Das neue Bundesdatenschutzgesetz, DMW 1977, Seite 1395 - 1397 mit weiteren Literaturhinweisen).

Hier wurde bisher von der Einwilligung des Patienten ausgegangen, bestimmte Daten vom Arzt über die Kassenärztliche Vereinigung an die Krankenkasse zur Überprüfung ihrer Leistungspflicht zu geben, was der Patient bei Übergabe des Krankenscheines zur Kenntnis nehmen kann.

Nun ist aber eine Rechtsgrundlage für die Krankenkassen geschaffen worden, weitere Daten zu sammeln und auszuwerten für ganz andere Zwecke, nämlich für Zwecke, die für den einzelnen Bürger nicht unbedingt von vorrangigem Interesse sind.

II.3. Ein ganz aktuelles Beispiel, was zu neuem Zugang Dritter zu persönlichen Daten hätte führen können, war in dem Entwurf eines Transplantationsgesetzes vorgesehen, das die Widerspruchslösung enthalten sollte. Würde der Bürger in seinem Personalausweis einen Widerspruch eintragen lassen, so müßte er Dritten, die nichts damit zu tun haben, aber ein Recht auf Einsicht in den Personalausweis haben - z. B. die Polizei - über seine Entscheidung Kenntnis geben. Deshalb haben hier die Ärzte zu Recht eine Eintragung in den Personalausweis abgelehnt.

Auch eine Sammlung der Zustimmungen oder Widersprüche in einer Zentrale wäre natürlich aus Rationalisierungsgründen bestechend, würde aber wiederum dazu führen, den Einzelnen in seiner Verfügungsbefugnis über seine persönlichen Daten einzuschränken.

II.4. Immer wieder hört man die Forderung nach einer Meldepflicht für Behinderte. Eine solche Meldepflicht, die gesetzlich fixiert sein müßte, gibt es bisher nicht. Ein Zugang zu personenbezogenen Daten im Gesundheitsbereich darf nach meiner Auffassung auch nicht auf Dritte, auch wenn berechtigte Allgemeininteressen geltend gemacht werden, ausgedehnt werden, wenn nicht die Einwilligung des Betroffenen in Kenntnis der daraus resultierenden Folgen erteilt wird oder die Angaben so anonymisiert werden, daß ein Bezug zur Person ausgeschlossen ist. Und dafür reicht nicht aus, daß nur der Name weggelassen wird. Adressen im Zusammenhang mit weiteren Daten, wie Geburt eines Kindes zu bestimmter Zeit, reichen aus, um zu erkennen, um wen es sich handelt.

Auch die Einführung von Krebs-, Behinderten-, oder sonstigen Krankheitsregistern darf nicht zur Einschränkung des Persönlichkeitsrechtes führen, indem ohne Wissen oder Willen des Patienten die Aufnahme in ein solches Register erfolgt. Denn es ist noch nicht einmal definiert, welcher Art die Eintragung in ein solches Register sein muß. Wer ist behindert? Kurz- oder Weitsichtige ab welchem Grad? Soll auch Verdacht auf Krebs oder Herzinfarkt usw. eingetragen werden, um die Patienten überwachen und weiter untersuchen zu können? Zum Glück Patienten überwachen und weiter untersuchen zu können? Zum Glück sind Meldepflichten für solche Krankheitszustände vom Gesetzgeber bisher immer wieder abgelehnt worden. Von Ärzten wird deutlich gemacht, daß innerhalb des Patient-Arzt-Verhältnisses durchaus die Möglichkeit besteht, die Patienten von der Notwendigkeit der Meldung an ein solches Register zu überzeugen, insofern ihr Selbstbestimmungsrecht zu beachten, ohne sie psychisch oder physisch zu gefährden.

II.5. Kürzlich wurde ein Chefarzt aufgefordert, eine Kopie der Krankenhausentlassungsberichte von AOK-Versicherten an die LVA Hannover zu übersenden. Dieser Arzt hatte unter Hinweis auf die ärztliche Schweigepflicht diese Übersendung abgelehnt und sich zur Herausgabe nur in dem Falle bereit erklärt, indem ihm eine ausdrückliche Entbindungserklärung des Patienten vorgelegt würde. Die Krankenkasse hat sich sodann auf § 369 b Abs. 1 RVO berufen. Dort ist unter Ziffer 3 gesagt, daß die Krankenkassen verpflichtet sind, "im Benehmen mit dem behandelnden Arzt eine Begutachtung durch einen Vertrauensarzt zu veranlassen, wenn dies zur Einleitung von Maßnahmen zur Rehabilitation, insbesondere zur Aufstellung eines Gesamtplanes nach § 5 Abs. 3 des Gesetzes über die Angleichung der Leistungen zur Rehabilitation vom 7. August 1974 (Bundesgesetzblatt I, Seite 1881) erforderlich erscheint". Diese Bestimmung bietet aber keine Rechtsgrundlage für eine berechtigte Weitergabe von Daten aus dem Patient-Arzt-Verhältnis. In § 369 b ist lediglich die Möglichkeit gegeben, den Vertrauensarzt in besonderen "erforderlichen Fällen" einzuschalten.

Alle in § 369 b aufgeführten Fälle sind aber nicht gegeben. Die Krankenkasse hat kein Recht, von dem Arzt Angaben zu verlangen, die für die Überprüfung der Leistungspflicht der Krankenkasse nicht notwendig sind. Notwendig für die Überprüfung der Leistungspflicht sind nur die Diagnosen und Leistungsziffern. Alle übrigen Angaben werden nicht benötigt.

Ursprünglich wurde dem Arzt mitgeteilt, daß der Entlassungsbericht für die Durchführung sozialmedizinischer Beratungen notwendig sei. Erst nach seiner Ablehnung wurde auf die Notwendigkeit zur Überprüfung der Leistungspflicht hingewiesen.

Wir haben den Arzt darauf hingewiesen, daß die Durchführung sozialmedizinischer Beratungen sicherlich ganz sinnvoll ist, aber nicht gegen den Willen des Patienten erfolgen kann. Aus diesem Grunde haben wir die Auffassung vertreten, daß die Weitergabe des Entlassungsberichtes an die Krankenkasse nur mit der Einwilligung des Patienten im konkreten Fall erfolgen darf. Es ist auch kein Grund ersichtlich, warum hier auf eine ausdrückliche Einwilligung des Patienten verzichtet werden sollte.

II.6. Im arbeitsmedizinischen Bereich werden von den Ärzten natürlich ebenfalls bestimmte Daten erhoben. Zum Beispiel bei Einstellungsuntersuchungen oder bei Untersuchungen der Arbeitnehmer hinsichtlich ihrer Einsatzfähigkeit an bestimmten Arbeitsplätzen, auch hier versucht sich der Arbeitgeber Zugang zu verschaffen. Selbstverständlich besteht eine Zugangsberechtigung zu speziellen, aus dem Patient-Arzt-Verhältnis stammenden Daten nicht. Der Arbeitgeber hat lediglich einen Anspruch auf das Ergebnis einer Untersuchung, soweit es für ihn und für die Einsatzmöglichkeit des Arbeitnehmers von Bedeutung ist. (s. auch HEILMANN und THELEN, Der Fragebogen - ein Mitbestimmungsproblem, Betriebsberater 1977, Seite 1556 ff.).

Besonders die Betriebskrankenkassen sind an einzelnen Angaben der Ärzte interessiert. Wir weisen die Ärzte stets auf ihre Geheimhaltungspflicht hin, denn die Einstellungsuntersuchungen und die in diesem Zusammenhang erhobenen und festgehaltenen Daten sind nicht für den Zweck, die Leistungspflicht der Betriebskrankenkasse zu überprüfen, erhoben worden. Eine Einwilligung des Patienten zur Weitergabe dieser Daten an die Betriebskrankenkasse kann nicht unterstellt werden.

In diesem Zusammenhang kann auch auf ein Rundschreiben eines Arbeitgebers hingewiesen werden, indem er Arbeitnehmer, die eine bestimmte Anzahl von Tagen im Jahr gefehlt haben, aufforderte, ihre behandelnden Ärzte von der Schweigepflicht zu entbinden, damit er Auskunft über die Diagnosen und die Dauer der Arbeitsunfähigkeit sowie die Aussichten über mögliche zukünftige Erkrankungen erhalten könne. Dem Arzt wurde eine solche von einem Arbeitnehmer unterschriebene Einwilligungserklärung zugeleitet, um ihn zur Auskunft zu bewegen. Zu Recht hat der Arzt hier Bedenken geltend gemacht und die Stellungnahme der Ärztekammer Niedersachsen eingeholt. Wir haben ihn darauf hingewiesen, daß wir solche formularmäßigen Einwilligungserklärungen für rechtlich äußerst bedenklich halten und den Arzt gebeten, den Arbeitnehmer darauf hinzuweisen. Der Hinweis des Arbeitgebers darauf, daß nach der arbeitsgerichtlichen Rechtssprechung Arbeitnehmer, die über längere Zeit erkrankt sind, den Arbeitgeber zu unterstützen haben, wenn er feststellen muß, ob der Arbeitsplatz anderweitig zu besetzen ist, kann hier keine Anwendung finden. Nur in extremen Einzelfällen ist eine solche Mitwirkungspflicht des Arbeitnehmers gegenüber dem Arbeitgeber gegeben.

III. Erhebung und Weitergabe von Patientendaten mit dessen Einwilligung.

Die Einwilligung wird für einen bestimmten Zweck erteilt. Diese Zweckbestimmung muß in jedem Falle entscheidend sein. Es gibt nun eine ganze Reihe von Datenwegen, die zum großen Teil innerhalb des Krankenversicherungssystems von Dr. SCHAEFER dargestellt wurden.

III.1. In Niedersachsen werden Eltern von schulpflichtigen Kindern aufgefordert, für die Einschulungsuntersuchungen ausführliche Fragebogen ausgefüllt mitzubringen. In diesen Fragebogen sollen auch Angaben über Krankheiten der Großeltern, über das Verhalten des Kindes im Schlaf (z. B. Schniefen, Schnarchen) gegeben werden. Natürlich besteht keine Pflicht zu diesen Angaben. Sie erfolgen freiwillig. Nur hat es hier den Anschein, als sollte versucht werden, freiwillige Angaben ohne Kenntnis der Freiwilligkeit zu erhalten, denn in dem Anschreiben (zum Glück ist es inzwischen etwas abgeändert und verdeutlicht worden) wurde zwar auf die Pflicht zur Einschulungsuntersuchung hingewiesen, nicht aber auf die Freiwilligkeit der Angaben in dem Fragebogen.

III.2. Zugangsprobleme ergeben sich auch im Versicherungsbereich. Deshalb muß der Antragssteller, der eine private Versicherung abschließen will, eine Einwilligungserklärung abgeben, die die Versicherung nicht nur zur Überprüfung der Richtigkeit der Angaben berechtigt, Ärzte und andere Stellen zu befragen, sondern darüber hinaus Daten weiterzugeben an andere Personenversicherer und deren Gemeinschaftseinrichtungen. Es besteht hier also die Möglichkeit, Versicherungsgesellschaften, die in keinerlei Rechtsbeziehung zu den Antragsstellern stehen, Zugang zu Gesundheitsdaten und anderen persönlichen Daten zu verschaffen. Solche Daten werden für rechtlich äußerst bedenklich gehalten (s. HOLLMANN, Formularmäßige Erklärung über die Entbindung von der Schweigepflicht gegenüber Versicherungsunternehmen, NJW 1978, Seite 2332). Herr SCHAEFER und ich kennen die Auseinandersetzungen mit dem Verband der Lebensversicherungsunternehmen nur zu gut. Die Ärztekammer Niedersachsen wurde auch von Ärzten immer wieder befragt, wie es sich mit der Rechtmäßigkeit einer solchen Klausel verhalte.

Zugang zu Daten aus dem Gesundheitsbereich der Patienten versuchen sich auch Haftpflichtversicherer zu verschaffen, indem sie den Arzt zu Angaben auffordern mit der Behauptung, Einwilligungserklärungen lägen vor. Es handelt sich dabei meist nicht um die Anspruchssteller, sondern um die Anspruchsgegner. Hier muß immer wieder deutlich gemacht werden, daß der Arzt nicht die Interessen einer Versicherung zur Abwehr von Ansprüchen ihres Versicherungsnehmers vertritt, sondern zur Wahrung der Interessen seines Patienten verpflichtet ist.

Auch der Widerruf von Einwilligungserklärungen gegenüber Versicherungen wird teilweise aus rein organisatorischen Gründen nicht beachtet, obwohl das Recht zum Widerruf nicht ausgeschlossen werden kann.

III.3. Die Landesversorgungsämter von Bremen und Niedersachsen, die im Zusammenhang mit der Bearbeitung von Anträgen auf Feststellung einer Behinderung nach dem Schwerbehindertengesetz bei Ärzten formulармäßig Befundberichte anfordern, weisen lediglich darauf hin, daß der Antragssteller mit der Ausstellung eines Krankheitsberichtes und der Überlassung der ihn betreffenden Unterlagen einverstanden sei. Es ist dort deshalb eine Einverständniserklärung formuliert worden, die von dem Antragssteller vor Bearbeitung der Formanträge durch das Versorgungsamt zu unterschreiben ist. Diese formularmäßigen Erklärungen enthalten zwar den Zweck, die für die Feststellung erforderlichen Auskünfte und Unterlagen bei den Ärzten, Krankenanstalten, Behörden und Trägern der Sozialversicherung zur Einsicht beizuziehen und die Genehmigung zur Verwertung dieser Unterlagen im Feststellungsverfahren sowie die Entbindung der beteiligten Ärzte von ihrer Schweigepflicht. Wenn bei den Ärzten Bedenken auftreten, aufgrund einer Mitteilung des Versorgungsamtes, eine Einwilligungserklärung des

Patienten läge vor, Auskünfte zu erteilen, so weisen wir die Ärzte darauf hin, daß sie aufgrund einer solchen Mitteilung zwar Auskunft geben können, daß sie dazu aber nicht verpflichtet sind und daß sie vor allem das Recht haben, sich speziell für den Einzelfall von der Schweigepflicht entbinden zu lassen, da sie nicht sichergehen können, daß der Patient z. B. seine Einwilligungserklärung später widerrufen hat.

III.4. In Niedersachsen wird zur Zeit eine sogenannte Perinatalstudie durchgeführt, an der gynäkologische Kliniken, Kinderkrankenhäuser und das Institut für Sozialmedizin der Medizinischen Hochschule Hannover beteiligt sind. In ausführlichen Erhebungsbogen sollen die Ärzte Angaben über ihre Patientinnen und Patienten aufführen, die sodann einem Auswertungsteam des Institutes der Medizinischen Hochschule Hannover zugeleitet werden. Um eine Anonymisierung herzustellen, sollte der Ort weggelassen werden, während Straßenname, Hausnummer, Beruf des Ehemannes usw. enthalten waren.

Da eine Untersuchung der Ursachen der Säuglingssterblichkeit nur möglich ist, wenn dem Forschungsteam eine Vielzahl von Daten aus dem persönlichen Bereich zur Verfügung stehen, ergibt sich hier das Problem der Anonymisierung. Würden die Ärzte im Krankenhaus, die über diese Daten verfügen, diese so weitergeben, daß sie nicht auf die Person des Patienten zurückgeführt werden können, so wäre das Problem gelöst. Aber das funktioniert nach Aussage der Forscher nicht.

Kann aber die faktische Anonymisierung nicht schon hier erfolgen, so darf der Arzt die Daten ohne Rechtsgrundlage oder Einwilligung auch an Forscher nicht weitergeben. Rechtsgrundlagen für wissenschaftliche Untersuchungen gibt es in der Regel nicht. Die Forderungen, Wissenschaftlern ein Zugangsrecht zu allen Daten zu verschaffen, über die die Verwaltung verfügt, halte ich für zu weitgehend, denn gerade auch innerhalb der öffentlichen Verwaltung sollte der Datenaustausch mehr als bisher eingeschränkt werden.

Es ist zwar bekannt, wie wichtig epidemiologische Untersuchungen sind und welche Vorteile sie bringen können. Dies darf aber nicht auf Kosten des Persönlichkeitsrechtes des Einzelnen geschehen. Dem Satz "Gemeinnutz geht vor Eigennutz" darf auch im Bereich der Forschung kein Vorschub geleistet werden.

Deshalb bin ich der Auffassung, daß die Weitergabe nicht anonymisierter Daten an Dritte außerhalb des Patient-Arzt-Verhältnisses nur mit Einwilligung der Betroffenen erfolgen darf. Sicher wird es einige Schwierigkeiten mit sich bringen, denn jeder Betroffene muß vorher darüber informiert werden, wie weit sich die Einwilligung erstreckt und zu welchem Zweck welche Daten an wen weitergegeben werden. Dieser Mühe müssen sich aber diejenigen, die die Untersuchung durchführen wollen, unterziehen. Bei der Durchführung der oben genannten Perinatalstudie wurde in

Zusammenarbeit mit der Ärztekammer Niedersachsen ein Aufklärungs-und Einwilligungsschreiben für die Patientinnen erarbeitet. Mit Hilfe dieses Schreibens soll dem Patienten die Möglichkeit gegeben werden, zu erkennen, für welche Zwecke ihre Daten weitergegeben werden an das Forschungsteam, damit sie sich entscheiden können, ob sie damit einverstanden sind oder nicht.

Die Ausführungen zu den Ermächtigungsklauseln bei Versicherungen sollten auch hier beachtet werden, damit nicht die Aufnahme in ein Krankenhaus von der Ermächtigung zur Weitergabe der Daten an ein Forschungsteam abhängig gemacht wird und damit auch nicht der Anschein erweckt werden kann, als müßte der Patient unterschreiben, um überhaupt behandelt zu werden.

Der Datenzugang der Forscher und Wissenschaftler muß also grundsätzlich abhängig sein von einer Rechtsgrundlage oder der Einwilligung der Betroffenen und zwar ohne Ausnahme. Um aber die wissenschaftlichen Untersuchungen nicht zu blockieren, müßte das Datenschutzbewußtsein in der Bevölkerung zunächst einmal geschaffen oder gestärkt werden. Wenn sich nämlich der Bürger der Datenschutznotwendigkeit bewußt ist und sich bei der Hergabe seiner Daten entsprechend kritisch verhält, wird er auch die Notwendigkeit wissenschaftlicher Untersuchungen erkennen und sich dementsprechend entscheiden können. Solange aber Datenschutzbewußtsein und auch Datenschutzgewissen derjenigen, die damit umgehen, nicht weiter ausgeprägt ist, ist jede Skepsis gegen Datensammlungen, welcher Art auch immer, nicht nur verständlich sondern auch notwendig.

II.5. Wie mit Hilfe des Bundesdatenschutzgesetzes versucht wird, Datensammlungen anzulegen, haben einige Auskunfteien gezeigt. Sie haben sich an Ärzte gewandt und diesen folgendes mitgeteilt: "Gemäß § 34 Abs. 1 Bundesdatenschutzgesetz gehen wir hiermit unserer Verpflichtung nach, Sie zu benachrichtigen, daß wir Daten über Ihre Person gespeichert haben. Zur Kontrolle und zur Vervollständigung möchten wir Sie bitten, die unten stehenden Fragen zu beantworten und an uns zurückzusenden". Sodann folgt ein Fragebogen, der nicht nur Anschrift enthält, sondern auch beruflichen Werdegang, Tätigkeit, Arbeitgeber, Grundeigentum, Belastung, sonstiges Vermögen, Zahlungsweise, Bankverbindung. Hier wird der Sinn und Zweck des Bundesdatenschutzgesetzes in umgekehrter Weise verwandt, um Datensammlungen anzulegen. In etwas abgewandelter Form, aber mit dem gleichen Inhalt, verfahren andere Auskunfteien.

Beispiele für solche in der Ärztekammer deutlich werdende Probleme könnten fortgeführt werden. Ich glaube aber, daß diese bisher aufgeführten Beispiele zeigen, wie sehr die Skepsis der Ärzte hinsichtlich der Weitergabe von Patientendaten an öffentliche oder private Stellen angebracht ist.

IV. Stellungnahme der Ärztekammer Niedersachsen zum Niedersächsischen Datenschutzgesetz.
Ebenso wie der Hartmannbund - Verband der Ärzte Deutschlands - und die Bundesärztekammer sich an Diskussionen während der Entstehung des Bundesdatenschutzgesetzes beteiligt hatten, so hat auch die Ärztekammer Niedersachsen versucht, die Forderungen der Ärzteschaft in dem Niedersächsischen Datenschutzgesetz (NDSG) zu verwirklichen.

IV. 1. Auskunftsanspruch des Patienten.

In § 13 ist bestimmt, daß der Bürger Anspruch auf Auskunft über die über ihn gespeicherten Daten hat. Um zu erfahren, wer über ihn Daten gespeichert hat oder sonst bearbeitet, enthält das Gesetz weiterhin eine Bestimmung, die die öffentliche Verwaltung verpflichtet, Art und Umfang der gespeicherten Daten zu veröffentlichen.

Der Auskunftsanspruch soll sicherstellen, daß der Bürger jederzeit überprüfen kann, ob seine gespeicherten Daten richtig sind, und ob sie zur Erfüllung der Aufgaben der öffentlichen Verwaltung benötigt werden.

Nun ergibt sich eine spezielle Problematik, wenn es um besonders sensible, insbesondere um Daten aus dem Patient-Arzt-Verhältnis geht. Ist der Arzt selbst die speichernde Stelle, so hat der Patient ihm gegenüber einen Auskunftsanspruch. Dieser ist identisch mit dem Aufklärungsanspruch des Patienten, der sich aus dem Persönlichkeitsrecht des Patienten (Artikel 2, Abs. 1 Grundgesetz), aber auch aus dem Behandlungs- oder Beratungsvertrag zwischen Patient und Arzt ergibt. Die Bundesregierung hatte nach eingehenden Diskussionen mit Vertretern der Ärzteschaft und der Krankenkassen dennoch davon abgesehen, für das Bundesdatenschutzgesetz eine Sonderregelung vorzuschlagen, die die Möglichkeit einräumt, eine Auskunft zu verweigern, wenn zu befürchten ist, daß der Patient die Wahrheit nicht ertragen kann.

Der Gesetzgeber und zwar sowohl der Bundes- als auch der Landesgesetzgeber ist wohl davon ausgegangen, die Sonderregelung könne nur dadurch verwirklicht werden, daß es in das Ermessen des Arztes gestellt werde, ob er dem Patient Auskunft erteilte oder nicht. Dieses ist aber nur eine Seite des Problems. Denn in einer Vielzahl von Fällen ist ja der Arzt verpflichtet, mit ausdrücklicher oder stillschweigender Zustimmung des Patienten bestimmte ihm anvertraute Daten an andere Stellen weiterzugeben, z. B. an die Krankenversicherer, Unfallversicherungen, an das Versorgungsamt usw. Hier ist nicht nur der Arzt speichernde Stelle, der die Daten vom Patienten erhalten hat und bei sich in der Krankenkartei speichert, vielmehr gehören zu den speichernden Stellen auch die Stellen, die die Daten von dem Arzt erhalten haben. Nach dem Bundesdatenschutzgesetz und dem Niedersächsischen Datenschutzgesetz hat der Patient gegenüber jeder speichernden Stelle einen Anspruch auf Auskunft. Hierin wird von ärztlicher Seite zu Recht eine große Gefahr gesehen, weil von Laien dem Patienten bekannt gegebene gespeicherte Daten aus dem Patient-Arzt-Verhältnis große Unsicherheit oder gar Angst hervorrufen können, die bis zur Beseitigung des Lebenswillens führen kann. Es kommt daher besonders auf die Art und Weise an, wie dem Patienten für ihn kritische Diagnosen oder Befunde mitgeteilt werden. Eine entsprechende Aufklärung des Patienten darüber kann nicht von Angestellten der Versicherungsunternehmen erwartet oder gar in einem Computerausdruck vermittelt werden.

In § 13 Abs. 3 sind zwar Ausnahmeregelungen enthalten, nach denen die Auskunftserteilung in bestimmten Fällen unterbleibt. Hierunter fallen aber nicht die aus dem Patient-Arzt-Verhältnis stammenden Daten. Es wird deshalb immer wieder von ärztlicher Seite gefordert, daß die Auskunft nur durch einen Arzt, nach Möglichkeit durch den Arzt des Vertrauens des Betroffenen erteilt wird. Dieser wird versuchen, in einem Gespräch mit dem Betroffenen die Angaben so zu machen, daß sie dem Auskunftsanspruch genügen, ohne dem ärztlichen Auftrag des nihil nocere zu widersprechen. Daß dieses im Einzelfall zu schweren Konflikten führen kann, liegt auf der Hand. Niemand kann dem Arzt die Entscheidung zwischen Wahrheit und Aufklärungspflicht einerseits und Heilauftrag andererseits abnehmen. Dieses ist aber ein Problem, das der Arzt zu bewältigen hat, ohne daß es hierzu eines Datenschutzgesetzes bedarf. Vielmehr bestehen solche Konfliktsituationen seit eh und jeh, weil der Arzt zu einer angemessenen und für den Patienten verständlichen Aufklärung immer verpflichtet war.

Der Patient sollte deshalb nicht, wie im Niedersächsischen Datenschutzgesetz und im Bundesdatenschutzgesetz vorgesehen, durch einfache Anfrage bei einer Stelle, die über diese Daten verfügt, wie z. B. Krankenversicherer, Unfallversicherer oder die Rentenversicherung uneingeschränkt die Diagnosen erfahren. Es kann nicht Sinn des Gesetzes sein, den Grundsatz des nihil nocere, der für das ärztliche Handeln ausschlaggebend ist und auch für die anderen Stellen maßgebend sein muß, zu verletzen. Deshalb wurde von der Ärztekammer Niedersachsen vorgeschlagen, in das Landesdatenschutzgesetz die öffentliche Verwaltung sowie auch in Bundesgesetzen für den Bereich der Sozialversicherung und für den privaten Bereich dieser Situation dadurch Rechnung zu tragen, daß für Daten, die unter die ärztliche Schweigepflicht fallen, vor allem für Befunde und Diagnosen die Auskunft nur durch den behandelnden Arzt erfolgen darf. Dieses könnte in der Weise geschehen, daß Diagnosen und Befunde von dem allgemeinen Auskunftsrecht gegenüber der speichernden Stelle ausgenommen werden. Eine solche Regelung würde den Informationsanspruch des Patienten auf den Arzt beschränken, der ohnehin zur Bekanntgabe dieser Daten verpflichtet ist, wenn der Patient sie wünscht oder die Bekanntgabe für seine Einwilligung zu einer Behandlung notwendig ist. Nur so könnte das Grundrecht des Patienten auf körperliche Unversehrtheit unangetastet bleiben, ohne daß ihm das Auskunftsrecht entzogen wird. Allerdings muß der Betroffene bei automatisierter Verarbeitung darüber unterrichtet werden, an wen seine Daten regelmäßig weitergegeben werden. Dieses ist deshalb von großer Bedeutung, weil er nur so erfahren kann, wohin seine medizinischen Daten gelangen. (s.

HOLLMANN, Auskunftsanspruch des Patienten im Datenschutzrecht, NJW 1977, Seite 2110 ff.).

IV.2. Sperrungs- und Löschungsanspruch des Betroffenen.

In dem Niedersächsischen Datenschutzgesetz ist geregelt, daß jeder ein Recht auf Sperrung der zu seiner Person gespeicherten Daten nach Wegfall der ursprünglich erfüllten Voraussetzungen für die Speicherung hat. Hier hat die Ärztekammer Niedersachsen die Auffassung vertreten, daß bei den besonders schutzwürdigen Daten aus dem Patient-Arzt-Verhältnis ein Recht auf Löschung gegeben sein soll. Dieses wird deshalb für notwendig gehalten, weil gesperrte Daten gem. § 14 Abs. 2 aus bestimmten dort aufgeführten Gründen dennoch weitergegeben werden dürfen, dann nämlich, "wenn die Nutzung zu wirtschaftlichen Zwecken, zur Behebung einer bestehenden Beweisnot oder aus sonstigen im überwiegenden Interesse der speichernden Stelle oder eines dritten liegenden Gründen unerläßlich ist oder der Betroffene in die Nutzung eingewilligt hat". Speziell für personenbezogene Daten aus dem Patient-Arzt-Verhältnis gilt aber, daß die Nutzung zu wissenschaftlichen Zwecken von der Einwilligung des Betroffenen abhängig sein muß und daß die wissenschaftliche Auswertung sinnlos ist, wenn weder die Richtigkeit, noch die Unrichtigkeit festgestellt werden kann. In diesen Fällen kann es meines Erachtens auch nicht zweckdienlich sein, damit eine bestehende Beweisnot zu beheben. Diese Möglichkeit der Weitergabe von gesperrten Daten schränkt den Datenschutz erheblich ein und sollte bei noch so starkem Interesse Dritter nur dann zulässig sein, wenn der Patient in die Weitergabe einwilligt.

In § 14 Abs. 3 NDSG ist festgelegt, daß personenbezogene Daten gelöscht werden "können", wenn ihre Kenntnis für die speichernde Stelle zur rechtmäßigen Erfüllung der in ihrer Zuständigkeit liegenden Aufgaben nicht mehr erforderlich ist und kein Grund für die Annahme besteht, daß durch die Löschung schutzwürdige Belange des Betroffenen beeinträchtigt werden. Hier hat die Ärztekammer Niedersachsen gefordert, daß das Wort "können" ersetzt wird durch das Wort "müssen". Nur so kann sichergestellt werden, daß die Daten aus dem Patient-Arzt-Verhältnis nicht zu anderen Zwecken genutzt werden können, als denen, zu denen der Patient seine Einwilligung gegeben hat oder die aufgrund gesetztlicher Bestimmung zulässig sind.

<u>Zusammenfassung:</u>

Die Ärztekammer Niedersachsen, die mit einer Vielzahl von Datenschutzproblemen im medizinischen Bereich in Berührung kommt, wird sich weiterhin dafür einsetzen, daß der gesetzliche Schutz, der aus dem Patient-Arzt-Verhältnis stammenden Daten verstärkt wird. Sie wird weiterhin alles daran setzen, die Ärzte auf die Problematik aufmerksam zu machen und sie über die Rechtslage zu informieren zum Schutze des für eine gute Behandlung notwendigen Patientengeheimnisses.

THESEN

1. Krankenblätter der Ärzte fallen in der Regel nicht unter die Datenschutzgesetze.

2. Da Voraussetzung für die Datenverarbeitung die Einwilligung des Betroffenen oder gesetzliche Grundlagen sind, werden entweder neue Rechtsgrundlagen geschaffen, oder es wird versucht, den Gesetzgeber dazu zu bewegen, z. B. Einfügung der §§ 223, 319 a RVO, Widerspruchslösung im Transplantationsgesetz mit Eintragung in den Personalausweis, Einführung einer Meldepflicht für Behinderte, Krebserkrankte, usw.

3. Öffentliche Stellen versuchen, Ärzte zur Herausgabe von Daten aus dem Patient-Arzt-Verhältnis unter Hinweis auf gesetzliche Bestimmungen, die für die entsprechenden Fälle gar nicht zutreffen, zu bewegen - z. B. Forderung nach Krankenhausentlassungsberichten, um eine Sozialberatung und Sozialtherapie einleiten zu können.

4. Öffentliche Stellen oder private Unternehmen versuchen, die Einwilligung der Betroffenen zur Datensammlung oder Datenweitergabe zu erhalten. Dabei wird entweder Irrtum über die Verpflichtung zur Information hervorgerufen, oder es werden pauschale Einwilligungserklärungen bei Antragsstellung auf Versicherungsverträge gefordert.

5. Die Forderung, denjenigen, die Forschung betreiben wollen, Zugang zu allen Daten, die der öffentlichen Verwaltung zur Verfügung stehen, zu verschaffen, ist abzulehnen.

6. Auskunfteien versuchen unter Hinweis auf das Bundesdatenschutzgesetz von den Betroffenen Daten zu erhalten. Sie verkehren damit den Sinn des Datenschutzgesetzes in sein Gegenteil.

7. Das Auskunftsrecht des Patienten ist insoweit zu beschränken, daß die Auskunft über Daten, die außerhalb des Patient-Arzt-Verhältnisses gespeichert sind, nur über den behandelnden Arzt erfolgen darf.

8. Der Anspruch auf Löschung von Daten, deren Richtigkeit oder Unrichtigkeit nicht bewiesen werden kann, ist zu erweitern.

ZUSAMMENFASSUNG DER DISKUSSION ZUM REFERAT
"AKTUELLE PROBLEME DES DATENSCHUTZES IM MEDIZINISCHEN BEREICH
AUS DER SICHT EINER ÄRZTEKAMMER"

W. KILIAN

Im Mittelpunkt der Aussprache zum Referat von Frau HOLLMANN, die an der Teilnahme verhindert war, stand ihre These 7, wonach ausschließlich der behandelnde Arzt ermächtigt sein soll, Auskunft über Daten zu erteilen, die außerhalb des Arzt-Patienten-Verhältnisses gespeichert werden.

Herr SCHINDEL sah in der vorgeschlagenen Regelung die Gefahr einer Entmündigung des Patienten: Es könne nicht allein dem behandelnden Arzt überlassen bleiben, darüber zu entscheiden, ob der Patient fähig sei, die Wahrheit zu ertragen. Vielmehr müsse eine differenziertere Regelung gefunden werden, etwa in Anlehnung an das Verbraucherschutzrecht.

Herr SCHAEFER machte die Problematik an folgendem Beispiel deutlich: Kürzlich sei zu ihm eine Patientin wegen eines ungeklärten Krankheitszustandes gekommen. Es habe sich bei der Untersuchung ein im Frühstadium befindliches Bronchialkarzinom ergeben. Kurze Zeit später sei ein Schreiben des Versorgungsamtes mit der Bitte eingegangen, zum Antrag der Patientin auf Anerkennung der Schwerbehinderteneigenschaft Stellung zu nehmen. Die Patientin habe nämlich außerdem an einem schweren Herzfehler gelitten. Er - SCHAEFER - habe versucht, dem Antrag Gewicht zu verleihen, aber zugleich die Gefahr zu vermeiden, daß diese Patientin auf dem Weg über das Versorgungsamt erstmals von ihrem Bronchialkarzinom erfahre. Er habe deshalb, zumal diese Diagnose erst zwei Wochen alt gewesen sei, in den Bericht "chronische Entzündung im Bereich des Bronchialbaums" hineingeschrieben und darüberhinaus das Versorgungsamt gebeten, unter allen Umständen den diagnostischen Begriff "Bronchialkarzinom" zu vermeiden, um Schaden abzuwenden. Herr SCHAEFER betonte, daß er für die Aufklärung des Patienten auch in schweren Fällen sei; dies müsse aber mit der nötigen Behutsamkeit und in Kenntnis der Persönlichkeit, seiner Einstellung und vielleicht sogar seiner Familie geschehen.

Herr SCHINDEL stimmte der Lösung im geschilderten Konflikt zwar zu, meinte jedoch, dies sei sicher nicht der Regelfall. Es müsse sichergestellt werden, daß ein Patient, der die Wahrheit ertragen könne, nicht vom "Wohlwollen seines Arztes" abhänge, sondern das Recht auf Auskunft in Anspruch nehmen könne. Auf den weiteren Einwand von Herrn DAMMANN, warum denn ausschließlich der Hausarzt die Auskunft geben müsse, räumte Herr SCHAEFER ein, auch andere Ärzte kämen in Betracht, soweit sie einen hinreichenden Überblick über die Situation hätten. Dies sei jedoch beispielsweise beim Amtsarzt regelmäßig nicht der Fall.

Herr DAMMANN schlug daraufhin vor, den Grundsatz des Bundesdatenschutzgesetzes beizubehalten, daß jede speichernde Stelle über medizinische Daten dem Patienten Auskunft geben muß, es sei denn, der behandelnde Arzt habe die Information ausnahmsweise als nicht mitteilungsbedürftig gekennzeichnet. Im Verkehr mit den Versicherungsträgern könne man einen entsprechenden formularmäßigen Text entwickeln.

Herr HEUSSNER wies darauf hin, daß sich die "Sachverständigenkommission zur Weiterentwicklung der sozialen Krankenversicherung" lange über folgende drei Alternativen zum Auskunftsrecht des Patienten unterhalten habe, nämlich:

- das unbeschränkte Auskunftsrecht gegenüber jeder speichernden Stelle,

- das Auskunftsrecht nur durch einen Arzt,

- das Auskunftsrecht durch einen Arzt nur in bestimmten Fällen.

Die Lösung der Frage sei insbesondere deshalb wichtig, weil durchaus auch einmal die Krankenkasse, ein anderer Versicherungsträger oder ein Sachverständiger eine Krankheit aufdecken könne und die Informationen dann wohl an den Arzt oder direkt an den Patienten weitergegeben werden müsse. Die Sachverständigenkommission habe sich generell für die Weitergabe medizinischer Daten an den Patienten durch einen Arzt seines Vertrauens geeinigt[1]. Die generelle Zwischenschaltung eines Arztes des Vertrauens sei notwendig, weil sonst aufgrund des Verfahrens der Weitergabe bereits Rückschlüsse auf die Schwere der Krankheit gezogen werden könnten. Eine entsprechende Ergänzung im Rahmen des Sozialgesetzbuches (Bundessozialdatengesetz) sei deshalb zu empfehlen.

Die weit überwiegende Meinung der Diskussionsteilnehmer läßt sich wohl wie folgt zusammenfassen:

1. Jeder Patient soll ein Auskunftsrecht hinsichtlich seiner medizinischen Daten gegenüber jeder speichernden Stelle haben.

2. Der untersuchende Arzt ist berechtigt, die Auskunftserteilung durch Nichtärzte (z. B. Versicherungsträger) für wichtige Krankheiten zu unterbinden.

3. Jeder Patient sollte einen Arzt des Vertrauens benennen, der die Auskunft Dritter an den Patienten individuell weitergibt.

---

1)   Ziffer 4.2. der "Empfehlung zum Datenschutz in der sozialen Krankenversicherung" (Sozialpolitische Informationen des Bundesministers für Arbeit und Sozialordnung vom 16.1.1976, S. 3) lautet: "Jeder Betroffene hat ein Recht auf Auskunft darüber, welche Daten zu seiner Person gespeichert sind und wohin sie weitergegeben worden sind. Für medizinische Daten erfolgt die Auskunftserteilung über einen vom Betroffenen genannten Arzt".

VERWENDUNG UND SCHUTZ MEDIZINISCHER DATEN
IN DER KRANKENVERSICHERUNG

JAN MEYDAM

1. Der Begriff der medizinischen Daten

Im Zuge der Versorgung der Bevölkerung mit Gesundheitsleistungen werden bekanntlich eine Fülle von Daten, die im weitesten Sinne mit ärztlichen Leistungen zusammenhängen, verwendet. Es bedarf daher hier der begrifflichen Eingrenzungen, was im Rahmen dieses Beitrags unter medizinischen Daten verstanden wird. Vergegenwärtigt man sich den Zusammenhang der im Rahmen des Seminars zu behandelnden Themen, so wird deutlich, daß an die individuelle begriffliche Zuordnung solcher Daten zum Patientenbereich in erster Linie gedacht ist. Daher sollen in den folgenden Ausführungen unter medizinischen Daten Angaben über den Gesundheitszustand verstanden werden, insbesondere ärztliche Befunde, Diagnosen und Therapien.

2. Die rechtliche Basis der Verwaltungstätigkeit der GKV

Wenn es um den Problembereich der Verwendung und des Schutzes medizinischer Daten in der gesetzlichen Krankenversicherung (GKV) geht, dann muß man sich die Grundlagen jeglicher Tätigkeit der gesetzlichen Krankenversicherung vor Augen führen, um den Problembereich richtig einordnen zu können. Zunächst weist schon einmal der gebräuchliche Terminus der "Gesetzlichen Krankenversicherung" auf ein Charakteristikum und damit Unterscheidungsmerkmal zu anderen Formen der Versicherung, also inbesondere zur privaten Krankenversicherung hin: Die Orts-, Betriebs- und Innungskrankenkassen sowie - mit gewissen Einschränkungen im Hinblick auf ihre weitergehende Satzungsautonomie - die Ersatzkassen, ferner auch die Bundesknappschaft und die landwirtschaftlichen Krankenkassen sowie die See-Krankenkasse sind Krankenkassen, deren Rechtsverhältnisse zu dem von ihnen zu betreuenden Personenkreis der Versicherten und ihrer Familienangehörigen detailliert gesetzlich geregelt sind, und zwar im wesentlichen durch die Normen des Sozialgesetzbuches (SGB), zu denen bis zu ihrer Einordnung in das SGB, insbesondere auch die Regelungen der Reichsversicherungsordnung (RVO) als besonderer Teil des SGB zählen (vgl. Artikel II § 1 SGB I). Nun mag mancher der Auffassung sein, daß das Rechtsverhältnis der Krankenkassen zu dem von ihnen zu betreuenden Personenkreis sich im wesentlichen in der Regelung des Mitgliedschafts- und Leistungsrechts erschöpft, d.h. die Leistungsverpflichtung festlegt. Diese Auffassung wird der intensiven rechtlichen Entwicklung seit Einführung der Sozialversicherung gegen Ende des 19. Jahrhunderts nicht mehr gerecht und berücksichtigt insbesondere auch nicht die intensive Arbeit ihm Rahmen der Kodifikation des SGB. Hier sei nur an die gemeinsamen Vorschriften für alle Sozialleistungsbereiche des SGB im Allgemeinen Teil des SGB (SGB I) erinnert, insbesondere an die §§ 31 bis 35 SGB I. Gemäß § 31 SGB I dürfen Rechte und Pflichten in den Sozialleistungsbereichen nur begründet, festgestellt, geändert oder aufgehoben werden, soweit ein Gesetz es vorschreibt oder zuläßt (sogenannter Vorbehalt des Gesetzes). Nach § 32 SGB I sind privatrechtliche Vereinbarungen, die zum Nachteil des Sozialleistungsberechtigten von Vorschriften des SGB abweichen, nichtig. § 33 SGB I schreibt bei der Ausgestaltung von Rechten oder Pflichten, die nach Art oder Umfang nicht im einzelnen gesetzlich bestimmt sind, die Berücksichtigung der persönlichen Verhältnisse des Berechtigten oder Verpflichteten, seines Bedarfs und seiner Leistungsfähigkeit sowie der örtlichen Verhältnisse vor; dabei soll den Wünschen des Berechtigten oder Verpflichteten entsprochen werden, soweit sie angemessen sind. § 34 SGB I verpflichtet die Sozialleistungsträger, dem Betroffenen Gelegenheit zur Äußerung zu geben, bevor ein ihn belastender Verwaltungsakt erlassen wird. Besonders hervorzuheben im Hinblick auf seinen individuellen Schutzzweck zugunsten der Sozialversicherten und ihrer Angehörigen ist schließlich § 35 SGB I, der jedem einen umfassenden Anspruch auf Geheimhaltung seiner personenbezogenen Daten einschließlich der Betriebs- und Geschäftsgeheimnisse gegenüber den Leistungsträgern und ihren Verbänden sowie den sonstigen im SGB genannten öffentlich-rechtlichen Vereinigungen und den Aufsichtsbehörden gibt.

Diese knappe Beschreibung der Gesetzesgebundenheit der gesetzlichen Krankenversicherung in allen Erscheinungsformen ihres Verwaltungshandelns, vor allem aber auch in dem gesetzlich intensiv ausgeformten Verhältnis zu den Leistungsberechtigten, macht, so hoffe ich, den Hintergrund deutlich, vor dem die besondere Problematik der Verwendung und des Schutzes personenbezogener medizinischer Daten in der GKV im Unterschied zur Verwendung personenbezogener Daten etwa in der privaten Krankenversicherung oder bei sonstigen privaten Unternehmen zu sehen ist. Aber es hieße den Eifer des sozialrechtlichen Gesetzgebers zu verkennen, wollte man hier nun vermuten, daß es nicht noch speziellere gesetzliche Regelungen zum Thema der medizinischen Daten gäbe. Dies sind Regelungen unterschiedlichen Rechtscharakters, d.h. sowohl Gesetze im formellen und materiellen Sinne als auch Verwaltungsvorschriften auf der Grundlage der Artikel 84 Abs. 2, 86, 87 Abs. 2 Grundgesetz (GG) und einfacher Gesetze, die mit durchaus unterschiedlicher Intensität das Verwaltungshandeln im Bereich der medizinischen Daten in der GKV lenken. Dabei kommt eine besondere Bedeutung den einschlägigen, von der Bundesregierung mit Zustimmung des Bundesrates erlassenen allgemeinen Verwaltungsvorschriften zu, wie noch ausgeführt wird.

3. Die Forschung im Rahmen der gesetzlichen Aufgaben der GKV

Einen besonderen Problembereich bildet die Forschung in der Krankenversicherung, aber auch etwa in der Unfallversicherung und in der Rentenversicherung. Ausdrückliche Forschungskompetenzen verfassungsrechtlicher oder einfachgesetzlicher Art bestehen im Bereich der Sozialversicherung, soweit ersichtlich, nicht. Das mag damit zusammenhängen, daß traditionellerweise die Forschung durch Gesetz den Universitäten zugewiesen ist. Allerdings verträgt es sich mit dem umfassenden gesetzlichen Auftrag der Sozialversicherung, insbesondere ihrer Pflicht zur wirksamen Leistungsgewährung gegenüber den Anspruchsberechtigten nicht, wollte man ihr eine durch ihren jeweiligen gesetzlichen Leistungsauftrag begrenzte Forschungstätigkeit verwehren. Weder medizinische noch berufliche Rehabilitation, geschweige denn wirksame Unfallverhütung, sind denkbar, ohne daß für die Sozialleistungsträger die Möglichkeit zu Forschungen auf diesen, ihnen gesetzlich zugewiesenen Aufgabengebieten besteht, einer Forschung, die sich unter den Augen einer kritischen Öffentlichkeit vollzieht und deren Ergebnisse publiziert werden. So hat das Wissenschaftliche Institut der Ortskrankenkassen (WIdO) ein Forschungsprojekt zur Erfassung der Ursachen des steigenden Leistungsumfangs in der kassenärztlichen Versorgung, das sogenannte Projekt Velbert, in Angriff genommen. Ziel des Gesamtprojektes ist die Erforschung

a) des Leistungsinanspruchnahmeverhaltens
   der Versicherten/Leistungsberechtigten,
   seiner Bestimmungsfaktoren und seiner
   Veränderungen im Zeitablauf

   sowie

b) des Leistungsverhaltens der Kassenärzte,
   seiner Bestimmungsfaktoren und seiner Veränderungen im Zeitablauf.

Das Projekt soll im wesentlichen durch Auswertung der Leistungs- und Abrechnungsunterlagen der AOK Mettmann realisiert werden. Die Unterlagen der AOK Mettmann stehen für einen 10-Jahreszeitraum zur Verfügung. Dieses vom Bundesministerium für Arbeit und Sozialordnung geplante "Projekt Velbert" soll zu einer EDV-mäßigen Erfassung und Aufbereitung der Unterlagen sowohl versichertenbezogen als auch arztbezogen führen. Der Zweck der Auswertungen ist wie folgt festgelegt:

"festzustellen, welche diagnostischen und therapeutischen Schemata bei den einzelnen (prima-vista-) Krankheitsbezeichnungen ablaufen und insbesondere wie sie sich im Zeitablauf verändern. Dabei soll den Auswirkungen der zunehmenden apparativen Ausstattung der Praxen bzw. den Auswirkungen der konventionellen oder automatischen Gemeinschaftslabors besondere Beachtung geschenkt werden. Nicht beabsichtigt und auch nicht möglich ist eine Kontrolle der ärztlichen Tätigkeit, da die Kranken- und Überweisungsscheine nur prima-vista-Diagnosen enthalten und enthalten können".

Die Projektausschreibung grenzt das Projektziel weiter dahin ein, daß nicht nur Art und Umfang der empfangenen bzw. angeordneten/verordneten Leistungen analysiert werden sollen, sondern auch die jeweiligen Kostenwirkungen im Rahmen der gesetzlichen Krankenversicherung. Schließlich sollen gemäß den vom BMAuS entwickelten inhaltlichen Zielen des "Projektes Velbert" neben den versicherten- und arztbezogenen Auswertungen eine "Patientenflußanalyse", d.h. eine Analyse des Patientenflusses zu, zwischen und aus den einzelnen medizinischen Versorgungsinstitutionen (Allgemeinärzte, Fachärzte, Krankenhäuser) vorgenommen werden, deren Ergebnisse grafisch und/oder in Matrixform darzustellen sind. Auch hierbei sind Veränderungen im Zeitablauf zu analysieren, wobei ggf. entsprechende Standardisierungen einzelner Einflußfaktoren (wie z. B. Änderungen in der Zahl bzw. im Altersaufbau der Versicherten) vorzunehmen sind.

Es würde sicherlich zu weit führen, hier die Einzelheiten des Forschungsprojekts weiter darzustellen. Allerdings ist auf den Hinweis besonderer Wert zu legen, daß der Datenschutzproblematik von vornherein, d.h. gleich zu Beginn der ersten Stufe des Forschungsprojekts, besondere Aufmerksamkeit zugewandt worden ist. Es sind nicht nur datenschutzrechtliche Stellungnahmen eingeholt worden, sondern man hat sich bei der Durchführung des Projekts zu einer Trennung der Datenverarbeitung in die Bereiche der Erhebung, Erfassung und Speicherung personenbezogener Daten einerseits und die wissenschaftliche Auswertung anonymisierter Individualdaten andererseits entschlossen. Vor der Freigabe von Daten für die wissenschaftliche Auswertung werden diese dergestalt verändert, daß zwar die im Rahmen des Forschungszieles relevanten Informationen erhalten bleiben, aber ein Bezug zu bestimmten oder bestimmbaren Personen nicht mehr hergestellt werden kann. Medizinische Daten werden also im Rahmen dieses medizinischen Projektes grundsätzlich nur in verschlüsselter und anonymisierter Form verwandt.

Der Bundesverband der Betriebskrankenkassen beabsichtigt, ebenfalls ein Forschungsvorhaben in Abstimmung mit dem BMAuS mit folgendem Gegenstand durchzuführen: "Analyse der Art, Häufigkeit und Dauer von mit Arbeitsunfähigkeit verbundenen Erkrankungen und Unfällen bei Mitgliedern der Betriebskrankenkassen unter Berücksichtigung der Ursachen und Kostenfaktoren". Das Zusammenwirken des BMAuS, das das Projekt Velbert geplant und ausgeschrieben hat, und des WIdO zeigt über den Einzelfall der wissenschaftlichen Forschung in einem besonders wichtigen Bereich hinaus, daß die Wahrnehmung sozialstaatlicher Verantwortung durch den staatlichen Gesetzgeber und die soziale Selbstverwaltung nicht ohne konkrete Ursachenforschung im Bereich des Gesundheitswesens auskommt und eine Mitwirkung der gesetzlichen Krankenversicherung auch im Forschungsbereich unerläßlich ist, um den gesetzlichen Auftrag der Krankenkasse zu wirksamer und wirtschaftlicher Versorgung der Leistungsberechtigten mit Gesundheitsleistungen zu erfüllen.

4. Die verschiedenen gesetzlichen Zweckbestimmungen hinsichtlich der Verwendung medizinischer Daten

Der Auftrag der GKV ist im Hinblick auf die Verwendung medizinischer Daten von Versicherten und Familienangehörigen nicht in einer Norm gebündelt dargestellt, sondern findet sich in verschiedenen gesetzlichen Zweckbestimmungen wieder. Ein gesetzlicher Auftrag zur Führung eines umfassenden Mitgliederverzeichnisses ist neuerdings durch das Krankenversicherungs-Kostendämpfungsgesetz vom 27.06.1977 geschaffen worden (vgl. aber auch § 442 RVO). In dieses Mitgliederverzeichnis sind alle zur rechtmäßigen Aufgabenerfüllung erforderlichen Aufzeichnungen - eine Gesetzesformulierung, wie sie auch im

Datenschutzrecht verwandt wird (vgl. §§ 9, 10 BDSG) - aufzunehmen. Inhalt und Form dieses Mitgliederverzeichnisses bedürfen noch der Festlegung durch Rechtsverordnung des BMAuS mit Zustimmung des Bundesrats. Es gibt also bisher noch kein solches umfassendes Mitgliederverzeichnis auf der Grundlage des § 319 a RVO, das nach der amtlichen Begründung zum Regierungsentwurf auch Angaben über gesundheitliche Verhältnisse der Versicherten und ihrer mitversicherten Familienangehörigen enthalten soll (vgl. BR-Drucks. 76/77 S. 29 = BT-Drucks. 8/166 S. 27).

Die Partner der Bundesmantelverträge haben im Rahmen der gem. § 368 Reichsversicherungsordnung (RVO) festgelegten gemeinsamen Verantwortung von Ärzten, Zahnärzten und Krankenkassen zur Sicherstellung der ärztlichen Versorgung der Versicherten und ihrer Angehörigen eine Reihe von Vordrucken gem. § 368 g RVO vereinbart, die Diagnosen und z. T. auch Befunde enthalten (vgl. § 31 Bundesmantelvertrag-Ärzte-BMVÄ). Diese Formulare im Rahmen der kassenärztlichen Versorgung dienen der Sicherstellung einer geordneten Leistungserbringung und erfüllen nach ihrer primären Zielsetzung weitgehend die Aufgabe eines Berechtigungsnachweises oder eines Legitimationspapiers. Dabei sind diese Formulare und insbesondere der Krankenschein keine Wertpapiere im rechtlichen Sinne. Der Krankenschein ist beispielsweise als Beweisurkunde über die Mitgliedschaft des Versicherten anzusehen, weil der Versicherte nur einen Anspruch gegenüber seiner Krankenkasse aufgrund seiner Zugehörigkeit (Mitgliedschaft) hat (vgl. §§ 188, 182 RVO; Krauskopf/Schroeder-Printzen, Soziale Krankenversicherung, Stand: August 1978, § 188 RVO, Anm. 2.1.).

Neben dieser primären Zielrichtung können diese Formulare gewissermaßen als Kehrseite der Funktion des Berechtigungsnachweises für die Inanspruchnahme von Gesundheitsleistungen jedoch auch von den Krankenkassen zur Überprüfung der Leistungserbringung durch die Ärzte auf Wirtschaftlichkeit verwendet werden. Diese doppelte Verwendung solcher Formulare liegt durchaus in der systemimmanenten Sachlogik des gesetzlichen Krankenversicherungsrechts mit dem es beherrschenden Sachleistungsprinzip begründet: Einerseits haben die Krankenkassen sicherzustellen im Interesse der Leistungsfähigkeit der sie tragenden Solidargemeinschaften, daß Leistungen nur an berechtigte Mitglieder und deren Familienangehörige erbracht werden. Die Leistungen der Krankenhilfe werden von den Krankenkassen den Versicherten in Natur, d.h. als Sachleistung, nicht etwa als Kostenerstattung dadurch zur Verfügung gestellt, daß sich die Krankenkassen durch entsprechende Verträge mit den Kassenärztlichen Vereinigungen die Leistungserbringung durch Kassenärzte sichern. Konsequenz dieser Leistungsbewirkung durch Einschaltung eines Dritten - den Kassenarzt - und der Verpflichtung, Leistungen der Krankenpflege in ausreichender, zweckmäßiger und notwendiger Form zu erbringen (vgl. § 182 Abs. 2 RVO) ist dann aber auch das Recht und die Pflicht der Krankenkassen, die ihnen aufgrund der Berechtigungsnachweise zur Verfügung stehenden Daten auf die Einhaltung der gesetzlichen Leistungsvorschriften hin zu überprüfen und ggf. im einzelnen normierte Prüfmechanismen in Gang zu setzen.

5. Der Vertrauensärztliche Dienst (VäD)

Auch die Rechtsposition der Kassen im Rahmen vertrauensärztlicher Tätigkeit gem. § 369 b RVO i.V. mit § 369 a RVO ist von ihrer bereits hervorgehobenen Doppelfunktion - man könnte bildhaft von einer janusköpfigen Aufgabenstellung sprechen - der umfassenden Leistungserbringung einschließlich der medizinischen Rehabilitation einerseits sowie der Kontrolle von Versicherungsleistungen auf Effizienz und Notwendigkeit andererseits geprägt. Das Gesetz macht es den Kassen zur Aufgabe,

1. die Verordnung von Versicherungsleistungen in den erforderlichen Fällen durch einen Arzt (Vertrauensarzt) rechtzeitig nachprüfen zu lassen,

2. eine Begutachtung der Arbeitsunfähigkeit durch einen Vertrauensarzt zu veranlassen, wenn es zur Sicherung des Heilerfolges, insbesondere zur Einleitung von Maßnahmen der Sozialleistungsträger für die Wiederherstellung der Arbeitsfähigkeit oder zur Beseitigung von begründeten Zweifeln an der Arbeitsunfähigkeit erforderlich erscheint,

3. im Benehmen mit dem behandelnden Arzt eine Begutachtung durch einen Vertrauensarzt zu veranlassen, wenn dies zur Einleitung von Maßnahmen zur Rehabilitation, insbesondere zur Aufstellung eines Gesamtplanes zur Koordinierung von Rehabilitationsmaßnahmen verschiedener Träger der Sozialversicherung (vgl. § 5 Abs. 3 Gesetz über die Angleichung der Leistungen zur Rehabilitation - RehaAnglG) erforderlich erscheint.

Die Ziele der Sicherung des Heilerfolges und der Einleitung von Maßnahmen der Rehabilitation zeigt aber auch eine für die datenschutzrechtliche Diskussion wichtige Erweiterung des traditionellen Leistungsbereichs der Krankenversicherung.

Die gesetzliche Krankenversicherung ist nicht ein auf dem versicherungstechnischen Äquivalenzprinzip beruhendes Unternehmen, das im wesentlichen die Abdeckung der finanziellen Folgen der Krankheit zum Gegenstand hat, also eine - untechnisch gesprochen - Krankheitskostenrisikoversicherung, die sowohl Behandlungskosten der Krankheit als auch die erforderlichen Arznei-, Verband- und Heilmittel sowie die Lebensunterhaltssicherung während des krankheitsbedingten Ausfalls der Arbeitskraft erfaßt. Die soziale Krankenversicherung unserer Tage ist vielmehr ein umfassendes Dienstleistungsunternehmen sozialstaatlicher Daseinsvorsorge, das der von ihm zu betreuenden Bevölkerung - und das sind 90 % der Bevölkerung - auch Aufklärung, Beratung und Auskunft (vgl. §§ 13, 14, 15 SGB I), Maßnahmen zur Früherkennung von Krankheiten sowie Maßnahmen der medizinischen Rehabilitation schuldet, also einen umfassenden Auftrag zur Gesunderhaltung der Bevölkerung vom Gesetzgeber erhalten hat. Der Gesetzgeber ist bemüht, auch Mittel und Wege zur Erfüllung dieses Auftrages bereitzustellen, die insbesondere die Verfügung über entsprechende Daten umfassen. So sind die Kassen gem. § 369 a RVO ausdrücklich mit dem Ziel der Veranlassung vertrauensärztlicher Tätigkeit verpflichtet, für jeden Erkrankten eine Krankenkarte anzulegen, in der die Art der Krankheit und die Dauer und die Dauer der mir ihr verbundenen Arbeitsunfähigkeit vermerkt werden. Diese Karte kann kraft der ausdrücklichen gesetzlichen Regelung auch andere den Zwecken der Krankenversicherung dienende Angaben tatsächlicher Art enthalten.

Bemerkenswert ist, daß der Gesetzgeber im § 369 a Satz 2 RVO die Begriffe der "den Zwecken der Krankenversicherung dienenden Angaben tatsächlicher Art" verwandt hat. Hier hat der Gesetzgeber einmal ausdrücklich den Primat der Zwecksetzung und damit gesetzlichen Aufgabenerfüllung hervorgehoben, der die Verfügungsbefugnis über personenbezogene Daten immer im Rahmen und damit begrenzt durch die gesetzliche Zweckerfüllung mit umfaßt. Solche Angaben können etwa die Dauer der Gewährung von Lohn, Krankengeld oder anderem Lohnersatz während der Zeiten der Arbeitsunfähigkeit sein. Aus der Verpflichtung der Kassen, in einer Krankenkarte die Art der Krankheit zu erfassen, ergibt sich zugleich mittelbar ihr Recht, von dem behandelnden Arzt die Mitteilung über die Krankheit zu verlangen. Hier ist auch auf die gem. § 368 p RVO von den Bundesausschüssen der Ärzte und Krankenkassen zu beschließenden Richtlinien über die Beurteilung der Arbeitsunfähigkeit hinzuweisen. Ohne auf den nicht ganz unumstrittenen Rechtscharakter dieser Richtlinien eingehen zu wollen, ist doch zu sagen, daß diese Richtlinien über die Arbeitsunfähigkeit auch den Kassenarzt gegenüber der Krankenkasse verpflichtende Regelungen enthalten müssen, um den Kassen den Rückschluß auf die Arbeitsunfähigkeit zu ermöglichen, d.h. ihnen den medizinischen Sachverhalt (Befund und Diagnose) mitzuteilen (vgl. Peters, Handbuch der Krankenversicherung, § 368 p RVO, Anm. 4 Buchst. a gg Seite 17/1852).

Von besonderer Wichtigkeit ist schließlich ein vom Bundesminister für Forschung und Technologie (BMFT) gefördertes Forschungsvorhaben der Arbeitsgemeinschaft für Gemeinschaftsaufgaben der Krankenversicherung mit folgendem Gegenstand:

"Datenerfassung, Verarbeitung, Dokumentation und Informationsverbund in den sozialärztlichen Diensten mit Hilfe der elektronischen Datenverarbeitung (DVDIS)."

Das Ziel des Vorhabens geht dahin, im VäD mit Hilfe neuer Organisationsformen und unter Einsatz von EDV-Anlagen über alle Sozialversicherten gleichwertige Informationen für die Beurteilung zu gewinnen. Als Schritte zu diesem Ziel werden angesehen:

- Eine Verbesserung des Einbestellwesens zu den vertrauensärztlichen Untersuchungen.

- Eine Standardisierung der zu erhebenden Daten sowohl auf verwaltungsmäßigem wie auf medizinischem und sozialmedizinischem Gebiet.

- Die Entwicklung einer rationellen Datenerfassung, angepaßt an die unterschiedlichen Dienststellengrößen im VäD.

- Eine Datenverarbeitung mit dem Ziel einer rechnergesteuerten Berichterstattung an die Sozialleistungsträger und der gewonnenen medizinischen Daten
  an den behandelnden Arzt.

- Der Aufbau einer merkmalsträgergebundenen Dokumentation, um eine Fort-
  schreibung von Krankheitsverläufen erreichen zu können.

- Die Verbesserung des Informationsflusses innerhalb des VäD zur Vermeidung
  von Mehrfacherfassungen gleicher Daten (z. B. der Anamnese).

- Die Verbesserung der Dokumentation, um damit für den Einzelfall im Hinblick
  auf Prävention und Rehabilitation gezielter vorgehen zu können, um aber auch
  Unterlagen für gesundheits- und sozialpolitische Maßnahmen zu schaffen.

Ferner sollen externe Schnittstellen (Rentenversicherungsträger, Träger der Rehabilitation,
gesetzliche Krankenkassen, niedergelassene Ärzte) in die Untersuchungen mit einbezogen
werden. Weiter sollen Möglichkeiten der Standardisierung medizinischer und sozialmedizinischer Methoden analysiert werden.

Bei den Lösungsvorschlägen dieses Forschungsvorhabens soll eine mögliche Neuorganisation des
Gutachterwesens bei der GKV und den Rentenversicherungen in Form eines einheitlichen
Sozialmedizinischen Dienstes (SMD) berücksichtigt werden. Zur datenschutzrechtlichen Prob-
lematik liegt ein sehr differenziertes Gutachten von PODLECH vor, das als Manuskript von der
Gesellschaft für Strahlen- und Umweltforschung mbH München, dem Projektträger des vom
BMFT geförderten Forschungsvorhabens, veröffentlicht ist.

6. Die Datenverarbeitung bei Früherkennungsmaßnahmen

Der bereits mehrfach hervorgehobene Zusammenhang der Erfüllung einer gesetzlichen Aufgabe
mit der Verfügungsbefugnis über Daten wird auch anhand der Regelung über die Verpflichtung
der Kassen zur Aufklärung hinsichtlich der Inanspruchnahme von Früherkennungsuntersuchungen deutlich. Der Gesetzgeber ordnet in § 369 Abs. 2 ausdrücklich an, daß die Kassen
und Kassenärztlichen Vereinigungen die bei Durchführung von Maßnahmen zur Früherkennung
von Krankheiten anfallenden Ergebnisse zu sammeln und auszuwerten haben. Hier macht der
Gesetzgeber aber eine wesentliche datenschutzrechtliche Einschränkung, indem er verlangt,
daß Rückschlüsse auf die Person des Untersuchten ausgeschlossen sein müssen. Es erscheint
zweifelhaft, ob man dieses Geheimhaltungsgebot als lediglich gegenüber Dritten, d.h.
insbesondere der Öffentlichkeit geltend ansehen kann, oder ob es nicht auch für Dokumentationen gilt, die von den Kassenärztlichen Vereinigungen erstellt und den Krankenkassen zur
Verfügung gestellt werden. Da der Sinn der Regelung dahin geht, die Versicherten und ihre
Familienangehörigen für ein gesundheitsbewußtes Verhalten zu gewinnen, wird man als Ziel der
Regelung auch die Stärkung des Vertrauens des Versicherten und seiner Familienangehörigen in
die umfassende Geheimhaltung persönlicher Daten bei Früherkennungsmaßnahmen ansehen.
Allerdings läßt auch die rigorose gesetzliche Formulierung, daß Rückschlüsse auf die Person

des Untersuchten anhand der Datenergebnisse ausgeschlossen sein müssen, nicht den Schluß zu, solche Dokumentationen müßten notfalls ohne jeglichen Aussagewert sein. Gemeint sein kann nur eine Anonymisierung von Daten - etwa im Wege einer Verschlüsselung - die einen unmittelbaren Zugriff auf die Person des Untersuchten ausschließt und einen mittelbaren Zugriff auf den Untersuchten - etwa im Wege einer Entschlüsselung - jedenfalls unwahrscheinlich erscheinen läßt.

7. Das Verfahren zur Prüfung der Wirtschaftlichkeit ärztlicher Behandlungen und Verordnungen

Eine wesentliche Rechtsquelle kassenärztlichen Vertragsrechts im Hinblick auf die Verwendung medizinischer Daten sind die Vereinbarungen über das Verfahren zur Prüfung der Wirtschaftlichkeit ärztlicher Behandlungen und Verordnungen in den Gesamtverträgen der Kassenärztlichen Vereinigungen und der Landesverbände der Krankenkassen gem. § 368 n Abs. 5 RVO. Die Prüfungs- und Beschwerdeausschüsse, denen Vertreter der Ärzte und Krankenkassen in gleicher Zahl angehören, entscheiden darüber,

1. ob die von ihnen abgerechneten oder veranlaßten Leistungen den gesetzlichen und vertraglichen Bestimmungen entsprechen, d.h. ausreichend, zweckmäßig, notwendig und wirtschaftlich sind,

2. ob die Verordnungen (Arznei- und Heilmittel usw.) den gesetzlichen und vertraglichen Bestimmungen entsprechen, d.h. ausreichend, zweckmäßig, notwendig und wirtschaftlich sind,

3. über zusätzliche und gezielte Einzelprüfungen der Verordnungsweise im Rahmen des § 368 f Abs. 6 RVO,

4. ob und in welcher Höhe einer Krankenkasse ein sonstiger Schaden im Sinne des § 34 Abs. 3 BMVÄ entstanden ist - (Krankengeld, Mutterschaftsgeld, Krankenhauspflege, unzulässige Verordnungsweise usw.) -.

Dabei liegt die primäre Prüfungstätigkeit beim Prüfungsausschuß, während es die Aufgabe des Beschwerdeausschusses - wie der Name ja auch schon sagt - ist, auf die Beschwerde hin die Entscheidung des Prüfungsausschusses zu überprüfen. Zwei Prüfungsformen sind zu unterscheiden:

1. die Prüfung der Behandlungsweise des Arztes
   und
2. die Prüfung seiner Verordnungsweise.

In diesen Prüfgremien wird der Sachverhalt umfassend erforscht, und zwar werden bei den Kassenärztlichen Vereinigungen umfangreiche Prüfungsunterlagen, u.a. eine Prüfkarte für jeden Arzt nach näherer Maßgabe der Prüfvereinbarungen geführt. Den Krankenkassen ist etwa im Bereich der Kassenärztlichen Vereinigung Westfalen-Lippe das Recht eingeräumt, die Prüfkarten und die Übersicht über die Praxisausstattung einzusehen und Abschriften auf ihre Kosten anzufertigen. Den Krankenkassen ist es darüber hinaus zur Pflicht gemacht, im Rahmen ihrer technischen Möglichkeiten den Prüfungsinstanzen erforderliche Angaben zu machen und die verfügbaren Unterlagen auf Anforderung bereitzuhalten (vgl. § 33 Abs. 4 BMVÄ). Da die Behandlungsweise eines Arztes aus seiner Diagnostik und Therapie deutlich wird und die Frage wirtschaftlicher Verordnungsweise nur im Zusammenhang mit einer Prüfung der behandelten Krankheitsfälle im einzelnen festgestellt werden kann, können die Krankenkassen nur dann substantiiert Prüfanfragen und Prüfanträge stellen sowie ihrem gesetzlichen Auftrag entsprechend wirksam in den gemeinsamen Prüfeinrichtungen mitwirken, wenn sie entsprechende medizinische Daten erfassen und auswerten.

8. Überprüfungsbefugnis der Krankenkassen bei Krankheitsfällen

Der in diesem Referat als roter Faden der Verwendung und des Schutzes medizinischer Daten ausgewiesene gesetzliche Grundsatz der sozialen Krankenversicherung, daß derjenige, der zu umfassenden Leistungen der Gesundheitssicherung verpflichtet ist, als Kehrseite auch umfangreiche Leistungskontrollaufgaben hat und daher über entsprechende Kontrolldaten medizinischer Art verfügen können muß, wird besonders deutlich an der Regelung des § 223 RVO. Diese Norm ermächtigt die Krankenkasse in geeigneten Fällen im Zusammenwirken mit den Kassenärztlichen Vereinigungen, den Krankenhausträgern für den jeweiligen Bereich sowie den Vertrauensärzten die Krankheitsfälle vor allem im Hinblick auf die in Anspruch genommenen Leistungen zu überprüfen; die Krankenkasse kann den Versicherten und den behandelnden Arzt über die in Anspruch genommenen Leistungen und ihre Kosten unterrichten. Die Begründung zum Regierungsentwurf (vgl. BR-Drucksache 76/77 Seite 28) nennt als Ziel der Regelung, dazu beizutragen, daß unwirtschaftlicher und übermäßiger Leistungsaufwand vermieden werden kann. Das Unterrichtungsrecht der Krankenkassen soll es ermöglichen, dem Versicherten die Aufwendungen durchsichtig zu machen, die mit den für ihn erbrachten Leistungen verknüpft sind.

Die Überprüfungsbefugnis der vorrangig zuständigen Krankenkassen ist vom Gesetz allerdings nicht allgemein eingeräumt, sondern auf geeignete Fälle begrenzt. Eine dem Zufallsprinzip überlassene Prüfungstätigkeit der Krankenkassen dürfte sich demnach verbieten, vielmehr kommt nur eine gezielte Überprüfung nach bestimmten, mit der Aufgabenstellung der Krankenversicherung zusammenhängenden Kriterien in Betracht. Auffälligkeiten in den bei den Krankenkassen und ihren Verbänden sowie dem BMAuS geführten Statistiken werden die Krankenkassen veranlassen können, an die Kassenärztlichen Vereinigungen und die Krankenhausträger sowie die Vertrauensärzte mit dem Ziel einer Überprüfung bestimmter Krankheitsfälle heranzutreten.

9. Medizinische Daten im Rahmen des Haushalts- und Rechnungswesens einschließlich der Statistik

Die aufgrund der Artikel 84 Abs. 2 und 86 GG von der Bundesregierung mit Zustimmung des Bundesrates erlassenen Verwaltungsvorschriften über das Rechnungswesen bei den Trägern der sozialen Krankenversicherung (VVR) bestimmen als Inhalt des Rechnungswesens die Kassen- und Rechnungsführung, die Rechnungslegung und die Statistik. Diese Verwaltungsvorschriften haben also im wesentlichen haushaltsrechtlichen Charakter, wobei die Statistik als Annex der Haushalts- und Wirtschaftsführung der Krankenkassen zu betrachten ist (vgl. auch §§ 78, 79 SGB IV).

Von besonderer Bedeutung für die Krankenversicherung sind die §§ 37 bis 40, 42 Abs. 2 Buchst. g VVR. Diese Regelungen schreiben den Krankenkassen die Erfassung von Zahl und Art der Leistungsfälle und -tage in Form von sogenannten Leistungskarten vor, die - was in der Praxis üblich ist - mit sogenannten Mitgliedskarten kombiniert werden können. Die Aufbewahrungsfrist für die Mitglieder- und Leistungskarten beträgt 30 Jahre. Die Kassen sind befugt, nach drei Jahren den Inhalt der Mitglieder- und Leistungskarten fotografisch aufzunehmen und danach die Originalunterlagen zu vernichten (vgl. § 45 VVR). Der Inhalt dieser Mitglieder- und Leistungskarten ist detailliert durch die VVR vorgeschrieben. So sind gem. § 38 Abs. 1 VVR bei einer mit Arbeitsunfähigkeit verbundenen Erkrankung eines Mitglieds (ohne Rentner) in die Leistungskarte einzutragen:

a) Beginn und Ende der Arbeitsunfähigkeit,
b) die Bezeichnung der Krankheit.

Die erforderliche Kenntnis für diese Eintragungen in die Leistungskarte erhalten die Krankenkassen anhand der Arbeitsunfähigkeitsbescheinigungen der Ärzte und der Aufnahmenanzeigen der Krankenhäuser.

Die Bundesverbände der GKV (z. B. Bundesverband der Ortskrankenkassen, Bundesverband der Betriebskrankenkassen) entwickeln im Rahmen ihrer Unterstützungspflicht gegenüber ihren Mitgliedern, die ausdrücklich auch die Aufstellung und Auswertung von Statistiken zu Verbandszwecken umfaßt (vgl. § 414 f RVO), aus diesen Angaben in anonymisierter und aggregierter Form die sogenannten "Krankheitsartenstatistiken". Die Krankheitsarten werden mit Schlüsselnummern nach dem internationalen Klassifikationsschlüssel der Krankheiten (ICD) versehen. Diese Statistiken geben Auskunft über die Anzahl der Arbeitsunfähigkeitstage, bezogen auf bestimmte Krankheitsarten, und auch über die Krankenhausfälle, die Krankenhaustage und die Krankenhausverweildauer je Fall, bezogen auf bestimmte Krankheitsarten. Diese Krankheitsartenstatistik ist ferner noch untergliedert nach mit Arbeitsunfähigkeit verbundenen Erkrankungsfällen der Pflichtversicherten, nach Krankheitsarten und Wirtschaftsgruppen. Diese Statistik wird sowohl zur Information der GKV verwandt als auch an den BMAuS übermittelt und gibt ferner wichtige Aufschlüsse für Vorbeugungsmaßnahmen (Früherkennung von Krankheiten gem. §§ 181 ff. RVO sowie Kuren gem. § 187 RVO) und Maßnahmen der Rehabilitation. Die Rentenversicherung führt eine ähnlich geartete Statistik über Berufs- und Erwerbsunfähigkeitsursachen, was angesichts gleichgerichteter Zielsetzungen im rehabilitativen Bereich nicht verwundern kann. Hier wird eine gleiche Zweckrichtung der Sozialversicherung, die in gleicher Weise die Unfallversicherung einschließt, deutlich. Diese gleiche Zweckrichtung eines einheitlich ausgerichteten Systems der Sozialversicherung, die letztlich auf die Eingliederung eines durch verschiedene Ursachen in seinem körperlichen oder geistigen Leistungsvermögen erheblich geminderten Menschen in das berufliche und gesellschaftliche Leben gerichtet ist, kann zu der Annahme eines datenschutzrechtlich relevanten abgeschotteten Systems sozialer Sicherung führen, wie in dem Gutachten von PODLECH zum VäD im einzelnen dargelegt worden ist.

10. Zusammenfassende Bewertung

Zusammenfassend ist festzustellen, daß der Schutz medizinischer Daten in der sozialen Krankenversicherung insbesondere durch eine Organisationsform gewährleistet wird, die eine eng an den gesetzlichen Zwecken orientierte ordnungsmäßige Verwendung medizinischer Daten durch die in umfassender Form (strafrechtlich, datenschutzrechtlich sowie aufgrund des Verpflichtungsgesetzes vom 02.03.1974) zur Geheimhaltung verpflichteten Beschäftigten der Krankenversicherung gewährleistet. Dabei ist zu bedenken, daß die Krankenversicherungsträger als Körperschaften des öffentlichen Rechts mit Selbstverwaltung durch gewählte Vertreter der Versicherten und Vertreter der Arbeitgeber einer mannigfaltigen Prüftätigkeit ausgesetzt sind, die eine strikt rechtsgebundene Verwaltung gewährleisten soll. Hier ist die gem. § 342 RVO vorgeschriebene, regelmäßig alle 2 Jahre stattfindende Prüfung der gesamten Geschäfts-, Rechnungs- und Betriebsführung der Krankenkassen durch die Abteilung Krankenversicherung der Landesversicherungsanstalten, und zwar im einzelnen sogenannte Landesprüfer, zu nennen. Ferner besteht jederzeit die Möglichkeit zu aufsichtsrechtlichen Prüfungen im Hinblick auf die Rechtmäßigkeit des Handelns der Krankenversicherungsträger und ihrer Verbände. Schließlich hat auch das mit Wirkung für das Jahr 1978 in Kraft getretene neue Haushaltsrecht für die Sozialversicherung mit seiner weitgehenden, wenn auch nicht totalen Anlehnung an das staatliche Haushaltsrecht die Möglichkeiten aufsichtsrechtlicher Kontrolle der Mittelverwendung und damit jedenfalls mittelbar auch der rechtmäßigen Verwaltungstätigkeit nicht gerade vermindert. Das neue Haushaltsrecht hat eine vereinheitlichende Regelung über die Pflichten der Versicherungsträger zur Erstellung von Übersichten über ihre Geschäfts- und Rechnungsergebnisse sowie sonstiges statistisches Material und Weiterleitung an den BMAuS bzw. auch die für die Sozialversicherung zuständigen obersten Verwaltungsbehörden der Länder oder die von diesen bestimmten Stellen gebracht. Diese Regelung zeigt das Interesse des Sozialstaates an Planungsdaten, die es der Regierung erst ermöglichen, ihrer gesamtgesellschaftlichen Verantwortung für das Gesundheitswesen nachzukommen.

Schließlich hat das neue Datenschutzrecht des Bundes und der Länder mit den Institutionen des Bundesbeauftragten sowie der Landesbeauftragten für den Datenschutz spezifische Kontrollinstanzen zur Gewährleistung eines effektiven Datenschutzes im Bereich öffentlicher Verwaltung geschaffen.

Schon wegen der Pflicht zu sparsamer und wirtschaftlicher Mittelverwendung ist es notwendig, daß die einzelnen Krankenversicherungsträger durch Rechenzentren ihrer Verbände bei der Erfüllung ihrer gesetzlichen Aufgaben und damit auch der Verarbeitung der im Rahmen der gesetzlichen Aufgabenerfüllung anfallenden Daten unterstützt werden. Sowohl im Bereich der einzelnen Krankenversicherungsträger als auch auf der Ebene ihrer Landes- und Bundesverbände wird größter Wert auf die Beachtung der Geheimhaltungsvorschrift des § 35 SGB I sowie des einschlägigen Bundes- und Landesdatenschutzrechts gelegt. Daher sind in der Krankenversicherung angesichts eines tangierten Personenkreises von über 90 Prozent der Bevölkerung (vgl. Sozialbericht 1978, Ziff. 85, Seite 26) und einer damit verbundenen sicher nicht immer unfehlbaren sogenannten Massenverwaltung bisher nur ganz wenige ins Gewicht fallende Verletzungen des Sozialgeheimnisses und des sonstigen Datenschutzrechts aufgetreten, was angesichts der Fehlbarkeit von Menschen auch bei dem größten technischen und personellen Aufwand nie gänzlich ausgeschlossen werden kann. Schließlich ist der vom Bundesbeauftragten für den Datenschutz in seinem ersten Jahresbericht hervorgehobene Versuch von zwei Mitarbeitern, die Stammdaten von etwa 200.000 Versicherten an private Versicherungen zu veräußern, eben erfreulicherweise nur ein Versuch geblieben und wird die betroffenen Krankenversicherungsträger veranlassen, ihre Sicherheitsvorkehrungen erheblich zu verstärken.

THESEN

1. Der in die Datenschutzdiskussion eingeführte Begriff der medizinischen Daten bedarf der begrifflichen Eingrenzung. Herkömmlicherweise werden darunter nicht in einem umfassenden Sinne alle im "Medizinbetrieb", d.h. in den Arztpraxen und im Rahmen der kassenarztrechtlichen Beziehungen sowie im Krankenhausbetrieb und innerhalb der Rechtsbeziehungen zwischen Krankenhäusern und Krankenkassen anfallenden Daten verstanden.
   Vielmehr werden unter dem Begriff der medizinischen Daten im wesentlichen Angaben über den Gesundheitszustand verstanden, insbesondere ärztliche Befunde, Diagnosen und Therapien.

2. Die Verwendung medizinischer Daten in der Krankenversicherung ist durch gesetzliche Regelungen (im formellen und materiellen Sinne des Gesetzbegriffs) sowie durch Verwaltungsvorschriften auf der Grundlage der Art. 84 Abs. 2, 86, 87 Abs. 2 GG und einfacher Gesetze in unterschiedlicher Intensität geregelt.

3. Die gesetzliche Krankenversicherung verwendet medizinische Daten nur im Rahmen der ihr durch Rechtsvorschriften zugewiesenen Aufgaben, wobei sie den Bereich der Forschung in die gesetzlich vorgeschriebenen Aufgabenstellungen einbezieht.

4. Medizinische Daten im Sinne von Gesundheitsdaten von Versicherten und Familienangehörigen in der gesetzlichen Krankenversicherung werden innerhalb verschiedener gesetzlicher Zweckbestimmungen verwandt, die in den folgenden Thesen dargestellt werden. Dabei sind Diagnosen und zum Teil auch Befunde auf einer Reihe von Vordrucken zur Durchführung der kassenärztlichen Versorgung, die mit allgemeinverbindlicher Wirkung zwischen den Partnern der Bundesmantelverträge gemäß § 368 g Abs. 3 RVO vereinbart sind, enthalten (vgl. § 31 BMVÄ).
   Insbesondere können die Krankenkassen nach den näheren vertraglichen Bestimmungen des Kassenarztrechts u.a. über die Krankenscheine, die Überweisungsscheine, die Arbeitsunfähigkeitsbescheinigungen, die Verordnungen über Krankenhauspflege und die Verordnungen über Arznei-, Heil- und Hilfsmittel im Rahmen der Leistungserbringung und ihrer Überprüfung auf Wirtschaftlichkeit verfügen.

5. Eine wesentliche gesetzliche Aufgabe ist die Veranlassung vertrauensärztlicher Tätigkeit im Rahmen des § 369 b RVO i.V.m. § 369 a RVO, d.h.

   a)   zur Nachprüfung der Verordnung von Versicherungsleistungen;

   b)   zur Begutachtung der Arbeitsunfähigkeit mit dem Ziel der Sicherung des Heilerfolges;

   c)   zur Einleitung von Maßnahmen der Rehabilitation, insbesondere Aufstellung eines

Gesamtplanes zur Koordinierung von Rehabilitationsmaßnahmen verschiedener Träger der Sozialversicherung (§ 5 Abs. 3 Gesetz über die Angleichung der Leistungen zur Rehabilitation - RehaAnglG).

Den Krankenkassen ist die Erfassung medizinischer Daten im Zusammenhang mit dieser gesetzlichen Aufgabenstellung durch § 369 a RVO vorgeschrieben; danach sind die Kassen verpflichtet, für jeden Erkrankten eine Krankenkarte anzulegen, in der die Art der Krankheit und die Dauer der mit ihr verbundenen Arbeitsunfähigkeit vermerkt werden.

6. Eine ausdrückliche Verfügungspflicht über personenbezogene Daten ist den Kassen und Kassenärztlichen Vereinigungen bei der Durchführung von Maßnahmen zur Früherkennung von Krankheiten zugewiesen worden. Die Ergebnisse solcher Maßnahmen sind zu sammeln und auszuwerten, ohne daß Rückschlüsse auf die Person des Untersuchten möglich sind.

7. Im Rahmen des Verfahrens zur Prüfung der Wirtschaftlichkeit ärztlicher Behandlungen und Verordnungen wirken die Kassen mit nach näherer Bestimmung in den Gesamtverträgen der Kassenärztlichen Vereinigungen und der Landesverbände der Krankenkassen (§ 368 n Abs. 5 RVO). Die Behandlungsweise eines Arztes wird aus seiner Diagnostik und Therapie deutlich. Ebenso kann die Frage wirtschaftlicher Verordnungsweise nur im Zusammenhang mit einer Prüfung der behandelten Krankheitsfälle im einzelnen festgestellt werden, so daß die Kassen nur dann substantiierte Prüfanfragen und Prüfanträge stellen sowie effektiv in den gemeinsamen Prüfeinrichtungen mitwirken können, wenn sie entsprechende medizinische Daten erfassen und auswerten.

8. Die große Bedeutung, die der Gesetzgeber der Prüfungstätigkeit der Krankenkassen hinsichtlich einer wirtschaftlichen Versorgung der Versicherten mit Gesundheitsleistungen einräumt, wird an der Aufgabenzuweisung des § 223 RVO, der durch das Krankenversicherungs-Kostendämpfungsgesetz (KVKG) vom 27.6.1977 mit Wirkung ab 1.7.1977 in die RVO eingefügt worden ist, hinsichtlich der Verwendung medizinischer Daten deutlich. Danach kann die Krankenkasse in geeigneten Fällen im Zusammenwirken mit den Kassenärztlichen Vereinigungen, den Krankenhausträgern für den jeweiligen Bereich sowie den Vertrauensärzten die Krankheitsfälle vor allem im Hinblick auf die in Anspruch genommenen Leistungen überprüfen; die Krankenkasse kann den Versicherten und den behandelnden Arzt über die in Anspruch genommenen Leistungen und ihre Kosten unterrichten.

9. Im Zuge der durch §§ 37 bis 40, 42 Abs. 2 Buchst. g der Verwaltungsvorschriften über das Rechnungswesen bei den Trägern der sozialen Krankenversicherung vorgeschriebenen Erfassung von Zahl und Art der Leistungsfälle und -tage werden die Arbeitsunfähigkeitsfälle sowohl in zeitlicher Hinsicht als auch die Ursachen der Arbeitsunfähigkeit in Form der Diagnosen anhand der Arbeitsunfähigkeitsbescheinigungen der Ärzte und der Aufnahmeanzeigen der Krankenhäuser aufgezeichnet.
Die Bundesverbände der gesetzlichen Krankenversicherung, z. B. Bundesverband der Ortskrankenkassen, Bundesverband der Betriebskrankenkassen, entwickeln aus diesen

Angaben in anoymisierter und aggregierter Form die sog. Krankheitsartenstatistiken, die Auskunft über die Anzahl der Arbeitsunfähigkeitstage, bezogen auf bestimmte Krankheitsarten, aber auch über die Krankenhausfälle, die Krankenhaustage und die Krankenhausverweildauer je Fall, bezogen auf bestimmte Krankheitsarten, geben. Die Krankheitsarten werden gem. dem Internationalen Klassifikationsschlüssel der Krankheiten (ICD) mit Schlüsselnummern versehen. Die Krankheitsartenstatistik wird sowohl zur Information der gesetzlichen KV verwandt als auch an den BMAuS übermittelt.

10. Insgesamt kann festgestellt werden, daß der Schutz medizinischer Daten in der Krankenversicherung insbesondere durch eine eng an den gesetzlichen Zwecken orientierte ordnungsmäßige Verwendung medizinischer Daten durch die in umfassender Form (strafrechtlich, datenschutzrechtlich sowie aufgrund des Verpflichtungsgesetzes vom 2.3.1974) zur Geheimhaltung verpflichteten Beschäftigten der Krankenversicherung gewährleistet wird.
Durch Rechenzentren ihrer Verbände werden die Krankenkassen bei dieser Aufgabenerfüllung unterstützt.

ZUSAMMENFASSUNG DER DISKUSSION ZUM REFERAT
"VERWENDUNG UND SCHUTZ MEDIZINISCHER DATEN IN DER KRANKENVERSICHERUNG"

W. KILIAN

Sehr ausführlich beschäftigten sich die Tagungsteilnehmer mit den wichtigsten Problemen der Verarbeitung medizinischer Daten bei den Sozialversicherungsträgern, insbesondere bei den Krankenkassen und Rentenversicherungen. Thematische Schwerpunkte bildeten

- der aktuelle und geplante Informationsbedarf der Sozialversicherungsträger

- die Forschung mit Daten der Sozialversicherungsträger

- die Anonymisierung medizinischer Daten

- Datenschutz- und Datensicherungsmaßnahmen.

1. Der aktuelle und geplante Informationsbedarf der Sozialversicherungsträger

Herr KILIAN problematisierte das sehr weitgehende Vertrags- und Satzungsrecht im Zusammenhang mit der Datenverarbeitung im Sozialversicherungsbereich. Die Ermächtigungsgrundlage beispielsweise für die gemeinsame Datenstelle der Rentenversicherungsträger in Würzburg, die Daten aus der gesamten Bundesrepublik zusammenziehe, erscheine schwach fundiert. Die Delegation von Funktionen auf eine problemnahe untere Ebene dürfe nicht zur Ausschaltung der Kontrolle führen.

Herr MEYDAM skizzierte für den Bereich der gesetzlichen Krankenversicherung die Entwicklung des Kassenarztrechts: Seit der Reform von 1955 sei das System getragen von einer starken Beteiligung der Ärzteschaft und der gemeinsamen Verantwortung von Ärzten und Krankenkassen, "die kraft gesetzlichen Auftrags unterhalb der gesetzlichen Ebene .... als "Quasi-Gesetzgeber" in Bundesmantelverträgen wirken."

Herr EBERLE äußerte Zweifel, ob ein so globaler Auftrag zur sozialen Sicherung in der Lage sei, die Datenbeschaffung zu rechtfertigen: "Dann gibt es natürlich keine Daten, die nicht für die Sozialversicherung eine gewisse Relevanz besitzen .... Es müssen vom Gesetzgeber konkrete Aufgaben mindestens genannt werden und für diese konkreten Aufgaben muß der Gesichtspunkt der Erforderlichkeit und der Verhältnismäßigkeit ausschlaggebend sein."

Herr MEYDAM nannte einige Vorschriften der Reichsversicherungsordnung zur Krankenkarte, Leistungskarte, zum Mitgliederverzeichnis und zum Vertrauensärztlichen Dienst, die als Aufgabenzuweisungen aufzufassen seien. Herr HEUSSNER verwies auf das 2. Buch der Reichsversicherungsordnung mit der enumerativen Aufzählung der Aufgaben von Krankenkassen. Das Problem des legitimen Datenbedarfs trete erst bei der Frage auf, "ob die

Vorschriften über die Mittel, die zur Erfüllung dieser gesetzlich genau festgelegten Zwecke zur Verfügung gestellt werden, noch zu global sind und noch weiter aufgefächert werden müssen."

Herr EBERLE nannte als offene Probleme die Doppelfunktion des Vertrauensarztes, von dem aus maßgebliche Informationen in den Bereich der sozialen Sicherung einfließen, die Anwendbarkeit des Bundesdatenschutzgesetzes, die Anwendbarkeit des § 35 SGB I sowie die Interpretation, was unter "andere den Zwecken der Krankenversicherung dienende Aufgaben tatsächlicher Art" (§ 369 a S. 2 RVO) zu verstehen sei. Herr MEYDAM meinte zur letztgenannten Vorschrift, daß sie in der Praxis keine besondere Bedeutung habe.

Herr RULAND lenkte die Aufmerksamkeit auf die Rentenversicherung, die ebenfalls in beträchtlichem Umfang medizinische Daten speichert: "Sie können sich vorstellen, daß jede Bewilligung einer Erwerbsunfallrente oder Rehabilitationsmaßnahme gründliche medizinische Untersuchungen voraussetzt, die in Köln gespeichert werden. Den Familienangehörigen von Rentnern können wir Kuren bewilligen, wir erfassen also die ganze Familie. Wir haben schon nach dem bisherigen Ist-Zustand eine ungeheure Zahl von medizinischen Daten. Es ist auch geplant - allerdings noch im Bereich der Rentenversicherung umstritten - eine sozialmedizinische Dokumentation zu erstellen, die dann wirklich alle Sozialversicherten oder alle Versicherten der gesetzlichen Rentenversicherung umfaßt, die .... ergänzt wird und von der Familienvorgeschichte anfängt und bis zu sozialpsychologischen Belastungen weitergeht." Herr RULAND meinte ferner, auch die Nachteile aus Verschlüsselungsfehlern würden durch eine Ausweitung des Datenkatalogs verringert. Der letzten Aussage hielt Herr PORTH entgegen: "Je mehr Daten Sie erfassen, desto größer ist doch auch die statistische Wahrscheinlichkeit einer Reidentifikation, selbst wenn die primären Identifikationsmerkmale nicht erfaßt oder mitgespeichert werden." Herr RULAND erkannte dies an, sah darin aber deshalb kein Problem, weil von vornherein nicht an eine Anonymisierung gedacht sei. Die Daten der sozialmedizinischen Dokumentation sollen vielmehr den Ärzten in einer Klinik nichtanonymisiert zur Verfügung gestellt werden.

Auch außerhalb des Bereichs der Sozialversicherungsträger bestehen umfangreiche Sammlungen medizinischer Daten. Herr HEUSSNER nannte dafür Beispiele. Die Bundesanstalt für Arbeit dokumentiere eine Vielzahl medizinischer Daten für Maßnahmen der Rehabilitation und der Arbeitsvermittlung nach §§ 14, 22, 103 Arbeitsförderungsgesetz. Die Versorgungsämter stellten die Schwerbehinderteneigenschaft nach dem Schwerbehindertengesetz fest. Große Datenverarbeitungssysteme über Berufskrankheiten seien geplant oder im Aufbau. Hier entstehe an fast jedem Punkt das Problem, wie man eigentlich den Arzt in diese Systeme eingliedere und die Weitergabebefugnis für medizinische Daten regele. "Wer ersetzt beispielsweise Schäden, die im Arzt-Patienten-Verhältnis auftreten?" Zivilrecht und Öffentliches Recht gehen hier unmerklich ineinander über.

2. Die Forschung mit Daten der Sozialversicherungsträger

Herr KILIAN skizzierte den durch moderne Technologien erleichterten Trend der Sozialversicherungsträger, eigene Forschungen zu betreiben. Sie nehmen damit Aufgaben wahr, die bisher nicht in die Zuständigkeit der Sozialversicherungsträger gefallen seien. Hier könnte sich schnell ein Monopol für bereichsspezifische Forschungen unter Ausschluß von Forschern und Forschungseinrichtungen außerhalb des Sozialversicherungsbereichs ergeben.

Herr BORCHERT betonte, es sei in der Tat sehr sinnvoll, externen Wissenschaftlern medizinische Daten zu Forschungszwecken zur Verfügung zu stellen. Rechtliche Regeln stünden aber bisher entgegen: "Solange die Daten Privatgeheimnisse oder Geschäftsgeheimnisse sind, darf nur derjenige sie zur Auswertung bekommen, für den dies rechtlich festgelegt ist. Das sind im wesentlichen die Träger der Sozialversicherungen und ihre Vereinigungen. An jeden anderen, z. B. externe Wissenschaftler oder an das genannte Wissenschaftliche Institut Velbert ... dürfen nur Daten herausgegeben werden, die ausreichend anonymisiert sind."

Bei der geplanten sozialmedizinischen Dokumentation in der Rentenversicherung sei - worauf Herr RULAND hinwies - geplant, mit den Daten auch zu forschen, denn Forschung zu betreiben sei eine Aufgabe der gesetzlichen Sozialversicherungsträger. Bisher habe zwar das Prinzip der "Erforderlichkeit" von Daten die "Speicherung auf Vorrat" ausgeschlossen. Nachdem aber nun die Forschung als Aufgabe für die Rentenversicherung zugelassen sei, könne der Begriff der "Erforderlichkeit" von Daten sehr extensiv ausgelegt werden.

Herr STEINMÜLLER bezeichnete es als "Irrweg", "aus einer sich langsam herauskristallisierenden Forschungskompetenz eine zusätzliche Datenspeicherungskompetenz" ableiten zu wollen. Vielmehr habe die Forschungskompetenz der materiellen Verwaltungskompetenz zu folgen. Die Verwaltungskompetenz bilde die oberste Grenze für die Datenspeicherung und Datenverarbeitung. Während Herr MEYDAM für den Bereich der Krankenkassen diesem Grundsatz zustimmte, hielt Herr RULAND an seiner Auffassung fest und gab zur Erläuterung zwei Beispiele: Wenn die Rentenversicherungen nach Entlassung eines Patienten aus dem Krankenhaus die Diagnosen löschen müßten, könnte man nie feststellen, wie sich bestimmte Gewohnheiten (z. B. Rauchen) auf die Krankengeschichte auswirken. Ferner hätte die Rentenversicherung die gesetzliche Aufgabe, eine möglichst sachgerechte Rehabilitation zu gewährleisten. Also müsse man Forschungsvorhaben durchführen, um herauszufinden, ob bestimmte Maßnahmen zum Erfolg führten. "Deswegen brauchen wir möglicherweise mehr Daten, als wir zur Erfüllung der reinen Leistungsaufgaben benötigen." Die Mehrheit der Teilnehmer neigte wohl eher der Ansicht zu, eine Forschungskompetenz könne die Sach-(=Verwaltungs-) kompetenz nicht erweitern.

Darüberhinaus bezweifelte Herr GREISER, an Herrn RULAND gewandt, die Notwendigkeit großer Datenmengen zu Forschungszwecken: "Mir ist ein wenig komisch geworden, als Sie sagten, bei den großen Datenmengen, die Sie hätten, wären diese Daten praktisch prädestiniert zum Beispiel herauszufinden, welche Erkrankungen durch das Rauchen hervorgerufen werden. Hier möchte ich Ihnen diese Illusion zerstören. Denn Sie haben, selbst wenn Sie noch so viele Daten auf Vorrat sammeln, mit Sicherheit sehr wenig reliable Daten mit unvalidierten Instrumenten gewonnen. Wenn Sie damit jetzt epidemiologische Untersuchungen anstellen, dann sind die Ergebnisse garantiert nicht zuverlässig. Das ist die Erfahrung aus der gesamten Epidemiologie und medizinischen Statistik. Sie können solche epidemiologische Fragestellungen nur beantworten, wenn Sie Untersuchungen durchführen und unter Bedingungen die Daten erheben, die von denen meilenweit entfernt sind, wie ihre Daten jetzt entstehen. Dafür brauchen Sie dann auch nicht 30 Mio. Fälle, dafür genügen 200 000 wohlerhobene Fälle."

Im weiteren Verlauf stellte Herr HEUSSNER fest, daß die rechtlichen Regeln für die Forschung im Sozialleistungsbereich offensichtlich defizitär seien. Für die Forschung mit medizinischen Daten von Sozialversicherungsträgern außerhalb dieser Träger fehle jede Rechtsgrundlage. Hierfür schlug er vor, eine Vorschrift zu schaffen, die einen enumerativen Katalog enthalte und eine Genehmigungsinstanz (Aufsichtsbehörde; Datenschutzbeauftragter) vorsehe. Für die interne Forschung der Sozialversicherungsträger bilde die konkrete Aufgabenzuweisung die obere Grenze. Sehr zurückhaltend äußerte er sich über die Vorratshaltung von medizinischen Daten bei Sozialversicherungsträgern: Hier dürften nicht "unter einem Mäntelchen Datenfriedhöfe geschaffen werden, die ausufern".

3. Die Anonymisierung medizinischer Daten

Es wurde von Herrn KILIAN gefragt, ob innerhalb der Sozialversicherungsträger Kriterien entwickelt worden seien, wann medizinische Daten in anonymisierter Form ausreichten und wann der Personenbezug unbedingt gewahrt bleiben müsse. Falls anonymisierte Daten ausreichen sollten, stelle sich das Problem, unter welchen Voraussetzungen man überhaupt von "Anonymisierung" sprechen könne.

Herr MEYDAM bestätigte, daß im Bereich des Mitgliedschafts- und Leistungsrechts der Sozialversicherung eine große Zahl personenbezogener Daten in nichtanonymisierter Form Verwendung fänden. Über Anonymisierungsbestrebungen und über die Festlegung von Schwellenwerten für Anonymisierungsgrade sei ihm persönlich nichts bekannt. Ergänzend fügte Herr KÜPPERS hinzu, auch sein Ministerium habe sich mit der Abgrenzung zwischen anonymisierten und personenbezogenen Daten intensiv befaßt. Er persönlich glaube jedoch, "daß eine gesetzliche Abgrenzung, die auf unbestimmte Rechtsbegriffe verzichten würde, unmöglich ist. Das führt zu nichts und ist nicht begründbar."

4. Datenschutz- und Datensicherungsmaßnahmen

Herr LUTTERBECK wies auf Datensicherungsprobleme im Bereich der Krankenkassen (außerhalb der Betriebskrankenkassen) hin. Nach Feststellungen des Bundesdatenschutzbeauftragten habe es Diebstähle in der Größenordnung von 2 x 100 000 Stammdaten von Versicherten gegeben. In einigen Fällen werde die Brisanz der Leistungskarten nicht erkannt. Wenn sich die Krankenkassen schon als Dienstleistungsunternehmen fühlten, müsse man fragen: Für wen? Doch wahrscheinlich für die Versicherten. Also sollte man Datenschutz- und Datensicherungsprobleme ernst nehmen, bevor man etwa mit eigenen Forschungsprojekten anfinge.

Herr MEYDAM erkannte die Forderungen grundsätzlich als berechtigt an, verwies aber auf entsprechende Aufgabenübertragungen durch den Gesetzgeber. Auf eine Zusatzfrage von Frau ZIEGLER-JUNG beschrieb Herr MEYDAM einige der Datensicherungsmaßnahmen, die in den Katalog der Maßnahmen nach der Anlage zu § 6 BDSG fallen.

Während der Debatte trug Herr SCHAEFER ein Beispiel aus seiner eigenen Arztpraxis für die Gefährdung von Versichertendaten im Bereich der Betriebskrankenkassen vor: Zu ihm sei ein Verwaltungsangestellter einer Betriebskrankenkasse mit einem psychosomatischen Leiden gekommen. Er - SCHAEFER - habe ihm einen Krankenschein ausgestellt und geraten, zu einem Psychotherapeuten zu gehen. Daraufhin habe der Patient erklärt: "Herr Doktor, ich möchte lieber auf diese Behandlung verzichten, denn wenn dieser Krankenschein dann über die Krankenkasse abgerechnet wird, dann ist das am nächsten Tag bei uns in der Personalabteilung und dann bin ich weg vom Fenster, denn die sagen, der war ja schon beim Nervenarzt, den können wir für die nächste Stufe in unserer Hierarchie nicht mehr gebrauchen."

Insgesamt zeigte die sehr fachkompetent geführte Diskussion den Umfang und die Tragweite der Verwendung medizinischer Daten außerhalb des unmittelbaren Arzt-Patienten-Verhältnisses auf.

KREBSREGISTER UND DATENSCHUTZ

G. WAGNER

Der Krebs (Sammelname für zahlreiche unterschiedliche bösartige Tumoren) stellt heute bei allen zivilisierten Völkern nach den Herz-Kreislauf-Krankheiten die häufigste Todesursache dar. Trotz langjähriger weltweiter Bemühungen wissen wir über die Ursachen dieser Gruppe von Krankheiten immer noch nur sehr unzureichend Bescheid. Jegliche Ursachenforschung beim Krebs ist auf epidemiologische Daten über die an Krebs erkrankten bzw. verstorbenen Personen angewiesen. Auch eine erfolgreiche Krebsbekämpfung setzt exakte epidemiologische Angaben über die jährlichen Neuerkrankungen an verschiedenen Krebsformen (Inzidenz), über den Bestand an Krebskranken in der Bevölkerung (Prävalenz) und über die Mortalität an Krebs voraus. Die Gewinnung solchen Datenmaterials ist für viele Staaten (z. B. den gesamten Ostblock, aber auch Israel, Norwegen, Finnland, Österreich, Staat New York, Brasilien u.a.) so wichtig, daß sie den Krebs wie die ansteckenden Krankheiten der Meldepflicht unterziehen. In den meisten westlichen Ländern erfolgen die Meldungen über an Krebs erkrankte Personen allerdings durch die behandelnden Ärzte auf freiwilliger Basis.

Die beste - und wahrscheinlich auch billigste - Art, solche Angaben zu gewinnen, besteht in der Errichtung sog. regionaler Krebsregister. Hierunter versteht man Institutionen, deren Aufgabe es ist, alle an Krebs erkrankten Personen in einer definierten Population zu erfassen, an ihrer Betreuung mitzuwirken, ihr weiteres Lebensschicksal (in der Regel bis zum Tode) zu verfolgen sowie Unterlagen für die wissenschaftliche Bearbeitung spezieller Probleme zu liefern.

Um von vornherein Mißverständnisse bei der Diskussion unseres Themas zu vermeiden, möchte ich eingangs noch besonders für die Nichtmediziner unter den Anwesenden darauf hinweisen, daß wir unter dem Begriff "Krebsregister" drei verschiedene Arten von Institutionen mit unterschiedlichen Aufgaben verstehen.

1. **Das regionale oder nationale Gebietsregister** (population-based registry).
    Es dient vorwiegend oder ausschließlich epidemiologisch-statistischen Zwecken, indem es Daten über möglichst alle an Krebs erkrankten (und gegebenenfalls verstorbenen) Personen in einer definierten Population sammelt, speichert, statistisch aufbereitet und periodisch veröffentlicht. Diese Art von Registern ist praktisch die einzige Informationsquelle für Morbiditätsstatistiken (sowohl Inzidenz- als auch Prävalenzstatistiken). Gegenüber der amtlichen Mortalitätsstatistik haben derartige Register den Vorzug, über mehr Details hinsichtlich Diagnose und Krankheitsverlauf verstorbener Krebskranker zu verfügen. Insbesondere die WHO hat sich seit mehr als 20 Jahren intensiv um die Errichtung solcher epidemilogischer Krebsregister bemüht. Heute gibt es über 75 solcher Register in allen Teilen der Erde.

2.   Das klinische Nachsorgeregister (hospital-based registry).

Diese Art von Registern erfaßt die in einem Krankenhaus oder Klinikum behandelten Krebskranken im Sinne eines Konsiliardienstes und sorgt für eine zentrale organisierte und koordinierte Nachsorge bei diesen Patienten. Die dabei gesammelten Informationen dienen primär dem Wohl des einzelnen Krebskranken; darüber hinaus sind die gesammelten Daten auch für die Ermittlung von Überlebenszeiten sowie für eine grobe Beurteilung des Erfolges therapeutischer Maßnahmen in Abhängigkeit von Einflußfaktoren der verschiedensten Art wichtig.

3.   Das patho-anatomische Spezialregister.

Diese Art von Tumorregistern dient der Erweiterung unserer wissenschaftlichen Kenntnisse, indem hier klinisches und bioptisches Material über jeweils eine bestimmte Tumorform gesammelt und von Experten untersucht wird. Primäres Ziel dieser Register ist die Diagnosehilfe bei unklaren Fällen; daneben arbeiten sie an der Standardisierung der Nomenklatur, der Klassifikation und der Stadieneinteilung maligner Tumoren.

Eine starre Trennung zwischen diesen drei Registertypen besteht nicht; es gibt Übergänge. So kümmert sich manches Gebietsregister auch um die Nachsorge bei den erfaßten Patienten; das Heidelberger Spezialregister für Knochentumoren hat eine rein epidemiologische Zielsetzung.

Wir wollen uns im folgenden nur mit dem regionalen bzw. nationalen Gebietsregister befassen, da nur bei diesem Typ Funktionsstörungen auf Grund der neuen Rechtslage auftreten können. In der Bundesrepublik Deutschland hat es bisher nur zwei derartige Krebsregister mit epidemiologischer Zielsetzung gegeben, in Hamburg und im Saarland. Beide Register reichten zur Gewinnung exakter Unterlagen für eine effektive Krebsbekämpfung nicht aus, da sie zusammen nur eine - noch dazu nicht repräsentative - Stichprobe von weniger als 5% der bundesdeutschen Gesamtbevölkerung erfaßten. Das Saarländische Krebsregister wurde zudem unter Hinweis auf das BDSG am 2. Januar 1978 vom Direktor des Statistischen Landesamtes in Saarbrücken geschlossen, da nach Meinung eines befragten Juristen die bisherige Art der Führung des Registers mit den Anforderungen des Datenschutzgesetzes nicht zu vereinbaren war. Diese Schließung erfolgte zur gleichen Zeit, als der Bundestag die Notwendigkeit von Krebsregistern für die moderne Krebsforschung und Krebsbekämpfung diskutierte und ein vom BMJFG bestelltes Gutachtergremium die Neuerrichtung von mindestens zwei weiteren regionalen Registern empfahl.

Um seinen Aufgaben in vollem Umfange gerecht werden zu können, benötigt das epidemiologische Krebsregister die namentliche Meldung möglichst aller an Krebs erkrankten Personen im Erfassungsgebiet. Eine reine Inzidenzstatistik - wie sie derzeit beispielsweise in Baden-Württemberg betrieben wird - ist zwar auch bei einmaliger anonymer Meldung prinzipiell möglich; aber schon eine einfache Statistik des Bestandes an Krebskranken und seiner Veränderungen setzt personenbezogene Daten mit Identifikationsmerkmalen zur Ermöglichung

eines Record Linkage voraus. Auch individuelle Verlaufskontrollen, die Erkennung und Eliminie-
rung von Doppel-bzw. Mehrfacherfassungen des gleichen Patienten, das Aussondern von
verstorbenen Krebskranken durch periodische Vergleiche mit den amtlichen Leichenschauschei-
nen oder etwa Nachfragen wegen fehlender Informationen bei den behandelnden Ärzten sind nur
bei namentlicher Meldung möglich.

Mit der unverzichtbaren Forderung nach Bearbeitung personenbezogener Daten fallen die
Funktionen der Krebsregister aber natürlich unter das Gesetz zum Schutz vor Mißbrauch
personenbezogener Daten bei der Datenverarbeitung (Bundesdatenschutzgesetz) vom 27. Januar
1977.

In fast allen Abschnitten legt das Gesetz vernünftige und erfüllbare Rahmenvorschriften auch für
die Arbeit der Krebsregister vor. Nur an einigen wenigen Stellen gibt es Schwierigkeiten. Ein
besonders schwieriges und dringend einer Klärung bedürftiges Problem stellt der § 13 BDSG dar,
wonach jeder Bürger Anspruch auf Auskunft über die über seine Person gespeicherten Daten hat.
Der ärztliche Patient ist hiervon nicht ausgenommen. Es gibt nun aber Situationen - und das gilt
insbesondere im Falle von Krebspatienten - in denen der Arzt dem Patienten in dessen eigenem
Interesse bestimmte Informationen vorenthält oder ihm eine sorgfältig verklausulierte Antwort
gibt. Nicht jeder an Krebs Erkrankte ist nun einmal stark genug, die ungeschminkte Wahrheit
über seine Erkrankung zu erfahren, so lange das Wort "Krebs" in der breiten Öffentlichkeit immer
noch mit dem Odium des unabwendbaren Todesurteils behaftet ist. Die Frage, ob der Arzt auch
dem unheilbar Kranken stets die nackte, vorbehaltlose Wahrheit zu offenbaren hat, ist seit
langem kontrovers und global überhaupt nicht zu beantworten, wenn auch die Tendenz heute
sicher stärker als früher in Richtung einer offenen Aufklärung geht.

Bei dieser Sachlage erscheint es allerdings undenkbar, daß der Krebspatient durch eine einfache
Anfrage beim Krebsregister die Diagnose erfährt, die ihm sein behandelnder Arzt vielleicht gar
nicht oder nur in abgemilderter Form offenbart hat. Es kann unmöglich der Sinn des Gesetzes
sein, das "Primum nil nocere" bzw. den alten ärztlichen Grundsatz "Salus aegroti suprema lex" zu
verletzen. Die im Gesetz vorgeschriebene Auskunftspflicht an den Betroffenen kann daher im
Falle der Krebsregister aus ärztlichen und psychologischen Gründen nicht greifen. Es muß
gefordert werden, daß die Krebsregister von der Auskunftspflicht entbunden werden und
Auskünfte über Diagnosen und Befunde von Patienten nur über den behandelnden Arzt erfolgen
dürfen.

Bei der derzeitigen, vielen Bürgern unsicher erscheinenden Rechtslage ist auch die Meldefreudig-
keit vieler Ärzte an Krankheitenregister oder ähnliche Institutionen stark zurückgegangen.
Zahlreiche Ärzte fürchten sogar, daß sie sich nach dem Gesetz strafbar machen, wenn sie
personenbezogene Daten an Institutionen oder Behörden melden. Hier erscheint eine definitive
und auch dem Nichtjuristen verständliche Klärung der Rechtslage möglichst umgehend
erforderlich, um die Aufgeschlossenheit der Ärzte zur Meldung von Patientendaten wieder zu

erhöhen. Im Entwurf des Saarländischen Krebsregistergesetzes ist ausdrücklich festgelegt, daß Ärzte und Zahnärzte auch ohne Einwilligung des Patienten weder rechts- noch standeswidrig handeln, wenn sie dem Krebsregister unter Verwendung eines normierten Formblattes die persönlichen und medizinischen Daten des Kranken melden.

Für die Erstattung der Meldung eines Krebskranken sollte dem meldenden Arzt ohne Aufforderung eine angemessene Gebühr bzw. ein Kostenersatz gezahlt werden, die sich nach ähnlichen Sätzen in der Gebührenordnung für Ärzte zu orientieren haben. Die Zahlung einer solchen Gebühr kann aber nicht bedeuten, daß der meldende Arzt damit zum geschäftsmäßigen Übermittler von personenbezogenen Daten nach Abschnitt IV des Gesetzes wird.

<u>Medizinische Datenbanken</u> lassen sich in einer Demokratie nur dann realisieren, wenn der Bürger von ihrem Nutzen überzeugt ist und Vertrauen in diese Systeme hat. Die wichtigste Voraussetzung hierfür ist die streng gesonderte Haltung personenbezogener medizinischer Daten abseits von jeglichen Datenbanken anderer Art. Solche Daten müssen absolut vertraulich behandelt werden und dürfen nur Ärzten und speziell autorisierten, der Schweigepflicht unterliegenden Personen zugänglich sein. Einige Länder haben bereits begonnen, dieser Forderung Rechnung zu tragen. Beispielsweise hat der Staat Maryland eine Verordnung erlassen, die die Vertraulichkeit des zentralen staatlichen Psychiatrieregisters schützt. Danach ist keine staatliche Dienststelle - auch nicht das Gericht - berechtigt, Auskünfte aus dieser Datenbank einzuholen.

Eine <u>Weitergabe an Dritte</u> der von den Ärzten gemeldeten personenbezogenen Daten erfolgt im Rahmen von Krebsregistern nicht. Hinsichtlich des Vertraulichkeitsgrades und der Zugriffsermächtigung könnten die Daten differenziert werden. Vorstellbar wäre beispielsweise die Führung von <u>zwei Arten von Datenfiles:</u>

1. eine <u>vertrauliche Datei</u>, die alle Informationen einschließlich der Identifikationsmerkmale der Einzelpersonen enthält, ausschließlich der Patientenversorgung dient und nur den behandelnden Ärzten zugänglich ist;

2. eine <u>offene Datei</u>, die zwar die gleichen Informationen, nicht aber die Identifikationsmerkmale enthält und für Zwecke der Forschung und der statistischen Auswertung verfügbar gehalten werden könnte.

Was wir auf dem Sektor der Krebsbekämpfung dringend benötigen, ist eine auf die technische Entwicklung zugeschnittene Gesetzgebung, die einerseits den berechtigten Forderungen nach vertraulicher Behandlung medizinischer Daten und ärztlicher Informationen genügt, andererseits aber flexibel genug ist, den technischen Fortschritt zum Wohle des einzelnen Patienten zu nutzen und die zunehmend an Bedeutung gewinnende epidemiologische Krebsforschung nicht praktisch zu verhindern, sondern im Gegenteil zu fördern.

Wegen der Proportionalität von Norminhalt und Normgeber dürfte das Erlassen von entsprechenden Spezialgesetzen auf Landesebene - wie derzeit im Saarland erfolgt - die wahrscheinlich problemgerechtesten Lösungen erwarten lassen.

THESEN

1. Eine erfolgreiche Krebsbekämpfung setzt exakte epidemiologische Angaben über die jährlichen Neuerkrankungen (Inzidenz) an verschiedenen Krebsformen, über den Bestand an Krebskranken in der Population (Prävalenz) und über die Mortalität an Krebs voraus. Auch die epidemiologische Krebsursachenforschung ist auf Daten von an Krebs erkrankten bzw. verstorbenen Personen angewiesen.

2. Die beste und wahrscheinlich auch billigste Art, solche Angaben zu gewinnen, besteht in der Errichtung regionaler Krebsregister mit epidemiologischer Zielsetzung.

3. Um ihrer Aufgabe gerecht werden zu können, benötigen diese Krebsregister die namentliche Meldung möglichst aller an Krebs erkrankten Personen in einer definierten Population. Damit sind die Voraussetzungen für die Anwendung des Datenschutzgesetzes gegeben.

4. Ein schwieriges Problem stellt der § 13 des BDSG dar, wonach jeder Bürger Anspruch auf Auskunft über die zu seiner Person gespeicherten Daten hat. Es gibt aber - und insbesondere bei Krebskranken - Situationen, in denen der Arzt seinem Patienten in dessen eigenem Interesse nicht die volle Wahrheit offenbart. Es erscheint undenkbar, daß in solchen Situationen der Patient durch einfache Anfrage beim Register die ungeschminkte Wahrheit über sich erfährt. Es kann nicht Sinn des Gesetzes sein, den alten ärztlichen Grundsatz "salus aegroti suprema lex" zu verletzen. Es ist daher zu fordern, daß die Krebsregister von der Auskunftspflicht entbunden werden. Auskünfte über Patienten sollte nur der behandelnde Arzt erteilen dürfen.

5. Bei der derzeitigen, vielen Bürgern unsicher erscheinenden Rechtslage ist auch die Aufgeschlossenheit der Ärzte, Krankheitenregistern Patientendaten zu melden, stark zurückgegangen. Viele Ärzte befürchten, sich dadurch strafbar zu machen. Ohne eine verbindliche, auch dem Laien verständliche Klärung der Lage dürfte eine Verbesserung dieser Situation kaum zu erwarten sein.

6. Für die Erstattung einer Meldung an das Register ist dem meldenden Arzt eine angemessene Gebühr zu zahlen. Die Zahlung dieser Gebühr darf aber nicht bedeuten, daß der Arzt damit zum geschäftsmäßigen Übermittler von personenbezogenen Daten nach Abschnitt IV BDSG wird.

7. Die Daten der Krebsregister - wie auch die Daten aller personenbezogenen medizinischen Datenbanken - sind absolut vertraulich zu behandeln und dürfen in nicht anonymisierter Form nur speziell autorisierten Personen zugänglich sein.

8. Eine Weitergabe von Daten des Krebsregisters ist nur in anonymisierter Form gestattet. Dies kann geschehen in Form eines Datenfiles, der zwar alle für die epidemiologische

Forschung interessanten Sachverhalte, aber keinerlei Identifikationsmerkmale mehr enthält. Auch ein solcher File sollte allerdings nur interessierten Ärzten und Wissenschaftlern zugänglich sein.

9. Auf dem Sektor der Krebsbekämpfung benötigen wir dringend eine Gesetzgebung, die einerseits den berechtigten Forderungen nach vertraulicher Behandlung personenbezogener medizinischer Daten genügt, andererseits aber flexibel genug ist, dem Wohle des erkrankten Patienten und der epidemiologischen Krebsforschung zu dienen.

10. Wegen der Proportionalität von Norminhalt und Normgeber dürfte das Erlassen von speziellen Gesetzen für die epidemiologischen Krebsregister auf Landesebene wahrscheinlich die problemgerechteste Lösung darstellen.

PROBLEME DES DATENBEDARFS UND DATENZUGANGS FÜR DIE
EPIDEMIOLOGISCHE FORSCHUNG

EBERHARD GREISER

I. DATENBEDARF DER EPIDEMIOLOGISCHEN FORSCHUNG

Epidemiologie läßt sich definieren als Wissenschaft, die die Verteilung von Krankheiten beim Menschen und ihre Determinanten untersucht (MacMAHON und PUGH, 1970, S. 1). Andere Definitionen fassen neben diesem deskriptiv-analytischen Ansatz auch noch Forschungsansätze zur Krankheitsverhütung und zur Beschreibung des Gesundheitssystems als epidemiologische Arbeitsgebiete auf. Danach lassen sich ihre wesentlichen Aufgaben zusammenfassen als (PFLANZ, 1973, S. 2):

1. Untersuchung physiologischer Variablen in Beziehung zu anderen Variablen in Bevölkerungsgruppen,

2. Untersuchung von Faktoren, die kausal sind für die Entstehung und den Verlauf von Krankheiten,

3. Untersuchung des natürlichen Verlaufs von Krankheiten durch Langzeitbeobachtungen,

4. Untersuchung der Effizienz von Maßnahmen der Krankheitsverhütung und Krankheitsfrüherkennung,

5. Untersuchung der Folgen von Krankheiten,

6. Beschreibung von örtlichen und zeitlichen Unterschieden der Krankheitshäufigkeit und Analyse der Ursachen dafür,

7. Lieferung von Daten über Krankheitshäufigkeit und Krankheitsdauer für die Zwecke der Gesundheitsverwaltung, der Sozialpolitik und Planung.

Der sich aus dieser Aufgabenstellung ergebende Datenbedarf der epidemiologischen Forschung ist in der Bundesrepublik Deutschland bislang kaum ins Bewußtsein der Öffentlichkeit gedrungen, unter anderem eine Folge der unzureichenden Etablierung des Faches. In den vergangenen dreißig Jahren dürfte sich der Datenbedarf qualitativ kaum verändert haben. Die Einführung der elektronischen Datenverarbeitung gestattet es, daß Daten von möglichst allen Patienten mit einer bestimmten Krankheit von der ersten Diagnosestellung an gesammelt werden. Um den Krankheitsverlauf erfassen zu können, müssen Informationen, die zu verschiedenen Zeitpunkten nach der Diagnosestellung entstehen, in das Register eingeführt werden. Als letzte Information über das Schicksal eines Patienten müssen die Informationen der Todesbescheinigung erfaßt werden. Bis zur Zusammenführung der Daten eines Patienten muß der Personenbezug aufrecht erhalten werden, da sonst ein eindeutiges Linkage nicht möglich ist.

Eine nicht personenbezogene Sammlung von Patientendaten in Krankheitsregistern erlaubt wegen der Gefahr der Doppelmeldungen weder eine exakte Schätzung des Bestandes von Patienten zu einem bestimmten Zeitpunkt (Prävalenz) noch eine Schätzung der Neuerkrankungsrate für einen definierten Zeitraum (Inzidenz).

Die Einwilligung der Patienten zur Speicherung ihrer Daten in ein Krankheitsregister einzuholen, erscheint aus zwei Gründen problematisch:

a)   bei einigen Krankheiten, z. B. Krebs, würde eine Aufklärung über die tatsächliche Diagnose den Therapieerfolg in einem erheblichen Prozentsatz von Patienten schwer gefährden.

b)   Daten von bereits verstorbenen Patienten, die neu in ein Krankheitsregister eingeführt werden müssen, können mangels Zustimmung der Verstorbenen nicht aufgenommen werden. Beispielsweise würden unter diesen Voraussetzungen Herzinfarktregister nur ein wenig exaktes Bild der Erkrankungshäufigkeit für Infarkte liefern können, da ein erheblicher Prozentsatz von Patienten bereits vor Erreichen einer Klinik verstorben ist.

Die Anwendungsmöglichkeiten von Krankheitsregistern gehen über die Schätzung von Prävalenz und Inzidenz bzw. der Bewertung ihrer Zeittrends weit hinaus. Sie erlauben die Verifizierung epidemiologischer Hypothesen in den Subpopulationen von Patienten, deren Datenverarbeitung hat zwar die Lösung einiger der Aufgaben epidemiologischer Forschung wesentlich erleichtert, insgesamt aber nicht zu grundlegend neuen Ansätzen geführt. Dazu muß die Erleichterung der Zusammenführung von personenbezogenen Daten aus verschiedenen Quellen (Record linkage) gezählt werden (HEASMAN, 1970).

Personenbezogene Daten werden in der epidemiologischen Forschung bei der Anwendung nahezu aller verfügbaren Methoden benötigt. An einer Auswahl häufig verwandter Methoden soll dieses exemplarisch dargestellt werden.

1. Krankheitsregister

Krankheitsregister stellen das wichtigste Instrument dar, um die Verbreitung definierter Krankheitsgruppen in einer regional begrenzten Bevölkerung festzustellen. Sie ermöglichen die Identifizierung besonders gefährdeter Untergruppen der Bevölkerung und die Berechnung der Prognose für die Heilung unter definierten Voraussetzungen (Alter, Geschlecht, Art der Therapie usw.). Trends in der Entwicklung der Krankheitshäufigkeit lassen sich bestimmen, sobald ein Krankheitsregister über mehrere Jahre kontinuierlich geführt worden ist. Krankheitsregister sind angelegt worden für

- Krebserkrankungen,
- Herzinfarkt,
- Schlaganfall,
- Mißbildungen neugeborener Kinder.

Für das Problem der Krebsregister wird auf die Ausführungen von G. WAGNER in diesem Band verwiesen. Mißbildungsregister sind an mehreren Stellen im Planungszustand.

Ein Krankheitsregister kann nur dann sinnvoll betrieben werden, wenn in einer definierten Region die Daten von möglichst allen Patienten einer bestimmten Krankheit oder Krankheitsgruppe von der ersten Diagnosestellung an gesammelt werden. Um den Krankheitsverlauf erfassen zu können, müssen Informationen, die zu den verschiedenen Zeitpunkten nach der Diagnosestellung entstehen, in das Register eingeführt werden. Als letzte Information über das Schicksal eines Patienten müssen die Informationen der Todesbescheinigung erfaßt werden. Bis zur Zusammenführung der Daten eines Patienten muß der Personenbezug aufrechterhalten werden, da sonst ein eindeutiges Linkage nicht möglich ist. Eine nicht personenbezogene Sammlung von Patientendaten in Krankheitsregistern erlaubt wegen der Gefahr der Doppelmeldungen weder eine exakte Schätzung des Bestandes von Patienten zu einem bestimmten Zeitpunkt (Prävalenz) noch eine Schätzung der Neuerkrankungsrate für einen definierten Zeitraum, meistens ein Jahr (Inzidenz).

Die Einwilligung der Patienten zur Speicherung ihrer Daten in ein Krankheitsregister einzuholen, scheint aus zwei Gründen problematisch:

a)   Bei einigen Krankheiten, z. B. Krebserkrankungen, würde eine Aufklärung über die tatsächliche Diagnose den Therapieerfolg in einem erheblichen Prozentsatz von Patienten schwer gefährden.

b)   Daten von bereits verstorbenen Patienten, die neu in ein Krankheitsregister eingeführt werden müssen, können mangels Zustimmung des Verstorbenen nicht aufgenommen werden. Beispielsweise würden unter diesen Voraussetzungen Herzinfarktregister nur ein wenig exaktes Bild der Erkrankungshäufigkeit für Infarkte liefern können, da ein erheblicher Prozentsatz von Patienten bereits vor Erreichen einer Klinik verstorben ist. Andererseits erscheint es auch problematisch, den Angehörigen verstorbener Patienten die Verfügungsgewalt über die medizinischen Daten der Verstorbenen zu übertragen.

Die Anwendungsmöglichkeiten von Krankheitsregistern gehen über die Schätzung von Inzidenz und Prävalenz bzw. der Bewertung von Zeittrends weit hinaus. Sie erlauben die Verifizierung epidemiologischer Hypothesen in Subpopulationen von Patienten, deren Daten im Register akkumuliert sind, die als Ausgangsbasis für ad-hoc-Studien (vorwiegend retrospektiver Art) herangezogen werden. Dieses bedingt, daß aus Registerdaten gegebenenfalls Interventionsdaten werden, wenn das Studiendesign z. B. weitere Erhebungen oder Befragungen der Patienten erfordert. Ein Beispiel für diese Art der Nutzung eines Krankheitsregisters wurde von ARMSTRONG und Mitarbeitern (ARMSTRONG et al., 1974) in einer retrospektiven Studie zur Aufklärung des Verdachts gegeben, zwischen der Einnahme von reserpin-haltigen Arzneimitteln zur Behandlung des Bluthochdrucks und dem Auftreten von Brustkrebs bei älteren Frauen bestehe ein Zusammenhang.

Für die Abschätzung der Erfolge von Interventionsstudien auf die Krankheitsinzidenz bieten Krankheitsregister sonst nicht zu erlangende zusätzliche Informationen.

2. Retrospektive Fall-Kontroll-Studien

Fall-Kontroll-Studien stellen eine im Vergleich zu prospektiven epidemiologischen Studien relativ weniger aufwendige Methode dar, um abschätzen zu können, um wieviel häufiger definierte Erkrankungen bei Vorhandensein eines bestimmten Risikofaktors auftreten als ohne diesen Risikofaktor. Dazu müssen möglichst alle Fälle mit der zu untersuchenden Erkrankung innerhalb einer definierten Region identifiziert und ihre Daten (z. B. aus Krankenblattarchiven bzw. Krankenhausinformationssystemen) dokumentiert werden. Bereits dieser erste Schritt wäre jedoch durch das Bundesdatenschutzgesetz nicht mehr gedeckt, da ein Patient erst nach erfolgter Identifizierung um eine Zustimmung zur Speicherung seiner Daten für den Zweck der Studie gebeten werden kann. Existiert für die zu untersuchende Krankheit ein Krankheitsregister, wird man sich für die Durchführung der Fall-Kontroll-Studie der hier gespeicherten Patientendaten bedienen müssen.

Danach ist eine nach verschiedenen Kriterien vergleichbare Kontrollgruppe von Patienten zu bilden, die nicht an der Krankheit leiden dürfen, deren Risiken aufgeklärt werden sollen. Während man bei der Gruppe der "Fälle" unter Umständen noch argumentieren könnte, eine wissenschaftliche Untersuchung zur Aufklärung des Krankheitsrisikos durch verschiedene Risikofaktoren sei mit dem Behandlungsauftrag noch eben vereinbar, muß dieses Argument für Kontroll-Patienten entfallen, da ihre Daten für eine wissenschaftliche Untersuchung, die _nicht_ der Aufklärung der eigenen Erkrankung dienen kann, herangezogen werden sollen.

Zur Abschätzung des Einflusses von verdächtigten Risikofaktoren auf das Erkrankungsrisiko müssen sowohl in der Fall- als auch in der Kontrollgruppe diese Risikofaktoren in vergleichbarer Weise untersucht bzw. durch Befragung erhoben werden.

Retrospektive Fall-Kontroll-Studien stellen das wichtigste methodische Instrument zur Untersuchung und Aufklärung der Nebenwirkungen von Arzneimitteln dar. Beispiele für ihre Anwendung finden sich in der Aufklärung des Zusammenhanges zwischen der

Anwendung von Diaethylstilboestrol zur Verhinderung von Aborten und dem nachfolgenden Auftreten von Vaginalkarzinomen bei den Töchtern der so behandelten Frauen (HERBST et al., 1971), der Aufklärung des Verdachtes, der Appetitzügler Menocil könnte als Nebenwirkung den Verdacht eines Zusammenhanges zwischen Reserpin-Medikation und dem Auftreten von Brustkrebs bei älteren Frauen nahelegten und schließlich falsifizierten, Fall-Kontroll-Studien (BOSTON COLLABORATIVE DRUG SURVEILLANCE PROGRAM, 1974; ARMSTRONG et al., 1974; HEINONEN et al., 1974; KEWITZ et al., 1977; CHRISTOPHER et al., 1977).

3. Kohortenstudie

Für die Kohortenstudien wird das Schicksal (Erkrankung, Heilung, Tod) von zunächst gesunden Probanden oder von Patienten in Abhängigkeit von der Ausprägung verschiedener Risikofaktoren über einen längeren Zeitraum hin untersucht. Dabei kann der Beginn der Beobachtung mit dem zeitlichen Beginn des Forschungsprojektes zusammenfallen (prospektive Studien) oder in der Vergangenheit liegen, wie z. B. bei der Untersuchung einer Gruppe von Arbeitnehmern, die über längere Zeit einem vermutlich schädigenden Arbeitsstoff ausgesetzt waren (prospektive Kohorten-Studie mit rückverlegtem Ausgangspunkt).

Bei prospektiven Studien kann die Einwilligung des Probanden zur Speicherung seiner Daten mühelos beim Beginn der Beobachtung eingeholt werden. Schwierigkeiten entstehen bei dieser Form von Studien jedoch, wenn ein Proband aus der Studie ausscheidet (Drop-Out). Auf eine getrennte Analyse des Schicksals der ausgeschiedenen Probanden kann in keinem Fall verzichtet werden. Weitere Probleme treten auf, wenn Probanden im Verlauf der Studie versterben. Dann wird es erforderlich, die Todesursachen aus den amtlichen Todesbescheinigungen zu übernehmen. Gegen die Verwendung von Todesbescheinigungen für die epidemiologische Forschung ist öfter eingewandt worden, ihre Validität sei nur gering. Dieser Einwand ist lediglich für einige Todesursachen von Gewicht. Will man einen Vergleich des Mortalitätsrisikos einer bestimmten Untersuchungspopulation mit dem Mortalitätsrisiko der Gesamtbevölkerung durchführen, so sind die Todesursachen aus der Todesbescheinigung unverzichtbar.

Bei einer Spezialform von Kohortenstudien wird auf bereits existierende, zu einem früheren Zeitpunkt erhobene Daten der Probanden zurückgegriffen. Bei diesen sogenannten prospektiven Studien mit rückverlegtem Ausgangspunkt, deren Ziel unter anderem die Aufklärung des aktuellen Schicksals der Probanden sein kann, ist dieses Ziel nicht erreichbar, wenn die Speicherung personenbezogener Daten nicht am Anfang steht. Bei allen angeführten Methoden ist die Erfassung und Verarbeitung personenbezogener Daten bis zu dem Zeitpunkt unumgänglich, an dem sämtliche für die Durchführung der jeweiligen Studie erforderlichen Daten eines Patienten komplett erfaßt sind. Danach kann eine funktionelle Trennung von Identifikatoren und Untersuchungsvariablen durchgeführt werden. Bei der Komplexität der Methoden der Nachverfolgung von Probanden erscheint es jedoch fraglich, ob diese Aufgaben in relevantem Umfang Treuhänder-Institutionen irgendwelcher Art übertragen werden können, die nicht einer rigorosen methodischen Kontrolle durch Epidemiologen unterliegen.

II. PROBLEME DES DATENZUGANGS FÜR DIE EPIDEMIOLOGISCHE FORSCHUNG

Die epidemiologische Forschung wird in der Bundesrepublik Deutschland durch eine Beschränkung des Zugangs zu personenbezogenen Daten stark behindert, zum Teil sogar gänzlich verhindert. Daß sie in Teilbereichen nicht schon gänzlich zum Erliegen gekommen ist, dürfte durch eine nicht immer vollständige Anwendung der bestehenden gesetzlichen Regelungen begünstigt sein. Beschränkend in diesem Sinne wirken

- Schweigepflicht des Arztes (s. HOLLMANN, 1979),
- Sozialgesetzbuch § 35, der die Bedingungen der Verwendung von Daten aus dem Bereich der sozialen Sicherung regelt,
- Bundesstatistikgesetz, das die Geheimhaltungspflicht von Daten fordert, die für die Erstellung von Statistiken für Bundeszwecke erhoben worden sind,
- Bundesdatenschutzgesetz sowie die bereits erlassenen Landesdaten- schutzgesetze,
- verschiedene Verwaltungsvorschriften.

Ganz allgemein hat jedoch in der letzten Zeit eine Stimmung der Verunsicherung über rechtliche Tatbestände bei Datenhaltern um sich gegriffen, die das schon vorher bestehende Zögern, personenbezogene Daten für epidemiologische Forschungen zur Verfügung zu stellen, häufiger in Verweigerung umschlagen läßt. Im Folgenden sollen an einigen Beispielen die Kosequenzen der Beschränkung des Datenzugangs dargestellt werden.

1. Säuglingssterblichkeit und Müttersterblichkeit

Die Bundesrepublik Deutschland ist als eine der führenden Industrienationen bei einigen Indikatoren, die allgemein zur Beurteilung der Qualität des Gesundheitssystems herange- zogen werden, im negativen Sinne führend. Dazu müssen eine unverhältnismäßig hohe Mütter-und Säuglingssterblichkeit gezählt werden (Daten des Gesundheitswesens - Ausgabe 1977, S. 200 - 210). Obgleich die absoluten Zahlen der Verstorbenen zeigen, daß der Beitrag zur Gesamtsterblichkeit vernachlässigt werden kann - 1973 verstarben 292 Mütter und 14.569 Säuglinge - bedarf das Problem wegen der gesundheitspolitischen Signalfunktion, die beide Variablen darstellen, und wegen der emotionalen Komponente der epidemiologischen Aufklärung. Wie SCHMIDT und Mitarbeiter (SCHMIDT et al., 1974) gezeigt haben, können die Ursachen der Säuglingssterblichkeit nur sinnvoll durch eine Analyse jedes einzelnen Falles dargestellt werden. Ausgangsdaten für Untersuchungen dieser Art werden Todesbe- scheinigungen und Sterbeurkunden sein müssen. Für Todesbescheinigungen aber gilt die durch das Bundesstatistikgesetz gebotene Geheimhaltungspflicht. Diese wird in den einzelnen Bundesländern offensichtlich unterschiedlich gehandhabt. In Nordrhein-Westfalen verlangt ein Runderlaß des Ministeriums für Arbeit, Gesundheit und Soziales aus dem Jahre 1975 die Geheimhaltung des vertraulichen Teils der Todesbescheinigungen, außer wenn sie zur Feststellung von Versorgungsansprüchen benötigt werden. Eine wissenschaftliche Untersuchung der Säuglingssterblichkeit ist dadurch zumindest problematisch. Vergleichbares gilt für die Müttersterblichkeit. Wegen der relativ kleinen absoluten Zahl von Todesfällen wäre hier überhaupt nur eine Analyse sämtlicher Todesfälle in der Bundesrepublik sinnvoll.

2. Gefährdungen durch die Bedingungen der Arbeitswelt

In nahezu allen Bereichen der Industrie, vor allem aber in der chemischen, sind die Arbeitnehmer einer Vielzahl von Stoffen ausgesetzt, deren möglicher Einfluß auf die Gesundheit nur in wenigen Fällen genau bekannt ist. Vielfach wird erst Jahre oder Jahrzehnte nach der Einführung eines Stoffes der Verdacht einer Gesundheitsgefährdung laut. Der Verdacht, das Gas Vinylchlorid, Ausgangsstoff des Kunststoffs Polyvinylchlorid (PVC), könne bei damit beschäftigten Arbeitern zur Entstehung von speziellen Leberkrebsen führen, wurde Anfang der siebziger Jahre geäußert. Eine epidemiologische Untersuchung zur Aufklärung dieses Verdachtes in der Bundesrepublik wurde zwischen 1974 und 1978 in Kooperation zwischen den Werksärzten aller elf Vinylchlorid- bzw. PVC-herstellender Betriebe und dem Staatlichen Gewerbearzt Düsseldorf durchgeführt (REINL et. al., 1977). Für diese Untersuchung war es erforderlich, dem Schicksal aller jemals gegenüber VC bzw. PVC exponierter Arbeiter nachzugehen und im Todesfall anhand der Todesbescheinigung oder der Aufzeichnungen früher behandelnder Ärzte die Todesursache zu dokumentieren. Das Ergebnis dieser Untersuchungen bestätigte den Verdacht einer erhöhten Krebsgefährdung exponierter Arbeiter und brachte als unmittelbare Konsequenz eine Verminderung der Gesundheitsgefährdung durch Umstellung der Produktionsbedingungen. Um zu diesen Ergebnissen zu gelangen, mußten verschiedene gesetzliche Bestimmungen außer Acht gelassen werden:

- Die Anfragen bei früher behandelnden Ärzten und Kliniken kollidieren zumindest für die Antwortenden mit dem Gebot der ärztlichen Schweigepflicht.

- Nachforschen nach dem Schicksal aus einem Betrieb ausgeschiedener Arbeitnehmer erfordert zunächst die Erfassung ihrer vollen Personaldaten und die Weitergabe dieser Daten an die jeweiligen Meldebehörden. Die Arbeitnehmer sind in keinem Fall um ihre Einwilligung zur Speicherung ihrer Daten ersucht worden. Ohnehin kann die Einwilligung ausgeschiedener Arbeitnehmer erst eingeholt werden, nachdem der Vorstoß gegen die entsprechende Bestimmung des Bundesdatenschutzgesetzes geschehen ist.

- Die Übersendung angeforderter Todesbescheinigungen durch Gesundheitsämter bzw. die Werksärzte verletzt die Gebote des Bundesstatistikgesetzes.

Im Falle dieser Untersuchung war das medizinische und epidemiologische Problembewußtsein der beteiligten Ärzte offensichtlich - und zum Glück für die Arbeitnehmer - stärker ausgeprägt als ihr Bewußtsein, hier gegen geltende gesetzliche Bestimmungen zu verstoßen. Es muß aber festgehalten werden, daß weitere Untersuchungen zur Ermittlung des Risikos der Gesundheitsgefährdung durch Arbeitsstoffe, die von einzelnen Betriebsärzten - angeregt durch die VC-Studie - begonnen wurden, an den bestehenden Regelungen gescheitert sind.

Die VC-Studie ließ überdies ein spezifisch deutsches Problem des Datenzugangs bzw. seiner Beschränkung deutlich werden: die Verhinderung des Datenzugangs durch Datenvernichtung. Für Todesbescheinigungen gilt eine regional unterschiedliche Aufbewahrungsfrist von fünf bzw. zehn Jahren nach ihrer Ausstellung. Einzelne Gesundheitsämter führen je nach der vorhandenen Archivkapazität eine Vernichtung dieser unersetzlichen Dokumente nach Ablauf der Frist durch. Der US-amerikanische Epidemiologe Irving I. KESSLER (KESSLER, 1975) kommentierte dieses Vorgehen trocken: "We Americans bury our dead, but we prohibit their death certificates to be buried."

3. Gefährdungen durch Zivilisations- und Umwelteinflüsse

Die Einsicht, daß eine der wesentlichsten Voraussetzungen für die Bekämpfung der gefährlichen Infektionskrankheiten die Erfassung jedes Einzelfalls ist, hat bereits im vergangenen Jahrhundert zur Meldepflicht für Neuerkrankungsfälle geführt. Diese Meldepflicht wird auch heute noch nicht in Frage gestellt und praktiziert, obwohl die Infektionskrankheiten in ihrer Bedeutung für Morbidität und Mortalität schon lange durch chronische Krankheiten des Herzens und des Kreislaufsystems sowie durch Krebserkrankungen verdrängt worden sind. Über deren Auftreten, Ursachen und Trends besteht in der Bundesrepublik nur ein rudimentäres Wissen, wenn überhaupt Informationen außer unspezifizierten Mortalitätsdaten vorhanden sind.

Krankheitsregister, die einzig Informationen über Neuerkrankungshäufigkeiten und Bestand von Patienten in verläßlicher Weise bieten können, sind in der Bundesrepublik im Gegensatz zu anderen westeuropäischen Ländern nicht in ausreichend flächendeckender Weise vorhanden. Demgegenüber besitzen z. B. Finnland und Norwegen nationale Krebsregister, die DDR eine Meldepflicht für Krebserkrankungen und Diabetes mellitus, Schweden verschiedene Krankheitsregister, die weite Regionen des Landes abdecken. In der Bundesrepublik dagegen hat die nach dem Inkrafttreten des Bundesdatenschutzgesetzes sich zeigende Rechtsunsicherheit dazu geführt, daß das Saarländische Krebsregister - eines von zwei allgemeinen Krebsregistern der BRD - mit dem 2.1.1978 seine Arbeit zunächst einstellte, mangels Rechtsgrundlage. Da ein Krankheitsregister seinen Wert nur bei kontinuierlicher Erfassung von Patientendaten behält, dürfte die in den ersten fünf Jahren des Bestehens dieses Registers geleistete Arbeit durch diese Unterbrechung weitgehend sinnlos geworden sein.

Ohnehin dürften bei der herrschenden Rechtslage selbst mit gesetzlicher Grundlage arbeitende Krankheitsregister für ad-hoc-Studien zur Prüfung spezieller Hypothesen personenbezogene Daten nicht weitergeben. Angenommen, es hätte ein entsprechendes regionales Krebsregister existiert, hätte sich dieses Problem gestellt, als vor kurzem der in der Öffentlichkeit stark diskutierte Verdacht geäußert wurde, in der Umgebung des stillgelegten Kernkraftwerkes Lingen sei es zu einem erheblichen Anstieg der Mortalität an Leukämie bei Kindern gekommen. Dieser Verdacht scheint wenig substantiiert zu sein. Zu seiner Überprüfung wären jedoch Untersuchungen erforderlich, die nach den gesetzlichen Bestimmungen nicht zulässig sind:

- Ermittlung von Todesfällen an Leukämie bei Kindern in der Region Lingen und in einer Vergleichsregion bis zu einem Zeitpunkt, der erheblich vor der Inbetriebnahme des Kernkraftwerkes liegt;

- Verifizierung der Diagnose "Leukämie" durch Überprüfung der Krankenakten, Blutausstriche, histologischer Präparate und Obduktionsprotokolle;

- Nachforschung nach möglicherweise krebserzeugenden Faktoren in der Vergangenheit der Verstorbenen;

- Ermittlung von noch lebenden Kindern mit der Diagnose Leukämie.

Vermutlich sind die Immissionen konventioneller Kraftwerke gegenwärtig ein um ein Vielfaches bedeutsamerer Risikofaktor für die Gesundheit der in ihrer Umgebung lebenden Menschen. Eine Untersuchung ihres Gefährdungspotentials würde jedoch an den gegenwärtig noch geltenden Regelungen scheitern, wäre nicht die noch unzureichende Etablierung der Epidemiologie der primär limitierende Faktor.

Bei prospektiven epidemiologischen Studien zur Prüfung von Hypothesen etwa über den Einfluß von Risikofaktoren auf Krankheitsentstehung oder die Möglichkeiten von Interventionsmethoden zur Reduktion des Krankheitsrisikos ist die Freiwilligkeit der Teilnahme der Probanden eine nicht zu diskutierende Voraussetzung. Diese Einwilligung, die gleichzeitig die Einwilligung zur Speicherung und Auswertung der Daten einschließen sollte, wird man sicher nicht als auf unabsehbare Zeit gegeben annehmen können. Scheidet im Verlaufe einer solchen Langzeitstudie ein Proband aus, so würde eine Vernachlässigung seiner Daten bei der Auswertung der Studie unter Umständen zu erheblichen Verzerrungen des Ergebnisses führen. Eine Aufklärung des Schicksals dieser Probanden würde jedoch an den bereits geschilderten Hürden scheitern.

4. Gefährdungen durch Arzneimittel

Eine Therapie mit wirksamen Arzneimitteln ohne das Risiko von unerwünschten Wirkungen ist unmöglich. Für die Abschätzung des Risikos von Arzneimittelnebenwirkungen stellen retrospektive Fall-Kontroll-Studien die wirksamste Methode dar.

Gegenwärtig sind Studien dieser Art nicht durchführbar, weil sie mit mehreren der geltenden Bestimmungen kollidieren. So wäre heute nicht mehr nachweisbar, daß es nach der Anwendung eines in seinem therapeutischen Wert umstrittenen Schlankheitsmittels (Menocil) in einem hohen Prozentsatz zu einer häufig tödlich verlaufenden Nebenwirkung (primärer Lungenhochdruck) kam (GREISER, 1973). Für Untersuchungen, die seinerzeit zur Aufklärung dieser Nebenwirkung durchgeführt wurden, war es erforderlich

- personenbezogene Daten von Patienten mit Lungenhochdruck zu sammeln (eine Einwilligung der Patienten wurde nicht eingeholt; ein Teil der Patienten war bei Beginn der Studie bereits verstorben),

- Daten einer Vergleichsgruppe von Patienten zu dokumentieren,

- die Patienten der Vergleichsgruppe nach der Einnahme von Schlankheitsmitteln und dem Vorliegen von speziellen Risikofaktoren zu befragen,

- bei einem Teil der Vergleichspatienten Kontrollinterviews durch Wissenschaftler, die nicht ihre behandelnden Ärzte waren, durchzuführen.

Im Sommer des Jahres 1978 wurde der Verdacht einer besonderen Nebenwirkung eines Arzneimittels in der Öffentlichkeit laut: die Anwendung von Präparaten mit weiblichen Hormonen zur Diagnose einer Schwangerschaft könnte, so legten Studien nahe, zu einer Erhöhung der Mißbildungshäufigkeit führen, wenn sich der Schwangerschaftsverdacht bestätige (GREENBERG et al., 1977). Dieser Verdacht, der sogleich Assoziationen zum Contergan-Skandal hervorrufen mußte, weist auf ein besonderes Problem der Zugangsbeschränkung zu Daten: nämlich eine Beschränkung durch die Verhinderung der Entstehung von Daten.

Nachdem das Ausmaß der Katastrophe von Mißbildungen nach Einnahme des Schlafmittels Contergan Anfang der sechziger Jahre offenkundig geworden war, sind in vielen Ländern Mißbildungsregister eingerichtet worden, um künftig das Auftreten teratogener (mißbildungserzeugender) Stoffe nicht erst dann erkennen zu können, wenn schon mehrere tausend mißgebildete Kinder geboren wären. Als 1963 die damalige Gesundheitsministerin Elisabeth Schwarzhaupt den Versuch unternahm, eine Meldepflicht für Mißbildungen einzuführen, stieß sie auf heftigen und letzten Endes erfolgreichen Widerstand der ärztlichen Standesvertretungen, die als höherwertiges Rechtsgut mit dem Selbstbestimmungsrecht der

Patienten argumentieren und selbst vor einem Verweis auf die mörderischen Praktiken des NS-Staates, der eine solche Meldepflicht nur Vorschub leisten könnte, nicht zurückschreckten.

Heute würde uns ein nationales Mißbildungsregister, wie es in Großbritannien beispielsweise existiert, die Überprüfung des Mißbildungsverdachtes durch Duogynon und ähnliche Präparate innerhalb kurzer Zeit gestatten. GREENBERG und Mitarbeiter (1977) haben eine solche Studie auf der Basis des britischen Mißbildungsregisters vorgelegt, wenngleich noch keinen kausalen Beweis geführt. In der Bundesrepublik wird die Überprüfung dieser Hypothese erheblich zeitraubender sein, und es gelten alle Limitierungen der Fall-Kontroll-Studien.

Unter den gegenwärtig in der Bundesrepublik Deutschland geltenden Regelungen über den Zugang zu personenbezogenen Daten hätten die wichtigsten epidemiologischen Erkenntnisse der vergangenen dreißig Jahre nicht gewonnen werden können. Als exemplarisch seien angeführt:

- Zusammenhang zwischen Rauchen und verschiedenen Krebsarten,

- Zusammenhang zwischen Rauchen und Herzinfarkt, peripheren Durchblutungsstörungen und chronischer Bronchitis,

- Einfluß von Ernährungsgewohnheiten auf Krankheiten des Herz-Kreislaufsystems,

- Zusammenhang zwischen der Exposition gegenüber Asbeststaub und Krebserkrankungen des Brustfells,

- Einfluß der Luftverschmutzung auf die Entstehung von Bronichalkarzinomen,

- Zusammenhang zwischen der Einnahme oraler Kontrazeptiva und dem Auftreten von Herzinfarkt und Schlaganfall,

- Entkräftung des Verdachtes, eine Hochdruckbehandlung mit reserpinhaltigen Arzneimitteln könnte bei älteren Frauen die Brustkrebshäufigkeit erhöhen,

- Zusammenhang zwischen der Behandlung mit Stilboestrol zur Verhütung von Fehlgeburten und Auftreten von Vaginalkarzinomen bei den Töchtern der so behandelten Mütter,

- Einfluß der Erkrankung an Röteln während der Schwangerschaft und Mißbildung der Kinder.

Diese Aufzählung ließe sich fast beliebig fortführen. Sie mag aber ausreichen, um zu dokumentieren, daß der Prozeß der Abwägung zwischen dem Recht des Einzelnen auf Verfügung über seine persönlichen Daten und dem Gemeinschaftsinteresse an der Aufklärung und Verhütung von Gesundheitsgefährdungen nicht leichterhand mit dem Spruch entschieden werden kann, dem Satz "Gemeinnutz geht vor Eigennutz" dürfe auch im Bereich der Forschung kein Vorschub geleistet werden (HOLLMANN, 1979).

LITERATURVERZEICHNIS

ARMSTRONG, B., STEVENS, N., Doll, R.: Retrospective study of the association between use of rauwolfia derivates and breast cancer in English women. Lancet II: 672-675, 1974

BOSTON COLLABORATIVE DRUG SURVEILLANCE PROGRAM: Reserpine and breast cancer. Lancet II: 669-671, 1974

BUNDESMINISTER FÜR JUGEND, FAMILIE UND GESUNDHEIT: Daten des Gesundheitswesens, 1977

CHRISTOPHER, L. J., CROOKS, J., DAVIDSON, J. F., ERSKINE, Z. G., GALLON, S. C., MOIR, D. C., WEIR, R. D.: A Multicentre Study of Rauwolfia Derivates and Breast Cancer. Europ. J. clin. Pharmacol. 11: 409-417, 1977

GREENBERG, G., INMAN, W.H.W., WEATHERALL, J.A.C., ADELSTEIN, A. M., HASKEY, J.C.: Maternal drug histories and congenital abnormalities. Brit. med. J. 2: 853-859, 1977

GREISER, E.: Epidemiologische Untersuchungen zum Zusammenhang zwischen Appetitzügler-einnahme und primär vasculärer pulmonaler Hypertonie. Internist 14: 437-442, 1973

HEASMAN, M. A.: Uses of Record Linkage in Epidemiology. In: HOLLAND, W. W.: Data Handling in Epidemiology. Oxford University Press, London 1970

HERBST, A. L., ULFELDER, H., POSKANZER, D. C.: Adenocarcinoma of the vagina. Association of maternal stilbestrol therapy with tumor appearance in young women. N. Engl. J. Med. 284: 878-881, 1971

HOLLMANN, A.: Datenzugang im medizinischen Bereich. In: KAASE, M., KRUPP, H. J., PFLANZ, M., SCHEUCH, E. K., SIMITIS, S. (Hg.): Datenzugang und Datenschutz - Konsequenzen für die Forschung, 1979 (in Druck).

KESSLER, I. I.: Persönliche Mitteilung (1975).

KEWITZ, H., JESDINSKY, H. J., SCHRÖTER, P.-M., LINDTNER, E.: Reserpine and Breast Cancer in Women in Germany. Europ. J. clin. Pharmacol. 11: 79-83, 1977.

MacMAHON, B., PUGH, T. F.: Epidemiology. Little, Brown and Company, Boston 1970.

PFLANZ, M.: Allgemeine Epidemiologie. Georg Thieme Verlag, Stuttgart 1973.

REINL, W., WEBER, H., GREISER, E.: Mortalität und Todesursachen der gegenüber Vinylchlo-ridmonomer exponierten Arbeiter in der Bundesrepublik Deutschland. Vortrag gehalten auf dem Kongress der MEDICHEM 1977, San Francisco.

SCHMIDT, E., GUTHOFF, W., MÜNTEFERING, H.: Säuglingssterblichkeit 1973 - Prospektive Einzelfallanalyse im Stadtgebiet von Düsseldorf. München, Berlin, Wien, 1974.

THESEN

1. Die epidemiologische und sozialmedizinische Forschung ist durch Gesetze und Vorschriften, die den Zugang zu personenbezogenen Daten regeln, gegenwärtig schwer beeinträchtigt und z. T. sogar zum Erliegen gekommen. Neben den gesetzlichen Bestimmungen scheint auch ein Gefühl der Rechtsunsicherheit auf der Seite der Datenhalter zu einer restriktiven Praxis zu führen.

2. In Ländern mit einem vergleichsweise hohen Stand der epidemiologischen Forschung (skandinavische Länder, Großbritannien, USA) sind sowohl Datenlage als auch Datenzugang erheblich unproblematischer.

3. Epidemiologische Forschung kann in wesentlichen Forschungsansätzen nicht auf personenbezogene Daten verzichten. Bei einigen Methoden kann auch langfristig eine Anonymisierung der Datensätze nicht durchgeführt werden.

4. Wenn es nicht in absehbarer Zeit gelingt, für die epidemiologische Forschung eine Verbesserung des Zugangs zu personenbezogenen Daten zu erreichen, werden u.a. folgende Problembereiche wissenschaftlich nicht mehr bearbeitbar sein:

   - Säuglings- und Müttersterblichkeit,
   - Gefährdungen von Arbeitnehmern durch die Bedingungen der Arbeitswelt,
   - Gesundheitsgefahren durch Zivilisations- und Umwelteinflüsse,
   - Gefährdungen durch Arzneimittel.

5. Wesentliche epidemiologische Erkenntnisse hätten in der Vergangenheit nicht gewonnen werden können, wenn die heute geltenden Regelungen bereits zu einem früheren Zeitpunkt praktiziert worden wären. Dazu gehören u.a.

   - Zusammenhang zwischen Rauchen und verschiedenen Krebsarten,
   - Zusammenhang zwischen Rauchen und Herzinfarkt, peripheren Durchblutungsstörungen und chronischer Bronchitis,
   - Einfluß von Ernährungsgewohnheiten auf Krankheiten des Herz-Kreislaufsystems,
   - Zusammenhang zwischen der Exposition gegenüber Asbeststaub und Krebserkrankungen des Brustfells,
   - Einfluß der Luftverschmutzung auf die Entstehung von Bronchialkarzinomen,
   - Zusammenhang zwischen der Einnahme oraler Kontrazeptiva und dem Auftreten von Herzinfarkt und Schlaganfall,
   - Entkräftung des Verdachtes, eine Hochdruckbehandlung mit reserpinhaltigen Arzneimitteln könnte bei älteren Frauen die Brustkrebshäufigkeit erhöhen,
   - Zusammenhang zwischen der Behandlung mit Stilboestrol zur Verhütung von Fehlgeburten und Auftreten von Vaginalkarzinomen bei den Töchtern der so behandelten Mütter,

Einfluß der Erkrankung an Röteln während der Schwangerschaft und Mißbildung der Kinder.

6.   Eine Privilegierung hinsichtlich des Zugangs zu personenbezogenen Daten für die epidemiologische und sozialmedizinische Forschung kann nur dann angestrebt werden, wenn durch eine entsprechende Gesetzgebung gewährleistet ist, daß die so entstehenden Daten nicht für administrative Zwecke irgendwelcher Art verwendet werden können. Komplementär zu dieser Gesetzgebung erscheint für die Epidemiologie die Erarbeitung und Einhaltung eines "Code of ethics" unabdingbar.

ZUSAMMENFASSUNG DER DISKUSSIONEN ZU DEN REFERATEN
"KREBSREGISTER UND DATENSCHUTZ" UND
"PROBLEME DES DATENBEDARFS UND DATENZUGANGS
FÜR DIE EPIDEMIOLOGISCHE FORSCHUNG"

ALBERT J. PORTH

Herr KILIAN hebt hervor, daß in beiden Referaten an konkreten Beispielen die Notwendigkeit zur Verwendung nicht anonymisierter personenbezogener Daten in einem gewissen Umfang gezeigt wurde. Wenn solche Daten zu diesen definierten Zwecken gesammelt und ausgewertet werden, ist dem vernünftigerweise nichts entgegenzusetzen. Das überlagernde Problem ist jedoch, daß auch andere Verwendungsmöglichkeiten denkbar sind. Die sich hier anschließende juristische Frage lautet: Wie läßt sich solch ein Mißbrauch verhindern?

Herr STEINMÜLLER sieht im Rahmen des geltenden Rechts keine Möglichkeit, die von den Referenten aufgeworfenen Probleme zu lösen.

Für die Zukunft hält er mehrere Alternativen für denkbar:

1. Wie in einigen Bundesländern (Hessen, Rheinland-Pfalz, und Nordrhein Westfalen) bereits geschehen, könnten auch in den anderen Bundesländern Spezialvorschriften für die wissenschaftliche Datenverarbeitung erlassen werden.

2. Spezialgesetze für Krebsregister und andere vergleichbare Register könnten geschaffen werden.

3. Die Schaffung einer Spezialvorschrift für wissenschaftliche Datenverarbeitung auf Bundesebene sei denkbar.

Die letzte Alternative sieht Herr STEINMÜLLER als die vernünftigste Lösung an. Sie müßte jedoch erheblich schärfer gefaßt sein als die z. Zt. in Hessen gültige.

Herr EBERLE hält die Auskunftsverweigerung aus einem Krebsregister an den Patienten unter Berufung auf § 13 Abs. 3 Zif. 2 BDSG für rechtlich zulässig, indem er die Gefahr für einen möglichen Selbstmord als Gefährdung von Leben und Gesundheit im Rahmen des polizeirechtlichen Gefahrenbegriffs einordnet. Andere anwesende Juristen sehen diese Möglichkeit nicht so eindeutig.

Herr SCHINDEL verweist im Rahmen des "Persönlichkeitsrechts von Verstorbenen" auf das "Mephisto"-Urteil des Bundesgerichtshofs, in dem das Gericht sehr deutlich zwischen dem "Schutz der Menschenwürde" und dem "Schutz der freien Entfaltung der Persönlichkeit" unterschieden hat. Er macht den Vorschlag, die epidemiologische Forschung, soweit sie

Verstorbene betrifft, für zulässig zu halten, da hierdurch die Menschenwürde nicht angetastet wird. Die freie Entfaltung der Persönlichkeit kann nicht mehr verletzt werden.

Herr DAMMANN sieht bei der epidemiologischen Forschung noch nicht alle Möglichkeiten ausgeschöpft, über die Einwilligungsregelung in § 3 BDSG die angestrebten Ziele zu erreichen. Er vertritt die Auffassung, der sich auch Herr HEUSSNER anschließt, daß die Einwilligungsregelung ausreichen müßte. Auch die von Herrn STEINMÜLLER favorisierte bundeseinheitliche Lösung mit einem Spezialgesetz für wissenschaftliche Datenverarbeitung lehnt Herr DAMMANN wegen der möglichen Gefahr einer Aufweichung des Arzt- und des Statistikgeheimnisses ab.

Herr GREISER sieht die Gefahr, daß manche Forschungsziele nicht mehr erreichbar sind, da die Einwilligungseinholung ein zu großes Risiko von Verweigerungen enthält. Er nennt als Erkenntnis aus einigen Studien, daß der Stand des Gesundheitsbewußtseins und -verhaltens proportional der Krankheitshäufigkeit ist. Hinsichtlich der Beeinflussung eines Forschungsergebnisses durch die Anzahl der Verweigerungen nennt er folgendes Beispiel aus Niedersachsen: "Die Häufigkeit von Lungentuberkulose wurde untersucht bei solchen Menschen, die freiwillig aufgrund einer Einladung zur Röntgenreihenuntersuchung gekommen waren, gegenüber denen, die aufgrund der Einladung nicht gekommen waren. Es ergab sich ein deutlich höheres Risiko bei den letzteren."

Herr PORTH betont, daß alle wesentlichen Aussagen in der Forschung auf statistischen Untersuchungen und den daraus abgeleiteten statistischen Schlüssen basieren. Gerade bei der Bearbeitung von geringen Fallzahlen würde die Möglichkeit einer Verweigerung zu einer Verfälschung der Aussagen aus der Studie führen. Er sieht deshalb in dem Vorschlag von Herrn STEINMÜLLER den geeigneteren Weg.

Herr WAGNER verweist auf das Problem, zunächst einmal an einen Fall als solchen heranzukommen (insbesondere, wenn es sich um ein seltenes Krankheitsbild handelt). Danach stellt sich erst die Frage einer Einwilligung.

Herr DAMMANN nennt ein Beispiel aus dem öffentlichen Bereich, bei dem eine Untersuchungsaktion schon erfolgreich durchgeführt werden konnte, obwohl alle Befragten vorher die Möglichkeit einer Teilnahmeverweigerung hatten.

Herr RULAND wirft die Frage nach der Brauchbarkeit von Daten aus einem Datenpool, die zu anderen Zwecken gesammelt wurden, hinsichtlich ihrer Brauchbarkeit für epidemiologische Forschungen auf. Herr GREISER betont, daß für diese Zwecke Daten von ganz anderer Qualität benötigt werden als sie normalerweise im medizinischen Betrieb oder auch im Rahmen von Begutachtungsverfahren entstehen. Herr SCHAEFER ergänzt dies durch die Feststellung, daß die Wertigkeit einer Diagnose aus einer Todesbescheinigung anders sei als die von einem Krankenschein.

Herr WAGNER betont nochmals, daß man für eine gezielte epidemiologische Fragestellung auch gezielt für diesen Zweck die Daten sammeln muß. "Dies soll jedoch nicht bedeuten, daß Daten aus einem Pool für die Epidemiologie völlig uninteressant wären; sie können durchaus brauchbare Hinweise geben, wo interessierende Fälle zu finden sind."

Ein Vorschlag von Herrn EBERLE, die gesamte epidemiologische Forschung den wisschenschaftlichen Instituten der Leistungsträger zuzuordnen, fand wenig Unterstützung.

Herr HEUSSNER stellt nochmals die Frage, ob nicht die Einwilligungsklausel eine brauchbare Lösung darstellt. Herr SCHINDEL führt ebenfalls ein Beispiel aus dem Bereich der Schulen an, wonach bei hinreichender Aufklärung die Anzahl der Aussageverweigerungen für die Fragestellung ohne Relevanz blieb.

Herr PORTH verweist auf die zugrundeliegenden Schwierigkeiten hinsichtlich der mathematischen Statistik und fordert, daß es für ganz bestimmte Fragestellungen möglich sein muß, alle infragekommenden Personen zu erfassen - ohne die schutzwürdigen Interessen des Einzelnen zu gefährden, aber auch ohne den wissenschaftlichen Fortschritt in der Medizin zu hemmen: Man muß in der Medizin auch bei statistischen Minderheiten zu unverfälschten Aussagen und Schlüssen kommen können!

Herr HEUSSNER schlägt hierzu vor, nach gründlicher Untersuchung und eindeutiger Feststellung der Unumgänglichkeit zur Sammlung personenbezogener Daten im Rahmen dieser Güterabwägung durch Rechtsnorm ein spezielles, punktuelles Gesetz zu schaffen, das sogar bei ganz bestimmten Forschungsvorhaben zeitlich begrenzt sein kann. Er wendet sich gegen eine "generelle gesetzliche Lösung, die der Forschung ermöglicht, immer wenn sie glaubt, es sei sehr nützlich und gut, an die Daten heran zu kommen".

Herr KILIAN hält dies für politisch nicht durchsetzbar und schlägt vor, für spezielle Gruppen (z. B. Epidemiologen) "Treuhänder" mit der Verwaltung dieser Fragen zu beauftragen: "Wenn es bei bestimmten Studien notwendig ist, jeden Einzelnen zu erfassen, und dies die übereinstimmende Meinung dieser Forschungsrichtung ist, dann muß es möglich sein, ohne das Parlament in Bewegung zu setzen und für ein konkretes Forschungsvorhaben ein Gesetz zu machen, das Vorhaben durchzuführen. Dies spricht dafür, daß man eine Forschungsklausel schafft zur Definition solcher Regelungen".

Herr HEUSSNER räumt ein, daß der Vorschlag von Herrn KILIAN für die Forschung viel praktikabler ist, doch möchte er zunächst Herrn DAMMANNS Vorschlag folgen und ergänzend hierzu für die speziellen Studien "die Kontrolle sehr hoch aufgehängt" wissen und hierzu eventuell das Parlament einschalten.

Herr GREISER hält Herrn DAMMANNS Vorschlag bei retrospektiven Fall-Kontroll-Studien für durchführbar, jedoch nicht für Krankheitsregister oder Arzneimittelprüfungen. Hier ist über den Datenschutz hinaus zusätzlich besonders die Statistik betroffen, denn durch Vernichtung von

Daten kann ein nicht wiedergutzumachender Schaden angerichtet werden.

In seinem Schlußwort hebt Herr WAGNER nochmals die Bedeutung der epidemiologischen Forschung in unserer heutigen Zeit hervor und stellt dabei klar heraus, daß unter Umständen Interessen der Gesellschaft gegen das Interesse des Einzelnen stehen können.

Aus dem Problemkreis der Berufskrebse stellt er ein Beispiel für viele heraus:

" Ein Frankfurter Arzt äußerte Ende vorigen Jahrhunderts den Verdacht, daß Anilinfarbstoffe Krebs auslösen könnten. In den nächsten Jahrzehnten stellte sich heraus, daß es zwar nicht das Anilin selbst war, sondern ein ähnlicher Stoff (ß-Naphthylamin), der in großem Maße in der Gummiindustrie bis dahin verwendet wurde. Aus diesen epidemiologischen Untersuchungen hat man 1953 die Konsequenzen gezogen und diesen Stoff als Berufsstoff verboten. Seit diesem Zeitpunkt gibt es keinen Blasenkrebs mehr bei den Gummiarbeitern, der früher sehr häufig war."

Hinsichtlich der Auskunftserteilung betont Herr WAGNER, daß der Arzt selber entscheiden muß, ob und wie er seinen Patienten über eine Krankheit informiert. "Hier liegt eine Verantwortung des Arztes und die kann kein Mensch - auch kein Jurist - dem Arzt abnehmen!"

Herr DAMMANN hält die Notwendigkeit zum Betrieb von Krebsregistern weit weniger strittig, als oft vermutet wird. Am Beispiel des Krebsregisters im Saarland hat sich die einschränkende Wirkung des Bundesdatenschutzgesetzes gezeigt. Man hat das Problem durch die Schaffung eines Landesgesetzes gelöst.

Herr STEINMÜLLER äußert sich skeptisch darüber, daß "keine Macht der Welt einen Arzt dazu bewegen können soll, einem Patienten die Wahrheit zu sagen".

Herr WAGNER und Herr SCHAEFER bemerken hierzu, daß diese Einstellung im Laufe der Zeit immer mehr an Relevanz verliert. Waren es vor 10 Jahren nur ca. 15 % der Ärzte, die ihren Patienten in jedem Fall die Wahrheit offenbarten, so haben jüngste Befragungen gezeigt, daß sich heute ca. 60 % der Ärzte dafür aussprechen. Dies hängt sicher damit zusammen, daß man heute viele Krebsarten mehr heilen kann als noch vor 10 Jahren. Es gibt nur noch sehr wenige Krebsarten, bei denen die Überlebenschance geringer ist als 10 % (z. B. Lungenkrebs und Magenkrebs). Die Heilungsrate bei Unterleibskrebsen der Frau beträgt derzeit immerhin ca. 65 %. Man hat heute erkannt, daß es nützlich ist, wenn der Patient weiß, warum für seine Erkrankung so schwerwiegende Maßnahmen erforderlich sind. Denn die Onkologie ist ein Wissenschaftszweig mit intensivster Therapie und den eingreifendsten Maßnahmen.

Trotzdem betont Herr SCHAEFER: "Solange auch nur 2 von 100 oder in späteren Jahren vielleicht 2 von 1000 die Eröffnung einer Krebsdiagnose mit einem Selbstmord oder mit anderen schwer reparierbaren Handlungen beantworten, muß man die Entscheidung demjenigen überlassen, der diesen Menschen bis dahin geleitet hat. Das ist eine Frage der Humanität".

Herr GREISER macht in seinem Schlußwort auf eine Diskrepanzsituation aufmerksam: Man nimmt heute undiskutiert hin, daß eine Meldepflicht für Infektionskrankheiten besteht und somit jeder Patient, der beispielsweise an Cholera, Pest oder Lungentuberkulose erkrankt ist, namentlich gemeldet wird und daraufhin behördlicherseits auch Maßnahmen ergriffen werden und zwar zum Teil gegen den persönlichen Willen des Patienten. Dies war nämlich die einzige Möglichkeit, die Allgemeinheit vor diesen Erkrankungen zu schützen. Heute spielen die Infektionskrankheiten nahezu keine Rolle mehr; an ihre Stelle sind Krebs und Herz-Kreislauferkrankungen getreten. Wenn man dieser Krankheiten Herr werden will, dann braucht man Daten über sie, um Trends rechtzeitig erkennen zu können, wobei die Untersuchungen verzerrungsfrei durchgeführt werden müssen.

Im Vergleich zum Ausland existiert in der Bundesrepublik derzeit ein katastrophaler Rückstand an Wissen über diese Erkrankungen. In anderen europäischen Ländern, in denen sehr viele Krankheitsregister seit Jahren geführt werden und man personenbezogene Daten in großem Umfang sammelt, konnten sehr sinnvolle Studien durchgeführt werden mit vernünftigen Ergebnissen und Konsequenzen für die Medizin. Man sollte einmal gegenüberstellen, was dort an nachweisbarer Gefährdung im Interesse des Einzelnen passieren kann und was wirklich passiert ist. Hier muß man die Chancen des medizinischen Fortschritts bei computerunterstützter Forschung den vermutlich geringen Mißbrauchrisiken zum Nachteil eines Patienten gegenüber-stellen.

DER SCHUTZ MEDIZINISCHER DATEN DURCH VERFASSUNG, ALLGEMEINE UND BEREICHSSPEZIFISCHE DATENSCHUTZVORSCHRIFTEN

CARL-EUGEN EBERLE

1. Gegenstand der Untersuchung

1.1. Problemstellung

Medizinische Daten zeichnen sich durch einige Besonderheiten aus: Für den Betroffenen erscheinen sie deshalb besonders schutzwürdig, weil sie von persönlichen Eigenschaften objektiv Zeugnis ablegen, die für die private und berufliche Entfaltung von höchster Bedeutung sind. Andererseits geben medizinische Daten zugleich die Grundlage ab für umfangreiche Leistungsbeziehungen des einzelnen mit den Systemen der privaten oder staatlichen Gesundheitsvorsorge und den Trägern staatlicher Sozialleistungen. Sie sind nicht zuletzt unentbehrlich für die wissenschaftliche Forschung und für die an Umfang und Bedeutung ständig zunehmende staatliche Sozialplanung. Diese Vielfalt der Verwendungszusammenhänge eröffnet zahlreiche Mißbrauchsmöglichkeiten. Die Frage, ob und wie medizinische Daten hiergegen durch das Datenschutzrecht geschützt sind, liegt auf der Hand. Sie umfassend abzuhandeln, fehlt hier der Raum. Versucht werden soll dagegen die Behandlung eines - wenn auch grundlegenden - Teilproblems in diesem Zusammenhang, die Frage nämlich, welches das besondere Schutzgut bei medizinischen Daten im Hinblick auf den Datenschutz ist.

Um das Untersuchungsfeld einzugrenzen, ist es zunächst nötig, den Begriff der medizinischen Daten zu umreißen. Was dann jeweils, bezogen auf diese Daten, spezifisches Schutzgut von Datenschutzvorschriften ist, soll auf drei Ebenen untersucht werden: auf der Ebene des Verfassungsrechtsrechts, auf der Ebene der allgemeinen Kodifikation des Datenschutzes in der Form des Bundesdatenschutzgesetzes und schließlich auf der Ebene einer bereichsspezifischen Datenschutzregelung, hier am Beispiel einer sozialrechtlichen Datenschutzvorschrift (§ 35 SGB 1) abgehandelt.

1.2. Begriff der medizinischen Daten

Bei dem Versuch, medizinische Daten inhaltlich abzugrenzen (z. B. alle Daten, die den Gesundheitszustand eines Menschen betreffen), stellt man schnell fest, daß es kaum personenbezogene Daten gibt, die nicht medizinisch relevant sein können. Darin liegt jedoch kein Schaden, da der Inhalt von Daten wohl ohnehin kein geeigneter Anknüpfungspunkt für Datenschutzregelungen ist[1]. Stattdessen sollte auf die pragmatische Dimension abgestellt

---

1) Podlech, Aufgaben und Problematik des Datenschutzes, DVR 5 (1976) S. 31 f.m.w.N.

werden, d. h. auf Erzeuger/Empfänger und Verwendungszweck (Funktionsbezug) der Daten[2]. Das bedeutet, daß der Arzt und seine Aufgabe gegenüber dem Patienten die maßgeblichen Kriterien dafür abgeben, daß ein Datum als medizinisches gewertet wird: Erzeugt der Arzt das Datum - etwa durch Messen oder durch eigenes Beurteilen (Diagnose) - oder empfängt er es durch Mitteilung des Patienten und erfolgen diese Informationsprozesse zur Erfüllung der ärztlichen Aufgabenstellung, dann sind die so gewonnenen Daten medizinische Daten.

Die Grenzen dieses Begriffsinhalts dürfen jedoch nicht zu eng gezogen werden. Um medizinische Daten handelt es sich auch dann noch, wenn statt des Arztes eine seiner Hilfspersonen tätig wird, z. B. die Krankenschwester oder ein Angestellter eines Untersuchungslabors oder aber auch ein anderer Träger eines Heilberufs. Dies ist hier festzuhalten, wenn im folgenden der Übersichtlichkeit wegen diese Personen nicht immer mitgenannt werden. Ebenso sind medizinische Daten auch solche, die nur mittelbar der ärztlichen Aufgabenerfüllung dienen, wie sie z. B. im administrativen, kaufmännischen und pflegerischen Bereich der medizinischen Betreuung anfallen. Dies bedingt der enge und untrennbare Sachzusammenhang dieser Daten mit den medizinischen Daten im engeren Sinne.

2. Verfassungsrechtliche Ebene

Eine erste Ausprägung erfährt der Datenschutz auf verfassungsrechtlicher Ebene[3]. Hier lassen sich Ansatzpunkte ausmachen, die einen differenzierenden Schutz medizinischer Daten gegenüber sonstigen Daten gebieten.

2.1. Datenschutz durch das Persönlichkeitsrecht

Naheliegend ist die Annahme, das allgemeine Persönlichkeitsrecht (Art.2 Abs. 1 GG, der in diesem Zusammenhang gewöhnlich in Verbindung mit Art. 1 Abs. 1 GG (Schutz der Menschen-

---

2) Simitis, Datenschutz - Notwendigkeit und Voraussetzungen einer gesetzlichen Regelung, DVR 2 (1973/74) S. 151 ff.; Podlech, a.a.O. (Fn. 1). Allgemein zur pragmatischen Dimension von Informationen (verstanden als sigmatische Kategorie): Klaus, Semiotik und Erkenntnistheorie, 2. Aufl. München 1969 S. 56 ff.; Maser, Grundlagen der allgemeinen Kommunikationstheorie, Stuttgart u. a. 1971 S. 126 ff.

3) Was Gegenstand des Datenschutzes sein soll, kann bereits auf einer vor-rechtlichen Ebene vorformuliert werden. So kann das Datenschutzproblem z. B. gesellschafts- bzw. staatstheoretisch gestellt werden: "Unter welchen Bedingungen ist das Informationsgebaren einer Gesellschaft für die Glieder der Gesellschaft akzeptabel?" (Podlech, Gesellschaftstheoretische Grundlagen des Datenschutzes, in Dierstein/Fiedler/Schulz (Hg), Datenschutz und Datensicherung, Köln 1976 S. 313). Zu seiner Lösung können dann Zielvorgaben wie "Gewährleistung der Sicherheit und der Selbstdarstellungschancen" in einer Reihe von Grundsätzen konkretisiert werden, die Ge- und Verbote für den Umfang mit Informationen beinhalten (a.a.O. S. 317 ff.). Ob sich bereits auf dieser Ebene Besonderheiten für den - als gesellschaftstheoretisches Subsystem verstandenen - Bereich der Medizin ausmachen lassen, kann an dieser Stelle nicht geklärt werden. Hier scheint jedoch noch manche Frage offen zu sein.

würde genannt wird), schütze seinen Träger auch in der Rolle oder Sphäre des Patienten[4]. Das BVerfG hat den Schutzbereich dieser Vorschrift auf "alles, was der Arzt im Rahmen seiner Berufsausübung über seine (d. h. des Patienten) gesundheitliche Verfassung erfährt", erstreckt, wobei es in ärztlichen Karteikarten (Krankenblättern) enthaltene Daten über Anamnese, Diagnose und therapeutische Maßnahmen dem privaten Bereich des Patienten zuordnete[5]. Medizinische Daten werden also in das oftmals als "Sphärentheorie" bezeichnete Kategoriensystem eingeordnet, und zwar als der Privatsphäre zugehörig. Ähnlich ließen sich wohl medizinische Daten in Kategoriensysteme eingliedern, die die rollenspezifische Verteilung von Informationen[6] oder die Selbstdarstellungschancen des Betroffenen[7] als Bezugspunkte für den Datenschutz wählen, um diese häufig genannten dogmatischen Modifikationen verfassungsrechtlichen Datenschutzes einzubeziehen. Die verfassungsrechtliche Behandlung medizinischer Daten unterscheidet sich aber wohl nach allen diesen dogmatischen Figuren nicht von der anderer Daten der gleichen Sensibilitätsstufe; der medizinische Datenschutz weist insoweit keine Besonderheiten auf.

An diesem Ergebnis mißfällt, daß das Spezifikum medizinischer Daten, nämlich ihre pragmatische Relation, die Bezogenheit auf den Arzt und dessen Aufgabe, unberücksichtigt bleibt. Soweit die Geheimhaltung medizinischer Daten das Vertrauensverhältnis zwischen Arzt und Patient als Grundvoraussetzung ärztlichen Wirkens sichern soll, erfolgt dies dem BVerfG zufolge "zur Aufrechterhaltung einer leistungsfähigen Gesundheitsfürsorge"[8] - aus Gemeinwohlinteressen, möchte man dieses Argument werten, nicht aber in erster Linie zum Schutz des jeweiligen konkreten Arzt-Patienten-Verhältnisses. Dessen grundrechtliche Verbürgung scheint auch über das individualrechtlich konstruierte Persönlichkeitsrecht schwer zu gelingen. Zu prüfen ist deshalb der Schutz über das Kommunikationsgrundrecht Art. 5 GG.

---

4) Zum allgemeinen Persönlichkeitsrecht als Grundlage des verfassungsrechtlichen Datenschutzes vgl. aus der Verfassungsrechtsprechung BVerfGE 27,1; 27,344; 32,373; zu den erstgenannten Entscheidungen: Kamlah, Datenüberwachung und Bundesverfassungsgericht, DÖV 23 (1970) S. 361-364. Aus der umfangreichen Literatur vgl. insbesondere Evers, Privatsphäre und Verfassungsschutz, Berlin 1960 S. 38 ff; Seidel, Datenbanken und Persönlichkeitsrecht, Köln 1972 S. 61 ff; Hasselkus/Kaminski, Persönlichkeitsrecht und Datenschutz, in Kilian/ Lenk/Steinmüller (Hg.), Datenschutz, Frankfurt 1973 S. 109-127; Benda, Privatsphäre und "Persönlichkeitsprofil", in Festschrift W. Geiger, Tübingen 1974 S. 23 ff; Rüpke, Der verfassungsrechtliche Schutz der Privatheit, Baden-Baden 1976; O. Mallmann, Zielfunktionen des Datenschutzes, Frankfurt 1977 S. 16 ff.

5) BVerfGE 32, 373 (379 f).

6) P. J. Müller in Dammann u. a., Datenbanken und Datenschutz, Frankfurt 1974 S. 83 f.; Schimmel in Steinmüller (Hg.), ADV und Recht. Einführung in die Rechtsinformatik, München 1976 S. 149 f.

7) Chr. Mallmann, Datenschutz in Verwaltungsinformationssystemen, München 1976 S. 47 ff.

8) BVerfGE 32, 373 (380).

2.2. Datenschutz durch das Kommunikationsgrundrecht

2.2.1. Inhalt und Grenzen der Gewährleistung im Hinblick auf medizinischen Datenschutz

Art. 5 Abs. 1 GG gewährleistet die freie Meinungsäußerung. Schutz genießt damit auch die informationelle Entfaltung des Patienten gegenüber dem Arzt. Dabei handelt es sich jedoch um mehr als ein Selbstdarstellungsrecht. Die allgemeine Meinungsäußerung ist vielmehr "resonanz-bezogen" und auf den Empfang der Meinung beim Kommunikationspartner angelegt. Die informationelle Entfaltung speziell des Patienten hat ihr "Entsprechungsrecht" im Recht des Arztes auf Zuhören und Zuschauen, aber auch auf "Speichern" der aufgenommenen Informationen[9]: Der Arzt macht dabei von seiner ebenfalls in Art. 5 Abs. 1 GG angelegten Informationsfreiheit Gebrauch. Ihr Charakter als "Entsprechungsrecht" rührt daher, daß beide Entfaltungsweisen, die des Patienten wie die des Arztes, aufeinander bezogen sind: Die Rechts-verbürgung der freien informationellen Entfaltung des Patienten gegenüber dem Arzt verliert ihren Sinn, wird nicht zugleich die freie Aufnahme der Daten durch den Arzt gewährleistet. Letztere wiederum wird sinnlos, wenn sich der Patient nicht in der gebotenen Freiheit mitteilen kann. Die ärztliche Aufgabe kann nur erfüllt werden, wenn der Arzt nicht faktisch oder rechtlich gehindert ist, Informationen des Patienten aufzunehmen und festzuhalten, wie umgekehrt der Arzt darauf vertrauen können muß, daß der Patient seine Informationen frei und ohne Steuerung von außen abgibt.

Kommen Daten der Anamnese und Diagnose auf diese Weise unter Gebrauch der Meinungsfreiheit des Patienten und der entsprechungsrechtlichen ärztlichen Informationsfreiheit zustande, so gilt umgekehrt für therapeutische Daten die Meinungsfreiheit auf der Seite des Arztes[10] zusammen mit der entsprechungsrechtlichen Informationsfreiheit des Patienten. Im Ergebnis gewährleistet so Art. 5 Abs. 1 GG die freie Kommunikation zwischen Arzt und Patienten im Rahmen der ärztlichen Aufgabenwahrnehmung.

---

9) Die "entsprechungsrechtliche" Interpretation von Grundrechten geht auf Überlegungen von Kloepfer, Grundrechte als Entstehenssicherung und Bestandsschutz, München 1970, zurück (zur Auslegung von Art. 5 Abs. 1 GG vgl. insbes. S. 57 ff.); zustimmend Bethge, Zur Problematik von Grundrechtskollisionen, München 1977 S. 173.

10) Da die Tätigkeit des Arztes im Rahmen der Berufsfreiheit (Art. 2 GG) gewährleistet ist, ergeben sich schwierige und umstrittene Konkurrenzprobleme hinsichtlich der Anwendbar-keit der beiden Grundrechtsvorschriften, die besonders mit Rücksicht auf die unterschied-lichen Grundrechtsschranken einer Lösung bedürfen. Auf diese Fragen kann hier im einzelnen nicht eingegangen werden; eine kritische Bestandsaufnahme und Würdigung der gesamten Diskussion zur Frage der Grundrechtskonkurrenzen gibt jetzt Schwabe, Probleme der Grundrechtsdogmatik, Darmstadt 1977 S. 324 ff, der jedoch bei Idealkonkurrenz von Grundrechten im Ergebnis gerade die praktische Relevanz unterschiedlicher Schrankenvor-behalte bestreitet, vgl. a.a.O. S. 420. Allerdings scheint der entsprechungsrechtliche Gehalt von Art. 5 Abs. 1 GG Entfaltungsbereiche des Arztes zu erfassen, die nicht ohne weiteres schon durch Art. 12 GG abgedeckt sind. Im übrigen bleiben die Überlegungen zu Art. 5 GG auch dann bedeutsam, wenn man hinsichtlich Art. 12 GG eine "Idealkonkurrenz" (vgl. Herzog in Maunz/Dürig/Herzog/Scholz, Grundgesetz, Art. 5 Abs. 1 Rdnr. 35 ff. bezüglich Art. 8,9) oder eine " (modifizierte) Gesetzeskonkurrenz" mit "Sperrwirkung des milderen Gesetzes" annimmt (vgl. dazu Maunz, a.a.O. Art. 12 Rdnr. 13 und (für die Pressefreiheit), Herzog, a.a.O. Art. 5 Abs. 1 Rdnr. 142).

Für die Zielrichtung der Meinungsfreiheit gelten dabei Besonderheiten. Datenschutz bewirkt sie vor allem in ihrer negativen Komponente[11]. Der Patient geht bei seinem Informationsgebaren selektiv vor: Was er mitteilt, ist gerade für den Arzt bestimmt und sonst für niemanden, und auch was er ihm mitteilt, ist oftmals wohlüberlegt ausgewählt, manches bleibt unausgesprochen[12]. Negative Meinungsfreiheit schützt gerade dieses Auswahlverhalten, indem sie als Recht verstanden wird, bestimmte Daten bestimmten potentiellen Empfängern vorzuenthalten, Informationen also selektiv zu verteilen.

Von anderen Kommunikationsbeziehungen unterscheidet sich die Arzt-Patienten-Kommunikation dadurch, daß sie letztlich auf den - vorbeugenden oder heilenden - Schutz von Leben und Gesundheit des Patienten bezogen ist. Der Zweckbezug auf diese verfassungsrechtlich geschützten Güter schlägt sich in der gesteigerten Schutzbedürftigkeit und Schutzwürdigkeit auch der grundrechtlichen Betätigung nieder, die, wie das Gespräch des Arztes mit dem Patienten, zu ihrer Gewährleistung unabdingbar ist. Dieser Gedanke wird vor allem von Bedeutung sein, wenn es gilt, die Grenzen der Kommunikationsfreiheit zwischen Arzt und Patienten im einzelnen abzustecken. Sie sind in Art. 5 Abs. 2 GG zunächst durch den Begriff des allgemeinen Gesetzes vorgezeichnet, bestimmten sich aber im übrigen nach der Abwägung zwischen dem in Art. 5 Abs. 1 geschützten Rechtsgut und dem den Eingriff in die Kommunikationsfreiheit rechtfertigenden

---

11) Dazu ausführlich Eberle, Datenschutz durch Meinungsfreiheit, DÖV 30 (1977) S. 308 ff; vgl. auch Herzog, a.a.O. (Fn. 10) Art. 5 Abs. 1 Rdnr. 40 ff. Die bislang gegen diesen Ansatz erhobenen Einwände vermögen nicht zu überzeugen. Insbesondere geht der Hinweis von Dammann/Simitis/Mallmann/Reh, Bundesdatenschutzgesetz (BDSG), Baden-Baden 1978 § 1 Rdnr. 13, fehl, die das Recht, ob man eine Meinung äußert oder nicht, aus Art. 2 Abs. 1 GG begründen wollen. Soweit zur Begründung auf v. Münch, GG, Frankfurt/M. 1974, Art. 5 Rdnr. 12 verwiesen wird, findet man als Stütze allenfalls einen Hinweis auf Kimminich, Die Freiheit, nicht zu hören, Der Staat 3 (1964) S. 60 ff. Dessen Überlegungen gelten aber im wesentlichen einem Abwehrrecht gegenüber Musik- und Reklameberieselung und sind für das anstehende Problem nicht ohne weiteres einschlägig. Rupp-v.Brünneck, Die Grundrechte im juristischen Alltag, Frankfurt/M./Berlin 1970 S. 19, auf die ebenfalls Bezug genommen wird, spricht das Problem überhaupt nicht an. Auch der Hinweis von Ordemann/Schomerus, Bundesdatenschutzgesetz (BDSG), 2. Aufl. München1978 § 1 Anm. 1 auf O. Mallmann, a.a.O. (Fn. 4) S. 28 ff., führt nicht weiter, da dort Bedenken gegen das aus Art. 2 Abs. 1 GG abgeleitete informationelle Selbstbestimmungsrecht formuliert sind. Kritisch gegenüber einem solchen Recht auch Eberle, a.a.O. S. 307.

12) Die Meinungsfreiheit wie die entsprechungsrechtliche Informationsfreiheit beziehen sich nicht nur auf Urteile und Wertungen, sondern, was für medizinische Daten besonders relevant ist, auch auf Tatsachen, vgl. Herzog, a.a.O. (Fn. 10) Rdnr. 51 ff; Windsheimer, Die Information als Interpretationsgrundlage für die subjektiven öffentlichen Rechte des Art. 5 Abs. 1 GG, Berlin 1968 S. 91 ff; Kloepfer, a.a.O. (Fn. 9) S. 60; Eberle, a.a.O. (Fn. 11) S. 310; Hesse, Grundzüge des Verfassungsrechts, 11. Aufl. 1978 S. 160; E. Stein, Staatsrecht, 6. Aufl. 1978 S. 104. Anders als diese im Vordringen begriffene Ansicht noch Ridder, in Neumann u.a. (Hg.), Die Grundrechte Bd. II, 2. Aufl. 1965 S. 264; Schneider, Presse- und Meinungsfreiheit nach dem Grundgesetz, München 1962 S. 30; v. Mangold/Klein, GG, 2. Aufl. Berlin/Frankfurt 1964 S. 239; Scheuner, VVDStRL 22, S. 63; Maunz, Deutsches Staatsrecht, 22. Aufl. 1978 S. 130. Das BVerfG hatte über die Frage m. W. noch nicht zu entscheiden. Über Tendenzen in der Rechtsprechung, die in Richtung der hier vertretenen Ansicht weisen, vgl. Schmidt Glaeser, Die Meinungsfreiheit in der Rechtsprechung des BVerfG, AöR 97 (1972) S. 67 ff.

Gemeinwohlinteresse[13]. Hier wird dann von Belang sein, daß die informationelle Entfaltung zwischen Arzt und Patient im Dienste der Erhaltung bzw. Wiederherstellung von Leben und Gesundheit steht, es mithin besonders schwerwiegender Gemeinwohlinteressen bedarf, um einen Eingriff zu begründen. Diese Abwägung kann jedoch nicht abstrakt erfolgen, sondern muß jeweils unter Berücksichtigung der Umstände des konkreten Einzelfalles vorgenommen werden.

2.2.2. Wirkungsweise des Kommunikationsgrundrechts

Die Überlegungen zum verfassungsrechtlichen Datenschutz können sich nicht auf den Inhalt der grundrechtlichen Gewährleistung beschränken, sie müssen gleichermaßen die Wirkungsweise der Rechtsverbürgung mit einbeziehen. Der Schutz der freien Kommunikation zwischen Arzt und Patient durch Art. 5 Abs. 1 GG gewährt diesen zunächst ein subjektives Recht, aufgrund dessen sie sich gegen Beeinträchtigungen in der Form gesetzlicher Pflichten zur Weitergabe medizinischer Daten an Dritte bzw. gegen ihre weitere Verarbeitung verwehren können, soweit diese Beeinträchtigungen nicht gem. Art. 5 Abs. 2 GG hingenommen werden müssen. Diese Wirkungsweise als subjektives Abwehrrecht soll an einem hypothetischen Fall exemplarisch untersucht werden: Angenommen, das Beitragssystem der sozialen Krankenversicherung sähe einen Malus für selbstgesetzte Gesundheitsrisiken (z. B. Übergewicht, Rauchen) vor, dürften die Krankenversicherungen die zur Beitragsfestsetzung notwendigen Angaben über diese Risiken dann, soweit möglich, den Krankenkarten entnehmen, zu deren Führung sie gem. § 369a RVO verpflichtet sind?

Die Grundrechte gewähren nicht nur subjektive Abwehrrechte, sie bilden auch "Grundelemente objektiver Ordnung des Gemeinwesens"[14]. Als Konkretisierungen des Rechtsstaatsgebots bestimmen sie u. a. auch die Grenzen, die dem Staat bei der Erfüllung sozialstaatlicher Aufgaben gezogen sind. Der objektivrechtliche Gehalt der Gewährleistung medizinischen Datenschutzes durch Art. 5 GG ist gerade für den Teil der Gesamtrechtsordnung bedeutsam, der die Rechtsgrundlagen für die umfangreichen Leistungsbeziehungen zwischen dem Bürger und den Institutionen der sozialen Sicherung und, damit verbunden, auch für die sozialstaatliche Planung schafft: für das Sozialrecht. Exemplarisch hierfür soll die Frage abgehandelt werden, ob angesichts dieser objektivrechtlichen Funktion von Art. 5 GG der freie Austausch medizinischer Daten im Amtshilfeverkehr der Träger staatlicher Sozialleistungen untereinander ohne weiteres (d. h. ohne jeweilige spezialgesetzliche Grundlage) zulässig ist, wie dies § 35 Abs. 2 SGB 1 vorsieht.

Schließlich wirkt Art. 5 GG über seinen objektivrechtlichen Gehalt auch in die Privatrechtsord-

---

13) Eine umfassende und gründliche Untersuchung der Rechtsprechung des BVerfG zu diesem Abwägungsvorgang liefert Schlink, Abwägung im Verfassungsrecht, Berlin 1976 S. 17 - 47.

14) Hesse, a.a.O. (Fn. 12) S. 118, 124 ff.

nung hinein. Als ein Beispiel für die damit verbundene Problematik soll die Frage erörtert werden, ob die Weitergabe der Krankenblätter eines Arztes an den Praxisnachfolger im Rahmen eines Praxisübernahmevertrages auch ohne Einwilligung der Patienten zulässig ist.

Zur Lösung der drei gestellten Fragen sind zunächst die einschlägigen Bestimmungen unterverfassungsrechtlichen Ranges heranzuziehen, bevor verfassungsrechtliche Überlegungen Platz greifen können. Zu berücksichtigen ist nämlich, daß der Schutz medizinischer Daten in mannigfaltiger Weise auf einfachgesetzlicher Ebene ausgeformt ist. Es lassen sich Datenschutzregelungen allgemeiner und fach- oder bereichsspezifischer Art unterscheiden. Die allgemeinen Regelungen sind im Bundesdatenschutzgesetz (BDSG)[15] und in den Datenschutzgesetzen der Länder[16] enthalten, wobei letztere aber in den hier interessierenden Fragen im wesentlichen mit dem Bundesdatenschutzgesetz übereinstimmen. Die Fragen können deshalb anhand des BDSG erörtert werden. Die Verarbeitung medizinischer Daten ist aber auch in zahlreichen anderen Vorschriften geregelt; sie reichen von Bestimmungen aus dem Arbeitsrecht[17] über gesundheits-

---

15) Gesetz zum Schutz vor Mißbrauch personenbezogener Daten bei der Datenverarbeitung (Bundesdatenschutzgesetz-BDSG) v. 27.1. 1977 (BGBl. I S. 201).

16) Bayer. Datenschutzgesetz-BayDSG v. 28. 4. 78 (GVBl S. 165); Bremen: Datenschutzgesetz v. 19. 12. 1977 (GBl. S. 393); Hess. Datenschutzgesetz (HDSG) v. 31. 1. 1978 (GVBl. S. 96); Nieders. Datenschutzgesetz (NDSG) v. 26. 5. 1978 (GVBl. S. 431); Datenschutzgesetz Nordrhein-Westfalen - DSG NW - v. 19. 12. 1978 (GVBl. S. 640); Rheinland-Pfalz: Landesdatenschutzgesetz - LDatG - v. 21. 12. 1978 (GVBl. S. 749) (mit verschärften Zulassungsvoraussetzungen für die Übermittlung personenbezogener medizinischer Daten an Stellen innerhalb des öffentlichen Bereichs, § 6 Abs. 3: nur mit Zustimmung des Betroffenen oder wenn gesetzlich zugelassen); saarländisches Datenschutzgesetz - SDSG v. 17. 5. 1978 (GBl. S. 581); Schleswig-Holstein: Landesdatenschutzgesetz - LDSG v. 1. 6. 1978 (GVBl. S. 156).
Die Landesdatenschutzgesetze verdrängen das BDSG, soweit Datenverarbeitung durch Behörden und sonstige öffentliche Stellen der Länder, der Gemeinden und Gemeindeverbände und der sonstigen der Aufsicht des Landes unterstehenden juristischen Personen des öffentlichen Rechts und deren Vereinigungen erfolgt, § 7 Abs. 2 BDSG. Für Datenverarbeitung von Behörden und sonstigen öffentlichen Stellen des Bundes, der bundesunmittelbaren Körperschaften, Anstalten und Stiftungen des öffentlichen Rechts und für deren Vereinigungen gelten die Vorschriften des BDSG (§ 7 Abs. 1 BDSG), ebenso für die Datenverarbeitung nichtöffentlicher Stellen (§§ 22 ff, 31 ff BDSG).

17) Z. B. können medizinische Daten in Personalakten der Anwendung von § 83 BetrVerfG unterliegen; zu den Problemen in diesem Zusammenhang vgl. Kilian, Auswirkungen des Bundesdatenschutzgesetzes auf das Betriebsverfassungsrecht, RdA 31 (1978) S. 201-209; Simitis, Datenschutz und Arbeitsrecht, ArbuR 25 (1977) S. 97-108; Garstka, Datenschutzrecht und betriebliches Personalwesen, ZRP 11 (1978) S. 237-242. Der Umgang mit medizinischen Daten ist aber auch in für die Praxis bedeutsamen Spezialgesetzen, wie etwa dem Arbeitssicherheitsgesetz (ASiG) v. 12. Dezember 1973 (BGBl. I S. 1885), geregelt, vgl. z. B. § 3 Abs. 1 Ziff. 1,2; § 8 Abs. 1 ASiG; die informationsrechtliche Würdigung vieler dieser Vorschriften steht noch aus.

und seuchenrechtliche[18], steuer-[19] und strafrechtliche[20] Vorschriften, nicht zu vergessen die Regeln des ärztlichen Standesrechts[21], bis hin zu der sozialrechtlichen Datenschutzbestimmung in § 35 SGB 1[22].

Nur ein Teil dieser Vorschriften allerdings dient wirklich dem Schutz medizinischer Daten; die meisten, darunter auch viele aus dem BDSG, regeln, unter welchen Voraussetzungen medizinische Daten verarbeitet, insbesondere weitergegeben werden dürfen oder gar müssen. Bei den letzteren gewinnen die verfassungsrechtlichen Überlegungen zum medizinischen Datenschutz besondere Bedeutung, ermächtigen sie doch zu Eingriffen in den durch Art. 5 GG geschützten informationellen Entfaltungsbereich. Das Grundrecht setzt Inhalt und Reichweite solcher Ermächtigungstatbestände Grenzen. Bei der Beantwortung der drei gestellten Fragen anhand der einschlägigen Vorschriften wird sich zeigen müssen, ob diese den verfassungsrechtlichen Gewährleistungen ausreichend Rechnung tragen.

3. Schutz medizinischer Daten durch das BDSG

3.1. Schutz gegenüber Datenverarbeitung öffentlicher Stellen

Für die zweckentfremdete Weiterverwendung von Daten aus den Krankenkarten durch die sozialen Krankenkassen erscheinen Vorschriften des BDSG einschlägig. Die in den Krankenkarten enthaltenen Daten unterliegen, weil personenbezogen und in Dateien gespeichert (§ 1 Abs. 2), dem Schutz des BDSG. Werden diese Daten zur Beitragsfestsetzung verwendet, so wird der Kontext, in dem sie gespeichert wurden, geändert. Sie werden inhaltlich umgestaltet und mit

---

18) Vgl. z. B. die Meldepflicht bestimmter Ansteckungskrankeheiten oder epidemisch auftretender Leiden nach §§ 12, 13 des Gesetzes zur Bekämpfung der Geschlechtskrankheiten v. 23. 7. 1953 (BGBl. I S. 700), §§ 3 ff. BSeuchenG v. 18. 7. 1961 (BGBl. I S. 1012, berichtigt S. 1300).

19) Das Steuergeheimnis, § 30 AO v. 16. 3. 1976 (BGBl. I S. 613), erstreckt sich auch auf medizinische Daten; zum Begriff der "Verhältnisse eines andern" vgl. Koch, AO, § 30 Rdnr. 10; Hübschmann/Hepp/Spitaler, Kommentar zur AO und FGO, § 30 AO Rdnr. 41.

20) Vgl. § 203 StGB, der die Verletzung von Geheimnissen durch den Arzt, aber auch andere Träger von Heilberufen sowie Angehörige von Versicherungsunternehmen u. a. m. und deren Hilfspersonen unter Strafe stellt, ebenso die Offenbarung von Geheimnissen durch Amtsträger und bestimmte amtsnahe Personen; unter Geheimnisse können auch medizinische Daten fallen.

21) Vgl. hierzu K. Müller, Die Schweigepflicht im ärztlichen Standesrecht, MDR 25 (1971) S. 965-971. Einer Untersuchung bedarf hier insbesondere die Frage, inwieweit das ärztliche Standesrecht mit Rücksichtauf seine Qualität als autonom gesetztes Recht Zulässigkeitstatbestände für die Verarbeitung medizinischer Daten mit Wirkung gegenüber den Patienten schaffen kann. Praktisch relevant könnte diese Frage werden, wenn etwa ärztliche Berufsordnungen die Zulässigkeit der Weitergabe von Patientenkarteien (Krankenblättern) im Rahmen eines Praxisübernahmevertrages vorsähen.

22) Sozialgesetzbuch (SGB) - Allgemeiner Teil - (SGB 1) v. 11. 12. 1975 (BGBl. I S. 3015).

anderen Daten kombiniert. In Bezug auf diese Daten liegt also der erlaubnispflichtige Tatbestand der Veränderung (§ 2 Abs. 2 Ziff. 3 BDSG) von Daten vor. Unterstellt man in unserem Fall, daß es sich bei der Krankenversicherung um eine bundesunmittelbare Körperschaft des öffentlichen Rechts handelt, so gilt für sie der zweite Abschnitt des BDSG. Das Verändern der Daten wäre mithin nach § 9 Abs. 1 BDSG zulässig, wenn es zur rechtmäßigen Erfüllung der in der Zuständigkeit der speichernden Stelle liegenden Aufgaben, hier der Beitragsfestsetzung, erforderlich ist. An der Erforderlichkeit mangelt es jedoch schon dann, wenn die Daten gar nicht geeignet sind, über die für die Beitragsfestsetzung maßgeblichen selbstgesetzten Gesundheitsrisiken Auskunft zu geben. An dieser Geeignetheit bestehen Zweifel, handelt es sich bei den in den Krankenkarten enthaltenen Daten doch im wesentlichen um Daten aus der Leistungsabrechnung, die der Arzt in diesem Kontext der Krankenversicherung übermittelt hat. Es ist anzunehmen, daß der Arzt, hätte er um diese Weiterverwendung der Daten gewußt, sie vor ihrer Übermittlung einer strengeren Prüfung im Hinblick auf diesen anderen Kontext unterzogen hätte, in vielen Fällen wären als Folge davon wohl andere Daten weitergegeben worden. Aber selbst wenn man die Geeignetheit und dann auch die Erforderlichkeit der Weiterverwendung dieser Daten bejaht und diese folglich nach § 9 BDSG für zulässig ansähe, sind gegen dieses Ergebnis verfassungsrechtliche Bedenken zu erheben, die sich auf das subjektive Abwehrrecht aus Art. 5 GG stützen. Wissen Arzt und Patient um die belastenden Folgen, die mit der Übermittlung entsprechender Daten an die Krankenversicherung verbunden sind, so wird sich der Patient bei seiner informationellen Entfaltung gegenüber dem Arzt entsprechend zurückhalten, der Arzt seinerseits wird die Aufnahme und Erfassung der Patientendaten nicht mehr unbefangen im Kontext der Heilbehandlung vornehmen können, er wird vielmehr zugleich auch ihre Weiterverwendung zur Beitragsfestsetzung mit berücksichtigen müssen. Kollisionsmöglichkeiten und Beeinträchtigung der Arzt-Patienten-Kommunikation sind die Folge. Bei der Abwägung zwischen den Erfordernissen der Beitragsfestsetzung einerseits und der Gewährleistung der freien Kommunikation zwischen Arzt und Patient andererseits muß bedacht werden, daß letztere dem Schutz von Leben und Gesundheit des Patienten dient und deshalb schwerer wiegt als die mit der Weiterverwendung erreichbaren ablauftechnischen Erleichterungen. § 9 Abs. 1 BDSG ist demnach verfassungskonform, d. h. unter Berücksichtigung des subjektiven Abwehrrechts aus Art. 5 Abs. 1 GG, einschränkend auszulegen; die Vorschrift ermächtigt die Sozialversicherungsträger nicht dazu, medizinische Daten in Krankenkarten für die Ermittlung selbstgesetzter Gesundheitsrisiken zur Beitragsfestsetzung weiterzuverwenden.

3.2. Schutz gegenüber Datenverarbeitung nicht-öffentlicher Stellen

Auch für die oben gestellte Frage, ob die Patientenkartei eines Arztes ohne erklärtes Einverständnis der Patienten selbst an den Praxisnachfolger weitergegeben werden darf, ist das BDSG heranzuziehen. Fraglich ist hier schon, ob die in den Krankenblättern enthaltenen medizinischen Daten überhaupt Schutzgegenstand i. S. d. BDSG sind.

Bei den Krankenblättern handelt es sich um eine gleichartig aufgebaute Sammlung von persönlichen Angaben über die Patienten. Sie sind gewöhnlich nach den Namen der Patienten alphabetisch geordnet, können aber nach anderen Merkmalen (z. B. Kassenzugehörigkeit,

Häufigkeit der Besuche etc.) umgeordnet und ausgewertet werden. Die Streitfrage, nach wieviel Merkmalen eine Datensammlung geordnet bzw. umgeordnet werden können muß[23], hat in diesem Fall keine praktische Bedeutung, Mithin handelt es sich bei Patientenkarteien um Dateien im Sinne des § 2 Abs. 3 Ziff. 3 BDSG.

Fraglich ist aber, ob die Krankenblätter nicht deshalb gemäß § 1 Abs. 2 S. 2 BDSG aus dem Anwendungsbereich des Gesetzes (mit Ausnahme der Datensicherungsvorschrift § 6) herausfallen, weil die in ihnen enthaltenen Daten nicht zur Übermittlung an Dritte bestimmt sind und sie - so ist bislang wohl die Regel - in nicht-automatisierten Verfahren verarbeitet werden. Läßt man es genügen, daß der Arzt nach subjektivem Befinden darüber entscheidet, ob die Daten zur Übermittlung an Dritte bestimmt sind oder nicht, so müßte man gewöhnlich medizinische Daten in Krankenblättern als interne Daten von der Anwendung des BDSG ausnehmen[24]. Für eine subjektive Bestimmung medizinischer Daten als interne Daten bleibt aber schon kein Raum, soweit die Übermittlung an Dritte objektiv festliegt[25]. Dies kann durch Rechtsvorschriften erfolgen, kann aber auch in der Funktionsnotwendigkeit ärztlicher Betätigung begründet sein, etwa bei der Verordnung von Medikamenten durch Rezept und vor allem bei der Leistungsabrechnung über private Kassen- oder Sozialversicherungsträger, denen gegenüber der Arzt in besonderem Maße auskunftspflichtig ist[26]. In allen diesen Fällen kann ein entgegenstehender ärztlicher Wille, der die betreffenden Daten zu internen bestimmen will, nicht beachtlich sein. Aber auch im übrigen kann es nicht auf den subjektiven Willen des Arztes, sondern allein auf eine objektive Beurteilung ankommen. Abgesehen davon, daß das Konzept des BDSG gerade subjektive Wertungen zu vermeiden trachtet - sinnfälligstes Beispiel ist die Abkehr vom Geheimnisbegriff und die Anknüpfung an personenbezogene Daten[27] - ergibt sich dies auch aus einer teleologischen Auslegung dieser Vorschrift. Ein wesentliches Instrument des Datenschutzes ist die vorbeugende Kontrolle, die in Veröffentlichungs-, Benachrichtigungs- und Auskunftspflichten

---

23) Vgl. dazu Auernhammer, Bundesdatenschutzgesetz, Köln u. a.1977, § 2 Rdnr. 25 einerseits, Simitis/Dammann/Mallmann/Reh, BDSG, § 2 Rdnr. 188 ff. andererseits, jeweils m.w.N.

24) Für eine subjektive Beurteilung plädieren Hörle/Wronka, BDSG § 1 Anm. 11 ff; Schwappach, BDSG § 1 Anm. 4 f; Ordemann/Schomerus, BDSG § 1 Anm. 4. Auf die objektive Eignung der Daten für eine Verwendung durch Dritte stellen dagegen ab Simitis, Bundesdatenschutzgesetz-Ende der Diskussion oder Neubeginn, NJW 30 (1977) S. 733; ders., a.a.O. (Fn. 17) S. 108; Simitis/Dammann/Mallmann/Reh, BDSG § 1 Rdnr. 35. Vermittelnd Auernhammer, BDSG § 1 Rdnr. 11, der fordert, daß die subjektive Zweckbestimmung mit den objektiven Gegebenheiten übereinstimmen muß; ähnlich Gallwas in Gallwas u. a., Datenschutzrecht, Stuttgart u. a. 1978 § 1 Rdnr. 37.

25) Ebenso Simitis/Dammann/Mallmann/Reh, BDSG § 1 Rdnr. 36; Ordemann-Schomerus, a.a.O. (Fn. 24).

26) Vgl. dazu den Beitrag von Meydam, Verwendung und Schutz medizinischer Daten in der Krankenversicherung (in diesem Band).

27) Vgl. die Legaldefinition in § 2 Abs. 1 BDSG: "Im Sinne dieses Gesetzes sind personenbezogene Daten Einzelangaben über persönliche oder sachliche Verhältnisse einer bestimmten oder bestimmbaren natürlichen Person (Betroffener)." Zur Kritik an der Beschränkung des BDSG auf personenbezogene Daten vgl. Simitis, DVR 2 (1973) S. 148 ff; Eberle, a.a.O. (Fn. 11) S. 311 f.

ihren Ausdruck findet[28]. Kann der Arzt aber, was gerade auch von den Verfechtern der subjektiven Beurteilung der internen Daten angenommen wird[29], vom einstmaligen internen Verwendungszweck abrücken und die Daten später dennoch an Dritte weitergeben, so kann er auf diese Weise die präventiven Kontrollmechanismen des BDSG umgehen und damit eine der maßgeblichen Intentionen des Gesetzgebers unterlaufen. Somit sprechen gewichtige Argumente dafür, daß die in den Krankenblättern enthaltenen medizinischen Daten objektiv zur Weitergabe an Dritte bestimmt sein können; man wird letztlich nicht umhin können, diese Daten insgesamt dem Schutz des BDSG zu unterstellen.

Nach BDSG ist die Weitergabe geschützter Daten auch unter Privaten erlaubnisbedürftig. Bevor das Vorliegen eines Erlaubnistatbestandes geprüft wird, ist jedoch zu überlegen, ob die Ermächtigungs- und Erlaubnistatbestände des BDSG, die zur Datenverarbeitung in ihren jeweiligen Phasen berechtigen, auch für medizinische Daten gelten, die unter das Arztgeheimnis fallen. Bedenken könnten sich daraus ergeben, daß die Regelungen des BDSG zurücktreten, "soweit besondere Rechtsvorschriften des Bundes auf in Dateien gespeicherte personenbezogene Daten anzuwenden sind", § 45 S. 1 BDSG; nach S. 2 dieser Vorschrift bleibt "die Verpflichtung zur Wahrung der in § 203 Abs. 1 des Strafgesetzbuches genannten Berufsgeheimnisse, z. B. des ärztlichen Geheimnisses", unberührt. Wenngleich § 45 S. 2 BDSG im allgemeinen lediglich deklaratorische Bedeutung beigemessen wird[30], bedarf die Konkurrenz von BDSG und § 203 StGB im Hinblick auf § 45 S. 1 BDSG einer Untersuchung. Der Vorrang von § 203 StGB gegenüber der Strafvorschrift § 41 BDSG ist, soweit die Tatbestände übereinstimmen, wohl ohne Zweifel. Er ist mit Rücksicht darauf, daß § 41 BDSG Strafantrag verlangt, § 203 StGB dagegen nicht, wohl auch praktisch bedeutsam, wenngleich beide Bestimmungen den gleichen Strafrahmen vorschreiben. Unklar ist aber bislang, ob § 203 StGB über die strafrechtliche Sanktionsfunktion hinaus zugleich auch die Zulässigkeitsvoraussetzungen für die Verarbeitung medizinischer Daten regelt, folglich auch zu den Ermächtigungs- und Erlaubnistatbeständen des BDSG in Konkurrenz tritt. Dies ist dann zu verneinen, wenn die Vorschrift die Befugnis zur Offenbarung medizinischer Daten selbst gar nicht regelt. In der strafrechtlichen Literatur ist völlig unstreitig, daß die Befugnis zur Offenbarung aus allgemeinen (Zustimmung des Betroffenen) oder spezialgesetzlichen Rechtsregeln zu bestimmen ist, nicht aber aus § 203 StGB selbst[31]. Enthält aber § 203 StGB selbst keine Zulässigkeitsvoraussetzungen für die Verarbeitung medizinischer Daten, sondern setzt diese

---

28) Vgl. für öffentliche Stellen §§ 4, 12, 13 BDSG, für nicht-öffentliche Stellen §§ 4, 26, 34 BDSG.

29) Vgl. z. B. Ordemann/Schomerus, a.a.O. (Fn. 24); Schwappach, BDSG § 1 Rdnr. 5.

30) Ordemann/Schomerus, BDSG § 45 Anm. 2; Simitis/Dammann/Mallmann/Reh, BDSG § 45 Rdnr. 28.

31) Statt vieler vgl. Lenckner in Schönke/Schröder, Strafgesetzbuch, 19. Aufl. 1978 § 203 Rdnr. 21 ff; auf die Streitfrage, ob "unbefugt" als Tatbestands- oder Rechtfertigungsmerkmal zu verstehen ist, kommt es dabei nicht an.

vielmehr voraus, dann kann er auch keine Sonderregelung gegenüber Vorschriften darstellen, die im BDSG die Verarbeitung medizinischer Daten erlauben[32].

Als Erlaubnistatbestand[33] für die Datenweitergabe im Rahmen des Praxisverkaufs kommt - sieht man von der Einwilligung des Patienten ab, § 3 S. 1 Ziff. 2 BDSG - für den Arzt als nicht-öffentliche Stelle[34] gem. § 24 BDSG wohl nur die Wahrung berechtigter, d. h. auch wirtschaftlicher[35] Interessen infrage, da die Zweckbestimmung des Behandlungsvertrages mit dem Patienten die Weitergabe der Patientendaten an den Praxisnachfolger nicht mit umfaßt. Voraussetzung ist jedoch weiter, daß schutzwürdige Belange des Patienten nicht verletzt werden. Ob dies der Fall ist, muß eine Abwägung der Interessen des Arztes einerseits mit denen des Patienten andererseits ergeben. Für diese Abwägung sind auch und gerade die grundrechtlichen Gewährleistungen heranzuziehen, soweit sie als Elemente der Gesamtrechtsordnung zu verstehen sind. Der Gesetzgeber hat mit den Generalklauseln, die in den Erlaubnistatbeständen des BDSG enthalten sind, bewußt einen Weg geschaffen, die in den Grundrechten zum Ausdruck kommenden Vorstellungen für eine Ordnung des Gemeinwesens auch im Privatrecht zur Geltung zu bringen. Im vorliegenden Fall bedeutet das, daß auf Seiten des Arztes Art. 14 und Art. 5 GG für die Weitergabe der Daten (die ja auch Meinungsäußerung ist) streiten. Auf Seiten des Patienten ist dagegen die Gewährleistung der informationellen Entfaltung durch das Kommunikationsgrundrecht ins Feld zu führen, die die selektive Abgabe von Informationen schützt. Sie verbürgt in ihrer negativen Komponente auch, daß gerade und nur der Arzt seiner Wahl zum Empfänger der für ihn bestimmten medizinischen Daten wird. Für die Abwägung kann entscheidend auf die Verträglichkeit der gegenseitigen Gewährleistung abgestellt werden: Läßt man die Weitergabe ohne Wissen und Wollen des Patienten zu, so ist die entgegenstehende Gewährleistung auf Seiten des Patienten hinfällig; macht man die Weitergabe dagegen von der Einwilligung des Patienten abhängig, so bleiben - wenigstens in den Fällen, in denen die Einwilligung erteilt wird - die Interessen des Arztes gewahrt.

---

32) Im Ergebnis ebenso Gola/Hümmerich/Kerstan, Datenschutzrecht Teil II, Berlin 1978 S. 15; Bergmann/Möhrle, Datenschutzrecht, Stuttgart 1977 § 45 Rdnr. 4; vorsichtiger dagegen Auernhammer, BDSG § 10 Rdnr. 12, § 11 Rdnr. 14, § 24 Rdnr. 10; Ordemann/Schomerus, BDSG § 10 Anm. 1.2; unklar noch Simitis/Dammann/Mallmann/Reh, § 10 Rdnr.40: "Im Anwendungsbereich des § 10 können insbesondere die Berufsgeheimnisse des Arztes und der Angehörigen anderer Heilberufe (§ 203 Abs. 1 Nr. 1 StGB) ... zum Tragen kommen."

33) Das BDSG ermächtigt zur Verarbeitung von Daten, die unter § 203 StGB fallen, nur in Grenzen, die wesentlich enger gefaßt sind als für sonstige personenbezogene Daten. Werden Empfänger nicht weiter übermittelt werden (§ 24 Abs. 1 S. 2), bei der Übermittlung im öffentlichen Bereich unterliegen sie dem gesetzlichen Zweckentfremdungsverbot (§ 10 Abs. 1 S. 2), ihre Übermittlung an Stellen außerhalb des öffentlichen Bereichs ist nur unter den gleichen Voraussetzungen zulässig, unter denen sie die der Schweigepflicht unterliegende Person selbst übermitteln dürfte (§ 11 Abs. 1 S. 2).

34) Dies gilt wohl auch für den Kassenarzt, wenngleich z. T. bestritten wird, daß zwischen Kassenarzt und Patient ein privatrechtlicher Behandlungsvertrag zustandekommt. Vgl. dazu Laufs, Arztrecht, München 1977 S. 11 f. m.w.N.

35) Auernhammer, BDSG § 24 Rdnr. 8, § 23 Rdnr. 7, § 11 Rdnr. 8.

Im Ergebnis wird man deshalb die Weitergabe von Patientenkarteien des Arztes an den Praxis-nachfolger nur mit Einwilligung des Patienten[36] für zulässig erachten können, § 3 S. 1 Ziff. 2 BDSG.

4. Sozialrechtlicher Datenschutz

Vor der Lösung der dritten, oben gestellten Frage schließlich, ob nämlich der freie Austausch medizinischer Daten im Amtshilfeverkehr der Träger staatlicher Sozialleistungen untereinander zulässig sei, soll in der gebotenen Kürze das Verhältnis von allgemeiner Datenschutzregelung im BDSG zu fach- bzw. bereichsspezifischen Datenschutzvorschriften, hier speziell § 35 SGB 1, skizziert werden.

Gegenüber fach- bzw. bereichsspezifischen Datenschutzregelungen in Bundesgesetzen tritt das BDSG als subsidiäre Regelung zurück, wie aus § 45 hervorgeht; Landesdatenschutzgesetze sind auch gegenüber entsprechenden Vorschriften in Landesgesetzen subsidiär[37]. Als eine solche bereichsspezifische Datenschutzregelung ist für die medizinischen Daten die Geheimhaltungs-vorschrift § 35 SGB 1 besonders relevant. Sie umschreibt den Schutzgegenstand des Datenschut-zes für den Bereich des Sozialrechts. Geschützt sind danach "Geheimnisse, insbesondere die zum persönlichen Lebensbereich gehörenden Geheimnisse sowie die Betriebs- und Geschäftsgeheimnis-se". Diese Vorschrift ist in Anlehnung an § 203 StGB, der die Verletzung von Privatgeheimnissen unter Strafe stellt, formuliert. Dort sind unter Geheimnisse Tatsachen zu rechnen, die nur einem beschränkten Personenkreis bekannt sind und an deren Geheimhaltung derjenige, den sie betreffen (sogenannter Geheimnisträger), ein von seinem Standpunkt aus sachlich begründetes Interesse hat oder bei eigener Kenntnis der Tatsachen haben würde[38].

Danach ist der Schutzgegenstand des sozialrechtlichen Datenschutzes enger gefaßt als der nach dem BDSG[39]; soweit nämlich medizinische Daten keine Geheimnisse darstellen, kommt es nicht zur Anwendung von § 35 SGB 1. Deshalb verbleibt es für diese Daten aufgrund ihrer Personenbezogenheit bei der Anwendbarkeit des BDSG.

---

36) Im Ergebnis ebenso Laufs, Krankenpapiere und Persönlichkeitsschutz, NJW 28 (1978) S. 1433-1437 in Auseinandersetzung mit BGH NJW 74, S. 602.

37) Vgl. z. B. § 2 Abs. 2 BayDSG, § 2 Abs. 2 SDSG, § 35 HDSG, § 37 DSG NW, § 24 NDSG, § 25 LDSG Schl.-H. (Mißverständlich ist bei den vier letztgenannten Regelungen die Überschrift "Weitergeltende Vorschriften"; der Text rechtfertigt es aber nicht, den Vorrang auf bereits bestehende sondergesetzliche Vorschriften zu beschränken.) Lediglich das LDatG Rh.Pf. enthält keine Subsidiaritätsklausel.

38) Vgl. Lenckner in Schönke/Schröder, StGB § 203 Rdnr. 5 ff. m.w.N.

39) So wohl auch Borchert, Personenbezogene Daten aus der gesetzlichen Krankenversicherung als empirische Basis für wissenschaftliche Untersuchungen: Ein Beitrag zur Datenschutz-Diskussion, DVR 6 (1977) S. 350 f.

Etwas anderes könnte sich jedoch daraus ergeben, daß § 203 Abs. 2 StGB, der die unbefugte Geheimnisoffenbarung durch Amtsträger und bestimmte amtsnahe Personen unter Strafe stellt, weiter gefaßt ist, indem er dem Geheimnis "Einzelangaben über persönliche oder sachliche Verhältnisse eines anderen" gleichstellt, "die für Aufgaben der öffentlichen Verwaltung erfaßt worden sind". Gemeint sind damit die personenbezogenen Daten nach der Legaldefinition in § 2 Abs. 1 BDSG. Fraglich ist nun, ob diese Gleichstellung für § 35 SGB 1 auch vorgenommen werden kann, obwohl sie dort im Gesetzestext fehlt. Dieser Versuch wird unternommen und damit begründet, daß der sozialrechtlichen wie der strafrechtlichen Regelung der kodifikatorische Leitgedanke eines umfassenden Datenschutzes zugrundeliege[40]. Diese Argumentation kann allerdings den Widerspruch nicht auflösen, daß zwar bei der Begründung von § 35 SGB 1 ausdrücklich auf § 203 StGB Bezug genommen wurde[41], die Formulierung aber hinter § 203 StGB zurückbleibt. Dort aber wird nur die strafrechtliche Gleichstellung von personenbezogenen Daten und Geheimnisssen vollzogen, ohne daß personenbezogene Daten begriffsmäßig zu den Geheimnissen geschlagen werden. Mithin muß es bei den unterschiedlich weiten Schutzgegenständen zwischen allgemeiner und sozialrechtlicher Datenschutzregelung verbleiben.

Die Folgen sind unterschiedliche Zulässigkeitsvoraussetzungen für die Verarbeitung medizinischer Daten, ein Zustand, der bei der geplanten Gesetzesnovelle zum Sozialdatenschutz beseitigt werden sollte. So verschärft einerseits § 35 SGB 1 den Schutz medizinischer Daten, indem die Offenbarung nur bei Zustimmung der Betroffenen oder aufgrund einer gesetzlichen Mitteilungspflicht befugt ist. Andererseits, und dies gibt zu den folgenden Erörterungen Anlaß, erleichtert die Vorschrift den Datenaustausch, indem sie den Amtshilfeverkehr unter den Leistungsträgern von der sozialrechtlichen Datenschutzvorschrift in § 35 Abs. 1 freistellt. In diesem Zusammenhang wird bereits von einer "Vermutung der Zulässigkeit des Binnenaustausches in nach außen abgeschotteten Systemen" gesprochen[42].

Gegen eine solche Vermutung wie allgemein gegen die Vorschrift des § 35 Abs. 2 SGB 1 bestehen verfassungsrechtliche Bedenken. Der Schutz der Kommunikation zwischen Arzt und Patient begrenzt in seinem objektrechtlichen Gehalt die sozialstaatliche Aufgabenerfüllung auch im Bereich der sozialen Sicherung. Die grundrechtliche Verbürgung des Schutzes medizinischer

---

40) Meydam, Sozialrechtliche Geheimhaltungspflicht und Datenschutz, BKK 66 (1978) S. 50 ff; Hauck/Haines, Sozialgesetzbuch, Allgemeiner Teil, § 35 Rdnr. 5 ff. (insbes. Rdnr. 9), Podlech, Datenschutzprobleme einer Dokumentation im vertrauensärztlichen Dienst und der gemeinsamen Forschung im Bereich der gesetzlichen Sozialversicherung, (BPTBericht 4/78) München 1978 S. 31 ff. geht im Ergebnis offenbar auch von der weiten Interpretation des Geheimnisbegriffs in § 35 Abs. 1 SGB 1 aus, ohne allerdings auf die unterschiedlich weiten Informationsmengen in § 203 Abs. 1 StGB einerseits, Abs. 2 andererseits einzugehen.

41) BT-DS 7/868 S. 28.

42) Verstanden als "Interpretations-Maxime zur Auslegung auslegungsbedürftiger Rechtsvorschriften", Podlech, a.a.O. (Fn. 40). Die Begriffsbildung erfolgte im Anschluß an Steinmüller, Überlegungen zur weiteren Datenschutzarbeit, Film und Recht 21 (1977) S. 444.

Daten prägt Ordnungsvorstellungen, die auch für die sozialrechtliche Teilrechtsordnung Verbindlichkeit besitzen. Wird der freie Datenaustausch der Leistungsträger untereinander zugelassen, so bedeutet dies, daß entgegen der Gewährleistung des Art. 5 GG in diesem Bereich der Datenübermittlung keine Schranken gezogen wären außer der einen, daß die Daten vom Empfänger zur Aufgabenerfüllung benötigt werden.

Ein Eingriff dieser Schwere bedarf besonderer Rechtfertigung. Sie wird im einheitlichen Zweck und in der Undurchlässigkeit des Bereichs der gesetzlichen Sozialversicherung gesehen[43]. Beide Argumente erweisen sich jedoch als nicht zutreffend. So muß zunächst bestritten werden, daß der einheitliche Zweck der sozialen Sicherung in seiner Abstraktheit geeignet erscheint, die Datenübermittlung im Bereich der Sozialversicherung generell zu stützen; müßte das gleiche nicht auch für den einheitlichen Zweck der Gefahrenabwehr im Bereich der Ordnungsverwaltung gelten[44]? Der Verhältnismäßigkeitsgrundsatz, wie er im Hinblick auf Informationseingriffe entfaltet wurde, erzwingt eine Rechtfertigung solcher Eingriffe durch eine möglichst konkrete Zwecksetzung: Datenschutzinteressen und gegenläufige Interessen müssen auf einer vergleichbaren Konkretisierungsstufe miteinander abgewogen werden können. Eine Bezugnahme auf Globalzwecke bleibt hinter diesem Entwicklungsstand der informationsrechtlichen Dogmatik zurück. Zu bedenken wäre sodann, daß der einheitliche Zweck der Sozialversicherung nicht den gesamten Bereich abdeckt, für den § 35 Abs. 2 die ungehinderte Amtshilfe zuläßt[45]. Schließlich gilt es auch, die besondere Stellung des Arztes zu berücksichtigen, über den ein großer Teil der für die Amtshilfe interessanten medizinischen Daten in den von § 35 Abs. 2 privilegierten Bereich gelangen. In der Regel übermittelt er medizinische Daten mit eng definierter, für ihn überschaubarer Zielsetzung an einen Sozialversicherungsträger. Er ist aber überfordert, soll er zugleich die Folgen des allgemeinen Amtshilfeverkehrs der Leistungsträger mitbedenken. Zurückhaltung bei therapeutischen Anordnungen müssen als typisches Ergebnis befürchtet werden, damit aber ist die grundrechtlich geschützte freie Kommunikation zwischen Arzt und Patient berührt.

Aber auch der zweite Grundsatz, die Undurchlässigkeit des Bereichs der gesetzlichen Sozialversicherung, erweist sich als schwerlich tragfähig. Die Gesamtheit der Leistungsträger kann nämlich nicht ohne weiteres als ein "abgeschottetes System"[46] im informationsrechtlichen Sinne gewertet werden. Das System ist "undicht", weil die Amtshilfeberechtigten zu global umschrieben sind. Neben Behörden sind dies nämlich auch juristische Personen in ihrer Gesamtheit, z. B.

---

43) Podlech, a.a.O. (Fn. 40) S. 56.

44) Kritisch zur Rechtfertigung der Übermittlung von Daten durch die einheitlichen Aufgaben der Sozialversicherung auch Gola/Hümmerich/Kerstan, a.a.O. (Fn. 32) S. 129.

45) Vgl. Podlech, a.a.O. (Fn. 40) S. 56 m.w.N.

46) Steinmüller/Ermer/Schimmel, Datenschutz bei riskanten Systemen, Berlin u. a. 1976 S. 98; Podlech, a.a.O. (Fn. 40) S. 56: "Undurchlässigkeit des Bereichs der gesetzlichen Sozialversicherung".

Kreise und kreisfreie Städte[47]. Das führt zu der Frage, ob der Geheimnisschutz des § 35 Abs. 1 auch innerhalb dieser juristischen Personen gilt. Dies wird z. T. bejaht, ohne daß man sich mit der organisations-rechtlichen Informationsstruktur dieser Leistungsträger auseinandergesetzt hat[48]. Deshalb läßt sich nicht ohne weiteres auch eine interne Geheimhaltung der Daten aus § 35 SGB 1 begründen, zumal auch § 203 Abs. 2 S. 2 StGB insoweit eine Ausnahme andeutet. Das führt zu unbefriedigenden Ergebnissen vor allem bei den genannten Leistungsträgern, die neben sozialstaatlichen auch andere öffentliche Aufgaben wahrnehmen. Läßt sich nach wohl richtiger Ansicht[49] aufgrund des BDSG, das die Behörde als Bezugspunkt für die Geheimhaltungspflicht nennt, das Ordnungsamt im Verhältnis zum Sozialamt einer Stadt als "Dritter" im Sinne des § 2 Abs. 3 Nr. 2 BDSG ansehen, so bedeutet die Übermittlung medizinischer Daten zwischen den beiden mit Rücksicht auf die organisatorische Binnenstruktur des (sozialrechtlichen) Leistungsträgers nicht ohne weiteres ein "Offenbaren" im Sinne des § 35 Abs. 1 SGB 1. An dieser Stelle also können möglicherweise medizinische Daten aus dem mangelhaft abgeschotteten sozialrechtlichen "System" in den übrigen Bereich der öffentlichen Verwaltung gelangen. Die Voraussetzungen, die einen ungehinderten Amtshilfeverkehr unter den Leistungsträgern rechtfertigen sollen, liegen also nicht vor. Die bereichsspezifische Beschränkung des Schutzes medizinischer Daten, die in einem ungehinderten Amtshilfeverkehr zwischen den Leistungsträgern nach § 35 Abs. 2 SGB 1 liegt, sollte fallengelassen werden.

4. Allgemeine Überlegungen zu bereichsspezifischen Datenschutzregelungen

Die Unzulänglichkeiten der sozialrechtlichen Datenschutzregelung haben ihre Wurzel letztlich darin, daß bestimmte Leitlinien der allgemeinen Kodifikation, des BDSG, nicht eingehalten werden. Die beabsichtigte Novellierung von § 35 SGB 1 läßt es geboten erscheinen, die spezifische Aufgabe des BDSG zu überdenken. Man wird dieser Aufgabe m. E. nicht gerecht, wenn man es nur als Auffanggesetz betrachtet, das jedweder bereichtsspezifischen Regelung zu weichen habe[50]. Es reicht vielmehr in den Typus der Grundsatzgesetzgebung hinein[51]. Das

---

47) Vgl. z. B. § 12 i. V. m. § 24 Abs. 2, 26 Abs. 2, 28 Abs. 2, 29 Abs. 2 SGB 1.

48) Burdenski/v.Maydell/Schellhorn, SGB AT, Neuwied/Darmstadt 1976, § 35 Rdnr. 11,35. Im Ergebnis ebenso Podlech, a.a.O. (Fn. 40) S. 70, der das Problem jedoch anspricht.

49) Vgl. dazu Podlech, a.a.O. (Fn. 40) S. 70 m. w. N., von wo auch das Beispiel übernommen wurde.

50) Z. B. Auernhammer, BDSG, Einführung Rdnr. 23; Gola/Hümmerich/Kerstan, a.a.O. (Fn. 32) S. 1; dagegen wollen Simitis,Dammann/Mallmann/Reh, BDSG § 45 Rdnr. 8 dem BDSG, eine "Initiativfunktion" zukommen lassen. Vgl. auch die Hinweise bei Auernhammer, BDSG Einführung Rdnr. 21, nach denen den Normen des BDSG für die künftige Gesetzgebungsarbeit der Rang von Mindestbestimmungen einzuräumen ist.

51) Vgl. zur Grundsatzgebung: Maunz, in Maunz/Dürig/Herzog/Scholz, GG Art. 109 Rdnr. 30; Vogel/Wiebel in Bonner Kommentar, Art. 109 Rdnr. 153 ff; Piduch, Haushaltsrecht, Art. 109 Rdnr. 35 ff. Auf die mit der Grundsatzgesetzgebung im einzelnen verbundenen Fragen kann an dieser Stelle nicht näher eingegangen werden.

Gesetz enthält - ungeachtet seiner direkt geltenden Vorschriften[52] - Grundsätze für die Ausgestaltung eines rechtlichen Ordnungsbereichs "Datenschutz". Der enge Verfassungsbezug dieser Grundsätze, vor allem durch die Konkretisierung und Gestaltung des grundrechtlichen Schutzguts, kann zu einer Beachtlichkeit dieser einfachgesetzlichen Wertungen in Form einer Selbstbindung des Gesetzgebers führen, auch wenn das Gesetz ursprünglich nicht ausdrücklich als "Grundsatzgesetz" erlassen worden ist[53].

Mit den Bezugspunkten der personenbezogenen Daten einerseits und der Behörde bzw. Stelle (statt der juristischen Person) als datenschutzrechtlich relevantem Adressaten im öffentlichen Bereich hat das BDSG Elemente eines durch andere Punkte ergänzten Regelungszusammenhangs geschaffen, der in seiner konzeptionellen Gesamtheit das "System" des rechtlichen Ordnungsbereichs Datenschutz ausmacht. Weicht er bei bereichsspezifischen Datenschutzregelungen von diesem System ab, indem wie z. B. in § 35 SGB 1 statt des objektiv bestimmbaren Begriffs der personenbezogenen Daten der mit subjektiven Elementen belastete, weniger scharfe Geheimnisbegriff gewählt wird oder statt der Behörde/Stelle die juristische Person (Leistungsträger) zum Adressat von Datenschutzpflichten gemacht wird, dann bedarf diese Abweichung angesichts der vorangegangenen Selbstbindung des Gesetzgebers einer Rechtfertigung, zumal insoweit auch der Schutz des Betroffenen verkürzt wird. Weichen bereichsspezifische Regelungen auf diese Weise von den Grundsätzen der allgemeinen Datenschutzgesetzgebung ab, so muß diese Abweichung von sachlichen Gründen getragen werden. Diese sind, sieht man von der zulässigen Weiterentwicklung des Systems einmal ab, gewöhnlich aus den Notwendigkeiten des speziellen Ordnungs- bzw. Lebensbereichs herzuleiten, wobei allerdings für die Besonderheiten in der Formulierung des sozialrechtlichen Datenschutzes ein hinreichender sachlicher Differenzierungsgrund nicht gefunden werden konnte.

Einem solchermaßen angedeuteten Grundsatz der "Systemgerechtigkeit"[54] sollte bei der Ausformung bereichsspezifischer Datgenschutzvorschriften stets Rechnung getragen werden.

---

52) Das übersieht Auernhammer in Krauch (Hg.), Erfassungsschutz, Stuttgart 1975 S. 61, wenn er Grundsatzgesetze mit Rahmengesetzen gleichsetzt.

53) Vgl. dazu Degenhart, Systemgerechtigkeit und Selbstbindung des Gesetzgebers als Verfassungspostulat, München 1976 S. 79-90.

54) Zum Grundsatz der Systemgerechtigkeit vgl. Lange, Systemgerechtigkeit, VerwArch 62 (1971) S. 259 ff; Degenhart, a.a.O. (Fn. 53); Battis, Systemgerechtigkeit, Festschrift für H. P. Ipsen, Tübingen 1977 S. 11 ff. Zur Rechtsprechung des BVerfG vgl. Leibholz/Rinck, GG, 5. Aufl. Köln 1975 Art. 3 Rdnr. 11; Rupp, Bundesverfassungsgericht und Grundgesetz II, Tübingen 1976 S. 380 ff.

THESEN

1. Medizinische Daten lassen sich nicht nach ihrem Inhalt, wohl aber nach ihrer pragmatischen Dimension von anderen personenbezogenen Daten unterscheiden. Danach sind medizinische Daten solche, die der Arzt (oder seine Hilfsperson) zur Erfüllung der ärztlichen Aufgabenstellung im Wege der Übermittlung durch den Patienten oder durch eigene Erhebung ermittelt oder selbst erzeugt.

2. a) Nach herkömmlicher verfassungsrechtlicher Dogmatik schützt Art. 2 Abs. 1 i.V.m. Art. 1 Abs. 1 GG die medizinischen Daten unter dem Gesichtspunkt der Zugehörigkeit zur Privatspähre (BVerfG), des Rechts auf Selbstdarstellung oder auf rollenspezifische Verteilung von Informationen auf gleiche Weise wie andere Daten der entsprechenden Sensibilitätsstufe. Über das Persönlichkeitsrecht scheint es jedoch nur schwer zu gelingen, das konkrete Arzt-Patienten-Verhältnis als grundrechtlichen Schutzgegenstand zu verbürgen.

    b) Das Kommunikationsgrundrecht aus Art. 5 Abs. 1 GG gewährleistet die freie Kommunikation zwischen Arzt und Patient im Rahmen der ärztlichen Aufgabenwahrnehmung. Die informationelle Entfaltung des Patienten gegenüber dem Arzt (und umgekehrt) wird durch die Meinungsäußerungsfreiheit geschützt, ihr "Entsprechungsrecht" ist das Recht des Arztes (Patienten) auf ungehinderte Aufnahme und Speicherung der Informationen (entsprechungsrechtliche Informationsfreiheit). In ihrer negativen Komponente schützt die Meinungsfreiheit die hinsichtlich Inhalt und Adressaten selektive Verteilung von Informationen. Von anderen Kommunikationsbeziehungen unterscheidet sich das Arzt-Patienten-Verhältnis durch seinen Zweckbezug auf verfassungsrechtlich geschützte Güter (Schutz von Leben und Gesundheit).

    c) Die verfassungsrechtliche Gewährleistung bewirkt den Schutz medizinischer Daten in dreifacher Weise: Zuerst ermöglicht sie als subjektives Recht die Abwehr von Beeinträchtigungen z. B. in der Form gesetzlicher Erlaubnisse oder Pflichten zur weiteren Verarbeitung medizinischer Daten. Sodann bestimmt sie als "Element objektiver Ordnung" u.a. die Grenzen, die staatlichen Stellen bei der Erfüllung sozialstaatlicher Aufgaben, speziell beim Datenaustausch, gesetzt sind. Schließlich wirkt sie über ihren objektivrechtlichen Gehalt insbesondere bei der Auslegung der vage gefaßten Erlaubnistatbestände im 3. und 4. Abschnitt des Bundesdatenschutzgesetzes (BDSG) (Datenverarbeitung nicht-öffentlicher Stellen) in die Privatrechtsordnung hinein.

3. a) Die Ermächtigungstatbestände im 2. Abschnitt des BDSG (Datenverarbeitung der Behörden und sonstigen öffentlichen Stellen) bedürfen mit Rücksicht auf die grundrechtliche Gewährleistung einer verfassungskonformen Auslegung; insbesondere dürfen Träger staatlicher Sozialleistungen medizinische Daten entgegen § 9 Abs. 1 BDSG nicht ohne weiteres losgelöst von dem Kontext, mit dem sie übermittelt wurden, weiterverarbeiten.

b) Die Verarbeitung medizinischer Daten, die in der Patientenkartei (Krankenblätter) des Arztes erfaßt sind, unterliegt den Vorschriften des BDSG, auch wenn sie nicht automatisiert erfolgt. Gegenüber dessen Erlaubnistatbeständen ist der strafrechtliche Schutz des Arztgeheimnisses (§ 203 StGB) keine Sonderregelung. Die Verarbeitung dieser Daten durch den Arzt ist deshalb nur aufgrund gesetzlicher Vorschriften (insbesondere des BDSG) oder mit Einwilligung des Patienten erlaubt. Letztere muß vor allem vorliegen, wenn die Krankenblätter bei der Praxisübernahme an den Praxisnachfolger weitergegeben werden.

4. a) Der sozialrechtliche Datenschutz (§ 35 SGB I) geht als bereichsspezifische Sonderregelung den Vorschriften des BDSG vor; er ist allerdings inhaltlich auf den Schutz vor Offenbarung von Geheimnissen beschränkt. Darunter fallen nicht alle personenbezogenen Daten, so daß sich der Schutz medizinischer Daten im Anwendungsbereich des SGB I teils nach § 35 SGB I, teils nach BDSG richtet.

b) Die Einschränkung des Datenschutzes durch die Zulässigkeit des Datenaustausches im freien Amtshilfeverkehr der Träger staatlicher Sozialleistungen untereinander (§ 35 Abs. 2 SGB I) läßt sich weder durch die einheitliche Zwecksetzung der sozialen Sicherung noch durch die Berufung auf ein "abgeschottetes System" der Leistungsträger rechtfertigen.

5. Das BDSG wird in seiner Bedeutung verkannt, wenn es nur als "Auffanggesetz" verstanden wird. Die in diesem Gesetz enthaltenen Grundsätze, die das grundrechtliche Schutzgut des Datenschutzes konkretisieren und ausgestalten, bilden einen Regelungszusammenhang, der in seiner konzeptionellen Gesamtheit das "System" eines rechtlichen Ordnungsbereichs Datenschutz ausmacht. Weichen bereichsspezifische Regelungen zum Nachteil des Betroffenen von diesen Grundsätzen der allgemeinen Datenschutzkodifikation ab, so muß diese Abweichung von sachlichen Gründen getragen sein. Einem solchermaßen angedeuteten Grundsatz der "Systemgerechtigkeit" sollte bei der Ausformung bereichsspezifischer Datenschutzregelungen stets Rechnung getragen werden.

ZUSAMMENFASSUNG DER DISKUSSION ZUM REFERAT
"DER SCHUTZ MEDIZINISCHER DATEN DURCH VERFASSUNG, ALLGEMEINE
UND BEREICHSSPEZIFISCHE DATENSCHUTZVORSCHRIFTEN"

W. KILIAN

Die lebhafte Diskussion zu dem Referat von Herrn EBERLE erstreckte sich im wesentlichen auf drei Problemkreise: Anwendbarkeit von Art. 5 GG im Arzt-Patienten-Verhältnis und Abgrenzung von anderen Grundrechten; Unterscheidung des Arzt-Patienten-Verhältnisses von anderen Vertrauensverhältnissen und Kommunikationsbeziehungen; Reichweite des Bundesdatenschutzgesetzes und Verhältnis zu Spezialgesetzen, insbesondere zu § 35 SGB I.

1. Herr RULAND äußerte Bedenken gegen die Anknüpfung an Art. 5 Abs. 1 GG. Diese Verfassungsvorschrift garantiere, daß eine Meinung in die Öffentlichkeit gehen könne, während sich das Arzt-Patienten-Verhältnis doch gerade umgekehrt dadurch auszeichne, daß es nicht in Richtung Öffentlichkeit tendiere. Für Herrn RULAND lag es näher, den Art. 12 GG heranzuziehen, der die Berufsausübung des Arztes umfasse. Zu der Berufsausübung gehöre auch die Garantie eines ungestörten Verhältnisses zu seinem Patienten. Auch Herr DAMMANN hielt den Versuch für verfehlt, Art. 5 GG als Anknüpfung zu wählen. Zwar stelle Art. 5 GG den Umgang mit Informationen in den Mittelpunkt, die Anwendung würde jedoch das Vertrauensverhältnis zwischen Arzt und Patient beeinträchtigen. Herr EBERLE verteidigte seine Anknüpfung mit Hinweis auf die Funktion des Art. 5 GG, Kommunikation zu schützen. Die Kommunikation beruhe auf der Meinungsäußerungsfreiheit des Patienten auf der einen und der Informationsfreiheit des Arztes auf der anderen Seite. Die Informationsweitergabe sei geschützt, um die spezifische Aufgabe des Arztes zu ermöglichen. Er soll nicht immer denken müssen: "Wenn ich jetzt das in mein Krankenblatt hineinschreibe und wenn ich diese therapeutische Verordnung in meinem Krankenblatt notiere, dann hat das die und die Konsequenzen im Hinblick auf den Austausch bei dem Leistungsträger." Von diesem Schutzgedanken losgelöste Weitergabepflichten und Einsichtsrechte würden die Kommunikation zwischen Patient und Arzt nicht frei gewährleisten. Art. 2 GG greife nicht ein, weil die Zielsetzung enger sei. Zu dem von Herrn RULAND betonten Vorrang von Art. 12 GG sagte Herr EBERLE: "Die Frage der Konkurrenz zwischen Art. 12 und Art. 5 im Hinblick spezieller informationeller Entfaltung ist m. E. noch nicht ausdiskutiert ..... Da es nicht nur um den Arzt, sondern auch um den Patienten und um die Kommunikation zwischen den beiden geht, würde ich eben insofern den Art. 5 als die speziellere Grundrechtsvorschrift ansehen wollen." Dem Hinweis von Herrn HEUSSNER, daß der in Art. 2 GG garantierte Schutz der Privatsphäre fruchtbar gemacht werden könne, entgegnete Herr EBERLE: "Die Privatsphäre schützt die Daten im Hinblick auf ihre Personenbezogenheit. Das ist gerade der Ansatz, der verlassen werden sollte. Es geht nicht um die Bezogenheit auf eine Person, sondern darum, durch die

Kommunikation zwischen Arzt und Patient ein bestimmtes Ziel, nämlich den Heilerfolg beim Patienten, zu schützen .... Daß dieser Kommunikationsschutz im Art. 5 GG angelegt ist, das scheint mir doch festzustehen".

2. Zur Unterscheidbarkeit des Arzt-Patienten-Verhältnisses von anderen Vertrauensverhältnissen und Kommunikationsbeziehungen wurde zunächst von Herrn LUTTERBECK bezweifelt, ob das Vertrauensverhältnis insbesondere dann den Normalzustand beschreibe, wenn man an den Kassenarzt denke. Herr SCHAEFER meinte, diese negative Einschätzung des Arzt-Patienten-Verhältnisses durch Herrn LUTTERBECK beruhe möglicherweise auf dessen Erfahrungen beim Bundesdatenschutzbeauftragten. Nach seiner - SCHAEFERS - Überzeugung sowie nach dem Ergebnis vieler sorgfältiger Untersuchungen müsse man davon ausgehen, daß die Arzt-Patienten-Beziehung intakt sei. "Es ist mehrheitlich, d.h. bei weit mehr als über 80 % der Patienten, seien es Sozialversicherte, seien es Privatversicherte, als durchaus festgefügt bestehend aufzufassen." Der Unterschied zu anderen Beratungsverhältnissen wie juristische Beratung oder Eheberatung, liege darin, daß "in der medizinischen Beratung das Feld sehr viel weiter gesteckt ist und tatsächlich den mehr oder weniger scharf umrissenen Intimbereich nicht selten berührt, ich würde sagen: zunehmend auch mit dem Bewußtsein psychosomatischer Zusammenhänge im Sozialbereich." Herr DAMANN warnte davor, die Bemerkung von Herrn LUTTERBECK, das Vertrauensverhältnis zwischen Arzt und Patient bestehe in der Realität oft nicht mehr, zum Ansatzpunkt für juristische Überlegungen zu machen. "Der Patient muß weiterhin die Möglichkeit haben, zum Arzt zu gehen, sich zu präsentieren, sich zu offenbaren, als Voraussetzung dafür, daß er Hilfe bekommt und der Arzt ihm die größtmögliche Sicherheit bietet, daß seine persönlichen Eigenschaften und Verhältnisse nicht nach außen getragen werden."

3. Zur Reichweite des Bundesdatenschutzgesetzes und dessen Verhältnis zu Spezialvorschriften wurde zunächst die Frage diskutiert, ob Patientenkarteien oder Krankenblätter "Dateien" im Sinne des Bundesdatenschutzgesetzes seien. Im Gegensatz zu Frau HOLLMANN bejahte dies Herr SCHAEFER. Er stellte vor allem darauf ab, daß fast ununterbrochen Auskünfte aus diesen Unterlagen gegeben würden, und zwar noch mehr aus den Krankenkarteien eines Arztes als aus den Karteien eines Krankenhauses.

Herr RULAND bezweifelte den Abgrenzungswert des Begriffs "medizinisches Datum" zur Konstituierung eines besonderen Schutzbereichs: "Die Tatsache, daß jemand ein uneheliches Kind hat, ist viel schutzwürdiger als die Tatsache, daß 1978 jemand einen Schnupfen gehabt hatte." Ferner müsse man dann wohl auch als "medizinisches Datum" die Angabe in der Steuererklärung einstufen, einen Steuerfreibetrag für eine Magen-Darm-Diät zu beanspruchen. Mehrere Teilnehmer des Workshops (EBERLE, HEUSSNER, KILIAN) bejahten diese Konsequenz ausdrücklich.

Als Problem wurde ferner die Frage gekennzeichnet, welcher Abschnitt des Bundesdatenschutzgesetzes überhaupt auf die medizinischen Daten der Kassenärzte und Krankenhäuser Anwendung fände. Davon hängt nämlich ab, ob für die Übermittlung der Daten die §§ 10, 11 oder 24 BDSG mit jeweils unterschiedlichen Voraussetzungen gelten.

Herr BORCHERT bezweifelte die Anwendbarkeit des 3. Abschnitts, also auch des § 24 BDSG, weil der Kassenarzt öffentliche Aufgaben wahrnehme. Dem stimmte Herr EBERLE zu. Zur Weitergabe medizinischer Daten an die und innerhalb der Sozialversicherung lehnte ebenso wie Herr EBERLE auch Herr RULAND die in einem Gutachten vertretene Auffassung von Herrn PODLECH[1] ab, die gesamte Sozialversicherung sei ein einheitlicher Bereich, der den Fluß medizinischer Daten uneingeschränkt zulasse. Nach RULAND beweist § 35 Abs. 2 SGB I gerade das Gegenteil. Herr DAMANN interpretierte die Auffassung PODLECHS nicht als normative Aussage, also als die Wiedergabe eines Rechtssatzes, sondern lediglich als deskripitive Feststellung. Dieses Problem blieb jedoch in der Diskussion unaufgeklärt.

Trotz einer intensiven Debatte ließ sich auch keine Einigkeit darüber herstellen, ob § 35 SGB I auch für die Kassenärzte oder nur für die Versicherungsträger Bedeutung habe. Offen blieb auch die weitere, von Herrn HEUSSNER aufgeworfene Frage, ob der § 35 SGB I im Innernverhältnis zwischen Kassenarzt und Leistungsträger die Vorschriften des Bundesdatenschutzgesetzes ausschalte. Während sich HEUSSNER und EBERLE eher gegen die Anwendbarkeit des § 35 SGB I aussprachen, sahen DAMMANN und RULAND darin eine Ausnahmevorschrift zum Arztgeheimnis mit Vorrang vor §§ 10, 11 BDSG. Die Kontroverse spiegelt die unterschiedliche Einschätzung und Bewertung des Datenflusses nach den jeweiligen Vorschriften wider. Herr BORCHERT faßte den erzielten Minimalkonsens wie folgt zusammen: "Der Patient muß einen Anspruch darauf haben, daß seine Kommunikation mit dem Arzt gegenüber dritten Stellen grundsätzlich verschlossen bleibt. Die dritten Stellen müssen ihre Befugnisse, Daten aus diesem Bereich zu bekommen, besonders legitimieren. Es ist im wesentlichen eine Sache des Gesetzgebers, den Umfang der Weitergabe von Informationen aus diesem Bereich festzulegen."

---

[1] Adalbert Podlech, Datenschutzprobleme einer Dokumentation im vertrauensärztlichen Dienst und der gemeinsamen Forschung im Bereich der gesetzlichen Sozialversicherung (BPT-Bericht 4/78 der Gesellschaft für Strahlen- und Umweltforschung mbH) München 1978, S. 55 ff.

VERFÜGUNGSBERECHTIGUNG ÜBER MEDIZINISCHE DATEN

WOLFGANG KILIAN

I. Medizinische Daten

Medizinische Daten gelten mit Recht als die sensitivsten Angaben über eine Person [1]. Bei der Suche nach Kriterien zur Abgrenzung von anderen personenbezogenen Informationen stellt man bald fest, daß es kaum eine Angabe gibt, die nicht unter bestimmten Bedingungen medizinisch relevant wäre: Die berufliche Tätigkeit an einem umweltbelasteten Arbeitsplatz kann den Schluß auf eine Berufskrankheit zulassen, die Zugehörigkeit zu einer Sekte kann die sonst vielleicht stillschweigend angenommene Einwilligung zu einer notwendigen Operation ausschließen, die Staatsangehörigkeit einer Person kann den Verdacht auf eine regional begrenzte Krankheit lenken. Selbst Angaben über andere Personen (Geschwister, Eltern, Großeltern), über ein gestörtes Eheverhältnis oder über berufliche Streßsituationen können medizinisch Bedeutung gewinnen. Es ist also nicht möglich, einer Information unmittelbar das Prädikat "medizinisch" zu versagen. Vielmehr ergibt sich aus dem Verwendungszusammenhang, ob eine personenbezogene Information medizinisch interessiert. Medizinische Informationen lassen sich daher von anderen personenbezogenen Informationen nur dann abgrenzen, wenn man auf die Entstehung im Rahmen einer Heilbehandlung abstellt. Deshalb werden nachfolgend unter "medizinischen Daten" alle Informationen verstanden, die auf ein Arzt-Patienten-Verhältnis zurückgehen [2]. Dazu gehören Patientendaten (Befund-, Diagnose-, Therapie- und Eignungsdaten) und Arztdaten (Identifikationen des Arztes bei Behandlungsangaben). Unmittelbare Bezugsperson für die Arztdaten ist der Arzt. Bei bestimmten Patientendaten - insbesondere Befunddaten - sind mittelbare Bezugspersonen (z. B. Familienmitglieder im Rahmen einer Sozialanamnese) denkbar.

Die Verwendung dieser medizinischen Daten ist sehr vielgestaltig. Sie dienen nicht nur unmittelbar der Heilbehandlung, sondern ganz oder teilweise, anonymisiert oder unverschlüsselt, zu Zwecken der Abrechnung, Forschung, Statistik, der Beurteilung der Eignung, der Belastbarkeit und vieles mehr.

---

1) John Bing, Classification of personal information with respect to sensitivity aspect, in: Institut for privatrett Universitet Oslo, Data Banks and Society (The First International Oslo Symposion on Data Banks and Society), Oslo/Bergen/Tromsø 1972, p. 98-141; Rein Turn, Classification of personal information for privacy protection purposes, in: National Computer Conference 1976, p. 301 (304 f.).

2) Nach einer Definition des Europarats werden unter "medizinischen Daten" alle Informationen verstanden, die sich auf die Gesundheit eines Individuums beziehen (Europarat, Committee of Experts on Data Protection, Draft Resolution (7.) on Model Regulations for Electronic Medical Data Banks, CJ-PD-GT 2 (77) 2 v. 5. 9. 1977, p. 3.

Es lassen sich grob zwei Klassen von Verwendungen medizinischer Daten unterscheiden: Auf der einen Seite stehen <u>administrative Funktionen</u>. Sie umfassen insbesondere die Heilbehandlung, die Dokumentation und die Leistungsabrechnung. Auf der anderen Seite stehen <u>dispositive Funktio</u>-<u>nen</u>. Dazu zählen Verwendungen medizinischer Daten im Rahmen der Forschung und der Gesundheitsplanung.

II. Relevanz der "Verfügungsberechtigung"

Für die juristische Beurteilung der Frage, wer unter welchen Voraussetzungen den Fluß und die Verwendung medizinischer Daten steuern darf, ist die Festlegung der Verfügungsberechtigung ausschlaggebend. Die Frage nach der "Verfügungsberechtigung" bildet die unmittelbare juristische Anknüpfung zur Steuerung des Informationsflusses von der Erzeugung bis zur Verwendung von Daten. Alle Phasen der Datenverarbeitung (Erfassung, Speicherung, Übermittlung, Veränderung und Löschung) hängen in ihrer Zulässigkeit letztlich von der Kompetenz ab, über die medizinischen Daten wirksam und berechtigt verfügen zu können.

1. Entsprechend der traditionell dualen, vom individuellen Vertrauen getragenen und von Automationsproblemen abstrahierenden Beziehung zwischen Arzt und Patient war es bisher nur ausnahmsweise notwendig, die Verfügungsberechtigung rechtlich zu regeln. Insoweit gilt im Rahmen des <u>primären Verwendungszusammenhangs</u> medizinischer Daten zwischen Arzt und Patient der zivilrechtliche Behandlungsvertrag[3] sowie das ärztliche Berufsrecht. Innerhalb des <u>sekundären Verwendungszusammenhangs</u>, also im Verhältnis Arzt/Patient zu den Versicherungssystemen, findet das Privat- bzw. Sozialversicherungsrecht Anwendung. Für den gegenwärtig in Entwicklung befindlichen <u>tertiären Verwendungszusammenhang</u>, unter dem man die Beziehungen zwischen Arzt/Patient zu den öffentlichen Gesundheitsplanungs- und Gesundheitsvorsorgesystemen sowie zu Forschungseinrichtungen zusammenfassen kann, greift grundsätzlich Öffentliches Recht ein. Unterscheidet man in dieser Weise Verwendungsbereiche, so wird zugleich deutlich, daß von dem ersten zum dritten Bereich hin das Vertrauensprinzip an normativer Kraft verlieren muß, obwohl es überwiegend heute noch im Mittelpunkt zu stehen scheint.

Im Zuge der Rationalisierung und Automatisierung medizinischer Informationen wird die Anwendung überkommener Prinzipien zunehmend problematischer. In Krankenhäusern, Versicherungssystemen und Gesundheitsverwaltungen entstehen gegenwärtig zahlreiche medizinische Datenbanken. Die Patientendatenbank der Medizinischen Hochschule Hannover enthält sowohl medizinische Daten (u. a. Risikofaktoren, Diagnosen, Therapien, Komplikationen, Befunde,

---

3) Ein zivilrechtlicher Behandlungsvertrag liegt nicht nur bei der Behandlung von Privatpatienten, sondern auch bei der Behandlung von Kassenpatienten vor, vgl. § 368 d Abs. IV RVO und BGHZ 63, 265 (270 ff.); Klaus Luig, Der Arztvertrag, in: Wolfgang Gitter u. a., Vertragsschuldverhältnisse, München 1974, S. 223-257; W. Barnickel, Zur Rechtsnatur des Arztvertrages, in: Krankenhausarzt 51 (1978), S. 440-443.

Laborwerte) als auch administrative Angaben von zur Zeit 90.000 Patienten[4]. Seit 1970 besteht am Institut für medizinische Datenverarbeitung der Gesellschaft für Strahlen- und Umweltforschung in München für drei Kliniken eine Datenbank, die über jeden Patienten die Personaldaten, Verwaltungsdaten und medizinische Daten (u. a. Diagnosen, Risikofaktoren, postoperative Komplikationen, Histologie, Entlassungszustand) speichert[5]. Dasselbe Institut enthält ferner eine Datenbank, die rund 100.000 Befunddaten über Krebsvorsorgeuntersuchungen für Frauen dokumentiert, die von etwa 400 Ärzten aus ganz Bayern stammen[6]. Einige Datenbanken sind von vornherein geradezu als interaktive Systeme mit ihrer Umwelt angelegt. So verarbeitet die Datenzentrale Schleswig-Holstein in Kiel für Abrechnungszwecke gegenwärtig die Angaben über Diagnosen, angewandte Testverfahren, Medikamentierungen und Therapien aller Patienten in 12 öffentlichen Krankenhäusern[7]. Fast alle Allgemeinen Ortskrankenkassen unterhalten zentrale Rechenzentren, die zum Teil dasselbe Programmpaket IDVS II anwenden[8]. In der Privatversicherung gibt es computergestützte gemeinschaftliche Verwaltungseinrichtungen für verschiedene Versicherungssparten[9]. Geht man von diesen Realitäten aus, dann zeigt sich die Notwendigkeit, das klassische Modell der rechtlichen Kontrolle des Informationsflusses für Daten im und aus dem Arzt-Patienten-Verhältnis zu überdenken. Der Aufwand in rechtlicher Hinsicht muß dabei dem technischen Aufwand adäquat sein, der in die Entwicklung dieser neuen Systeme geht. Deshalb darf man nicht zu sehr hoffen, mit voreiligen Analogien zu bisherigen Lösungsmustern die neuen Probleme auffangen zu können.

---

4) K. Sauter/ P. L. Reichertz/ W. Weingarten/ W. Zowe, Die Datenbank in einem medizinischen Informationssystem, in: S. J. Pöppl, Praxis des Rechnereinsatzes in der Medizin, München/Wien 1978, S. 133 (139).

5) H. Stolley/R. Thurmayr, Probleme beim Aufbau und der Anwendung patientenorientierter Datenbanken, in: S. J. Pöppl (Anm. 4), S. 149.

6) H. Stolley/R. Thurmayr (Anm. 5), S. 149 (151).

7) H. Marwedel, Data Protection in a Computer-Aided Multi-Hospital Information System, in: G. Griesser, Realization of Data Protection in Health Information Systems, Amsterdam/ New York/Toronto 1977, p. 33 f.; vgl. auch Ferdi Kloos, Patientendatenerfassung im Krankenhaus mit Hilfe eines intelligenten Datenerfassungssystems, in: ÖVD 1976, S. 338/342.

8) Willy Wurster, Ein neuer Weg zum karteilosen Dienstleistungsbetrieb, in: Die Ortskrankenkasse 1977, S. 245 ff.; ferner: Hermann Heußner, Bundesdatenschutzgesetz und Sozialversicherung, in: Festschrift für Kurt Brackmann, St. Augustin 1977, S. 333-361; Karl Heinz Fröhlingsdorf/ Arno Gnaß, EDV-IN. Das System der Innungskrankenkassen, in: KrV 1978, S. 187-201; Karl-Heinz Romann, Datenverarbeitungsverbund der Ortskrankenkassen in Schleswig/Holstein, in: IBM-Nachrichten H. 241 (1978), S. 183-188.

9) Stellungnahme des Gesamtverbandes der Versicherungswirtschaft e.V. zum Bundesdatenschutzgesetz, in: Protokoll der 104. Sitzung des Innenausschusses und der 83. Sitzung des Ausschusses für Wirtschaft vom 31.3.1976, Deutscher Bundestag, 7. Wahlperiode, Innenausschuß 724-2450, S. 126 (129).

2. Bereits in der Vergangenheit hat das klassische Modell für den primären und sekundären Verwendungszusammenhang von medizinischen Daten zu Problemen geführt. Die Anknüpfung an die Schweigepflicht des Arztes, das Auskunftsrecht des Patienten, das Eigentum an Behandlungsunterlagen oder krankenversicherungsrechtliche Vorschriften konnte unterschiedliche Auffassungen nicht verhindern. Dies offenbarte sich beispielsweise bei Klagen auf Herausgabe von Krankenblättern im Rahmen von sogenannten ärztlichen Kunstfehlerprozessen[10] oder bei dem Streit über die Zulässigkeit des Verkaufs einer Arztpraxis einschließlich der Patientenkartei[11].

Neue Probleme entstehen dadurch, daß die Datenverarbeitung eine Zerlegung bisher einheitlicher Arbeitsvorgänge ermöglicht und Teilaspekte der ärztlichen Behandlung organisatorisch verselbständigt. In größeren Krankenhäusern werden Patientenfragebögen, Statistiken, Befund- und Arztbriefangaben rechnergestützt erarbeitet. Selbst die Erstellung von Befunden (Laboruntersuchungen, Herzschallanalysen, EKG-Auswertungen, Röntgendiagnosen, Differenzialdiagnosen) erfolgt teilweise schon automatisiert. Zu den klassischen Fehlerquellen bei der medizinischen Behandlung treten somit technisch bedingte Fehlerquellen. Nach empirischen Untersuchungen werden 4 % der Diagnosen und 8 % der Operationen falsch verschlüsselt[12]. Auf diesem Hintergrund gewinnt die alte Frage neue Bedeutung, wer über medizinische Daten verfügen und auf diese Weise implizit Kontrolle ausüben darf: Der Arzt? Der Patient? Das Krankenhaus? Der Versicherungsträger? Mehrere Beteiligte gemeinsam?

3. Die wohl rechtsdogmatisch am besten abgesicherte Grundlage für Verfügungsbefugnisse bildet das _Eigentum_ an Gegenständen. Das Bürgerliche Recht weist nämlich aus historischen Gründen dem Eigentum an einer Sache einen hohen Rang zu und knüpft daran Verfügungsbefugnisse an. Die Verfügungsbefugnis erscheint danach als eine Komponente der Eigentümerfreiheit.

Das Eigentum eines Arztes oder einer Institution an dem Material, auf dem medizinische Daten erfaßt werden (z. B. Papier, Mikrofilm, Mikrofiche, Lochkarten, Lochstreifen, Magnetbänder), kann jedoch in keinem Fall mehr zu einer ausschließlichen Verfügungsberechtigung über die dort verkörperten medizinischen Daten führen. Die Eigentümerbefugnisse nach §§ 903, 950 BGB sind

---

10) Umfangreiche Nachweise bei Hans-Leo Weyers, Empfiehlt es sich, im Interesse der Patienten und Ärzte ergänzende Regelungen für das ärztliche Vertrags-(Standes-) und Haftungsrecht einzuführen?, in: Deutscher Juristentag Bd. I (Gutachten), München 1978, S. 3 ff.

11) BGH NJW 1974, S. 602; dazu kritisch Goetz-Joachim Kuhlmann, Übertragung einer Arztpraxis und ärztliche Schweigepflicht, in: JZ 1974, S. 670-672.

12) H. Stolley/R. Thurmayr (Anm. 5), S. 149 (156). - Die Autoren empfehlen als Gegenmaßnahme Plausibilitätskontrollen; z. B. kann man einen Blinddarm nicht zweimal entfernen.

vielmehr durch das verfassungsmäßig höherrangige Persönlichkeitsrecht (Art. 2 Abs. 1 GG) der Bezugspersonen sowie von eigentumsbeschränkenden Gesetzen im öffentlichen Gesundheitswesen im Hinblick auf medizinische Daten eingeschränkt worden. Das - auch ökonomisch gesehen - Wertvollere bilden nicht die Datenträger, sondern die darauf verkörperten Daten. Dies ist insbesondere bedeutsam, wenn juristische Personen (z. B. Krankenhäuser) Eigentümer der Datenträger sind.

4. Auf Eigentumskategorien geht auch die wohl herrschende Auffassung zurück, Krankenblätter seien ausschließlich im Interesse des Arztes gefertigt, dienten als Gedächtnisstütze oder enthielten lediglich schriftliche Niederlegungen von Tatsachen[13]. Deshalb wird der Urkundencharakter der Aufzeichnungen verneint und ein Einsichtsrecht des Patienten nach § 810 BGB abgelehnt[14]. Diese Auffassung übersieht, daß die Dokumentation der medizinischen Betreuung von Kassen- und Privatpatienten stets im Rahmen eines Behandlungsvertrages zwischen Patient und Arzt erfolgt. Das Verhältnis zwischen Kassenarzt und Kassenpatient ist ebenso privatrechtlich zu beurteilen wie das Verhältnis zwischen niedergelassenem Arzt und Privatpatient[15]. Aufzeichnungen, die alle Ärzte anzufertigen haben[16], sind sowohl Bestandteil der Leistungsbeziehungen zwischen Arzt und Versicherungsträger als auch Bestandteil der Sorgfaltspflichten aus dem Behandlungsvertrag. Soweit die Aufzeichnungen mit dem Behandlungsvertrag zusammenhängen, hat der Patient - unabhängig von der Art der Dokumentation - ein berechtigtes Interesse auf Einsicht oder Auskunft.

5. Eine alternative Grundlage für Verfügungsberechtigungen läßt sich aus dem <u>allgemeinen Persönlichkeitsrecht</u> ableiten. Das allgemeine Persönlichkeitsrecht ist heute verfassungsrechtlich (Art. 2 Abs. 1 GG) und zivilrechtlich (§ 823 Abs. 1 BGB) anerkannt. Es führt zu Schadenersatz- und Unterlassungsansprüchen, wenn geschützte Bereiche der Persönlichkeit beeinträchtigt werden. Da es sich um eine gesetzlich nur in einigen Fällen präzisierte Rechtsposition handelt, greift hier in weitem Umfang die Kasuistik der Rechtsprechung ein.

---

13) Der Bundesgerichtshof hat allerdings in seiner neuesten Entscheidung ausdrücklich die Meinung abgelehnt, Aufzeichnungen des Arztes dienten lediglich der "internen Gedächtnisstütze" des Arztes, vgl. BGH NJW 1978, S. 2337 (2338 f.).

14) So Adolf Laufs, NJW 1975, S. 1433 (1435); Nachweise auch bei W. Uhlenbruck, Die Herausgabe ärztlicher Aufzeichnungen und Befunde an Patienten, in: Medizinische Klinik 70 (1975), S. 1660-1663.

15) Nachweise vgl. oben Anm. 3.

16) § 368g RVO i.V.m. § 5 Bundesmantelvertrag der Kassenärztlichen Bundesvereinigung mit den Bundesverbänden der RVO-Krankenkassen (in Kraft seit 1.7.1978); §§ 29 Abs. 4 RöV; 71 Abs. 3 S. 3, 4 StrahlSchVO. Vgl. auch Hans-Leo Weyers (Anm. 10), S. 3 (116f.).

III. Das Bundesdatenschutzgesetz und die Regelung der Verfügungsberechtigung

Für den speziellen Bereich dateimäßig erfaßter Informationen über eine Person haben das Bundesdatenschutzgesetz sowie die anschließenden Landesdatenschutzgesetze das allgemeine Persönlichkeitsrecht konkretisiert und eine neue Rechtsgrundlage hinsichtlich der Verfügungsbefugnisse geschaffen[17]. Die Datenschutzgesetze gelten grundsätzlich auch für Daten aus dem Arzt/Patienten-Verhältnis. Es wird nämlich dort nicht nach dem Verwendungstyp der Daten differenziert, sondern auf die Personenbezogenheit abgestellt. Zudem erwähnt das Bundesdatenschutzgesetz an mehreren Stellen "Daten über gesundheitliche Verhältnisse" (§§ 27 Abs. 3 S. 3, 35 Abs. 3 S. 3) und das "ärztliche Geheimnis" (§§ 45 S. 3, 10 Abs. 1 S. 2, 11 Abs. 1 S. 2). Deshalb fallen "dateimäßig" (§ 2 Abs. 3 Nr. 3 BDSG) gesammelte medizinische Daten von Ärzten, Krankenhäusern, Verrechnungsstellen. Forschungseinrichtungen oder Personenversicherern grundsätzlich unter das Bundes- bzw. Landesdatenschutzgesetz. Damit unterliegen aber auch Sammlung, Speicherung, Verarbeitung, Weitergabe, Auskunft, Berichtigung und Löschung medizinischer Daten diesen Gesetzen, soweit keine bundesrechtlichen Sondervorschriften bestehen (§ 45 BDSG) und soweit die Daten sich nicht in Akten oder Aktensammlungen (§ 2 Abs. 3 Nr. 3 BDSG) befinden. Beide Einschränkungen werfen allerdings Probleme auf.

1. Nach § 45 BDSG gehen "besondere Rechtsvorschriften des Bundes", soweit sie "auf in Dateien gespeicherte Daten anzuwenden sind", den Vorschriften des Bundesdatenschutzgesetzes vor.

a) Rechtsvorschriften des Bundes für den medizinischen Bereich finden sich vor allem in §§ 35, 60 SGB; 17 WPFiG; 3 Abs. 2 ASiG; 29 Abs. 3 RöV; 223, 319 a RVO sowie den daraufhin ergangenen Verordnungen, wie DEVO, DÜVO, 7. Berufskrankheiten Verordnung oder Röntgenverordnung sowie dem Arbeitssicherheitsgesetz. Sie beziehen sich jedoch selten auf den primären Verwendungszusammenhang medizinischer Daten (Arzt - Patient), sondern überwiegend auf den sekundären (Arzt/Patient - Versicherung) und vereinzelt auf den tertiären Verwendungszusammenhang (Arzt/Patient-Gesundheitsverwaltung).

b) Aus der ärztlichen Schweigepflicht läßt sich dagegen kein generelles alleiniges Verfügungsrecht mehr über dateimäßig erfaßte medizinische Daten ableiten. Die ärztliche Schweigepflicht ist keine Rechtsvorschrift des Bundes, sondern geht auf § 2 der Musterberufsordnung der Ärzte zurück, die auf dem 79. Ärztetag 1976 beschlossen worden ist[18]. Eine gesetzliche Ermächtigung zum Erlaß von Bundesrecht besteht für den Ärztetag nicht. Ebensowenig haben die Landesärztekammern das Recht, Berufsordnungen als Bundesrecht zu erlassen. Soweit die Landesärztekammern Berufsordnungen als Landesrecht erlassen haben, ist fraglich, ob die Länder den Kammern als

---

17) Vgl. Gesetzentwurf der Bundesregierung, Bundesrats-Drucks. 391/73 v. 25.5.73, S. 1; Bericht und Antrag des Innenausschusses (4. Ausschuß), Deutscher Bundestag, Drucks. 7/5277 v. 2.6.76, S. 1, 4, 5; Spiros Simitis, in: Simitis/Dammann/Mallmann/Reh, Kommentar zum Bundesdatenschutzgesetz, Baden-Baden 1978, Einleitung Rdnr. 17-31.

18) Helmut Narr, Ärztliches Berufsrecht, 2 A. Köln 1977, Rdnr. 746 f.

Zwangsverbänden die autonome Satzungsgewalt zur Regelung der Berufsausübung übertragen durften[19]. Durch die Regelung des Schweigerechts in den ärztlichen Berufsordnungen wird jedenfalls das Bundesdatenschutzgesetz nicht verdrängt, soweit es schärfere Anforderungen stellt. Ähnliches gilt für die Aufklärungspflicht nach § 11 der Musterberufsordnung[20].

c) Ebensowenig hat die Erwähnung, daß das ärztliche Berufsgeheimnis "unberührt" bleibe (§ 45 S. 3 BDSG) die Funktion, die dateimäßig verarbeiteten medizinischen Daten insgesamt aus dem Geltungsbereich des Bundesdatenschutzgesetzes auszuklammern. Die Wahrung des ärztlichen Berufsgeheimnisses ist keine Voraussetzung, sondern eine Folge der Verfügungsbefugnis über medizinische Daten. Das strafrechtliche Verbot, das ärztliche Geheimnis zu brechen, setzt erst einmal die Festlegung des Geheimnisbereichs auf der Grundlage der Verfügungsbefugnisse voraus. Wer verfügen kann, darf bestimmen, ob und was er geheimhalten will.

Aus dem Charakter des Bundesdatenschutzgesetzes als Schutzgesetz zugunsten des Individuums ergibt sich allerdings, daß über dieses Gesetz hinausgehende Berufspflichten des Arztes, die in der Rechtsprechung aus dem ärztlichen Berufsgeheimnis entwickelt worden sind, durch das Bundesdatenschutzgesetz nicht etwa abgeschwächt werden. Dies geht aus den §§ 10 Abs. 1 S. 2, 11 S. 2 BDSG hervor, die zusätzliche Voraussetzungen für die Zulässigkeit der Weiterübermittlung durch den Empfänger medizinischer Daten aufstellen. Die verunglückte Formulierung in § 45 S. 3 BDSG soll also lediglich die bisherige Rechtslage als Minimalschutz für den Patienten garantieren.

2. Die in § 2 Abs. 3 Nr. 3 BDSG enthaltene Ausklammerung von Akten oder Aktensammlungen aus dem Geltungsbereich des Gesetzes hat für medizinische Daten nur beschränkte Bedeutung. Dies beruht auf zwei Gründen: Einmal sind selbst Krankenblätter eines niedergelassenen Arztes meist nicht in Akten oder Aktensammlungen, sondern in Karteien erfaßt, die nach bestimmten Merkmalen geordnet sind (z. B. Name, Krankheit, Geschlecht). Vor allem aber in den Krankenhäusern werden die traditionellen Krankenblätter aus Rationalisierungsgründen immer mehr in Teildateien aufgelöst. Diese Teildateien beschränken sich von vornherein auf die Dokumentation bestimmter Merkmale (z. B. Namen, Befunde, Diagnosen, Therapien, Laborwerte, behandelnde

---

19) Vgl. Johann Hermann Husmann, Die Problematik in der Praxis bei Mitteilung und Übergabe ärztlicher Befunde, in: Armand Mergen (Hrsg.), Die juristische Problematik in der Medizin, Bd. II, München 1971, S. 183 f.; Wolfgang Schimmel, in: Steinmüller/Ermer/Schimmel, Datenschutz in riskanten Systemen, Berlin/Heidelberg/New York 1978, S. 34 ff.

20) Dazu: Otto Mallmann, in: Simitis u.a. (Anm. 17), § 26 Rdnr. 60; Angela Hollmann, Auskunftsanspruch des Patienten im Datenschutzrecht, in: NJW 1977, S. 2110 f.; Angela Hollmann, Das neue Bundesdatenschutzgesetz, in: Deutsche Medizinische Wochenschrift 1977, S. 1-3.

Ärzte, Leistungsziffern, Versicherungsträger usw.). Die Einzelangaben in Krankenblättern werden zu Elementen in Teildatenbanken. Aufgrund der multifunktionalen Verfügbarkeit der Teildatenbanken ändert sich auch die Qualität des Krankenblattes. Das Bundesdatenschutzgesetz bietet eine grundsätzlich angemessene Reaktion auf die neue Situation.

3. Damit findet das Bundesdatenschutzgesetz und die darin enthaltenen Regeln über Verfügungsbefugnisse grundsätzlich Anwendung auf folgende Bereiche:

- Verarbeitung medizinischer Daten nicht-öffentlicher Stellen, also beispielsweise der niedergelassenen Ärzte, Kassenärzte und Betriebsärzte, für eigene Zwecke, sowie auf die Weitergabe medizinischer Daten dieser Stellen an Dritte (§ 22 ff. BDSG).

- Geschäftsmäßige Verarbeitung medizinischer Daten nicht-öffentlicher Stellen für fremde Zwecke; darunter fallen beispielsweise Servicerechenzentren oder Dienstleistungsunternehmen, und zwar unabhängig von der Rechtsform und der Organisationshoheit (§§ 31 ff. BDSG).

- Verarbeitung medizinischer Daten durch Bundesbehörden, bundesunmittelbare Körperschaften, Anstalten und Stiftungen des öffentlichen Rechts sowie Vereinigungen solcher Stellen (§§ 7 ff. BDSG). Hierzu müssen sinnvollerweise auch die privatrechtlich organisierten Dachverbände von Sozialversicherungsträgern gezählt werden, deren Mitglieder Körperschaften oder Anstalten des öffentlichen Rechts sind[21].

Da der Bund für landesunmittelbare Körperschaften, Anstalten oder Stiftungen des öffentlichen Rechts, z. B. universitäre Forschungseinrichtungen, keine Gesetzgebungskompetenz besitzt, treffen insoweit die Landesdatenschutzgesetze Regelungen. Nach den vorliegenden Landesdatenschutzgesetzen werden die Regelungen des Bundesdatenschutzgesetzes weitgehend als Landesrecht übernommen.

4. Die Ausgestaltung der Verfügungsbefugnis über medizinische Daten im Bundesdatenschutzgesetz knüpft an Besonderheiten der Datenverarbeitung an. Der Interessenausgleich zwischen den Beteiligten wird über Regeln gesteuert, die Voraussetzungen für die Speicherung, Verarbeitung, Übermittlung, Veränderung, Auskunft, Berichtigung, Sperrung und Löschung von Daten festlegen.

Das Bundesdatenschutzgesetz macht die Speicherung, Übermittlung, Veränderung und Löschung medizinischer Daten in allen Fällen davon abhängig, daß entweder das Gesetz selbst oder eine

---

21) Hermann Heußner, Probleme des Datenschutzes in der Sozialversicherung, in: Zeitschrift f. d. g. Versicherungsw. 1/2 (1978), S. 57 (59 ff.).

andere Rechtsvorschrift dies erlaubt (§ 3 S. 1 Nr. 1 BDSG) oder der Betroffene schriftlich einwilligt (§ 3 S. 1 Nr. 2 und S. 2 BDSG). Freilich werden diese Grundsätze teilweise durch sehr weite Generalklauseln eingeschränkt, insbesondere bei den Übermittlungsvorschriften (§§ 11 S. 1, 24 Abs. 1 S. 1 BDSG).

Verfügungsbefugt ist als Treuhänder zunächst die "speichernde Stelle" (§ 2 Abs. 3 Nr. 1 BDSG), soweit sie sich im Rahmen ihrer Befugnisse (§ 3 BDSG) zur Datenverarbeitung hält. "Speichernde Stelle" kann beispielsweise der Arzt, das Krankenhaus, ein Versicherungsträger, eine Abrechnungsstelle oder ein Verband sein. Im Hinblick auf das Persönlichkeitsrecht des Patienten ist jedoch die Frage wichtig, ob bei dateimäßig erfaßten medizinischen Daten auch der Patient verfügungsberechtigt ist. Nach der Konzeption des Bundesdatenschutzgesetzes trifft dies zu, wie sich aus zahlreichen Teilrechten ergibt. Als Betroffener kann der Patient verlangen:

- Auskunft über die zu seiner Person gespeicherten Daten;
- Berichtigung, wenn die Daten unrichtig sind;
- Sperrung, wenn die ursprünglichen Voraussetzungen der Speicherung weggefallen sind;
- Löschung, wenn die Speicherung der medizinischen Daten unzulässig war (§ 4 BDSG) oder die speichernde Stelle die Richtigkeit der Daten nicht beweisen kann.

Die Auskunft an den Patienten darf nicht mit dem Hinweis verweigert werden, daß der Betroffene die Wahrheit nicht ertragen könne oder die Daten "ihrem Wesen nach" geheimgehalten werden müßten (§ 26 Abs. 4 Nr. 3 BDSG). Die bisherige Rechtsprechung zur ärztlichen Aufklärungspflicht muß sich insoweit an die veränderte Bewertung der Verfügungsbefugnisse nach dem Bundesdatenschutzgesetz anpassen[22]. Lediglich unter den Voraussetzungen eines Notstandes (§ 34 StGB) entfiele die Schadenersatzpflicht des Arztes (§§ 823 Abs. 2 BGB i.V.m. 26 Abs. 2 BDSG) für verweigerte Auskünfte.

In allen Fällen, in denen weder das Bundesdatenschutzgesetz selbst oder eine andere Rechtsvorschrift die Verarbeitung dateimäßig erfaßter medizinischer Daten zuläßt, sowie stets bei der Berichtigung, Sperrung oder Löschung von solchen Daten hat der Betroffene - also diejenige Person, auf die sich eine Einzelangabe bezieht (§ 2 Abs. 1 BDSG) - die alleinige Verfügungsbefugnis. Daraus ergibt sich:

Für dateimäßig erfaßte Patientendaten ist die jeweilige Bezugsperson, also der Patient, primär verfügungsberechtigt. Der Arzt ist insoweit zusätzlich verfügungsberechtigt:

- als er (z. B. bei Diagnosen und Therapien) als Urheber erkennbar ist und die Verwendung dieser Daten mit der Urhebereigenschaft zusammenhängt (z. B. für Abrechnungen sowie für Wirtschaftlichkeitsprüfungen nach § 223 RVO);
- soweit eine Einwilligung des Patienten vorliegt (§ 3 BDSG);
- soweit eine öffentlich-rechtliche Vorschrift eine bestimmte Verwendung der medizinischen Daten vorschreibt oder
- soweit es sich um faktisch anonymisierte medizinische Daten handelt.

---

22) A. A. Otto Mallmann, in: Simitis u. a. (Anm. 17), § 26 Rdnr. 67 m. Nachw.

Stillschweigende Einwilligungen von Patienten, die in der Vergangenheit oft als Grundlage einer alleinigen Verfügungsberechtigung des Arztes über medizinische Daten gedient haben, sind unter dem Datenschutzaspekt nur noch dann anzuerkennen, wenn vorher eine entsprechende Information des Patienten über die Verwendung stattgefunden hat ("informed consent").

IV. Konsequenzen für die medizinische Praxis

Die dargestellte Rechtslage hinsichtlich der Verfügungsbefugnis über medizinische Daten führt zu einer Reihe von einschneidenden Konsequenzen. Folgende Fragen erscheinen klärungsbedürftig:

1. Wie sind die Generalklauseln "berechtigtes Interesse der übermittelnden Stelle" und "schutzwürdige Belange des Betroffenen" auszulegen? Es könnte sich durchaus herausstellen, daß die Verfügungsberechtigung des Patienten aufgrund einer großzügigen Interpretation, wann eine Behörde oder Gemeinschaftseinrichtung "berechtigte Interessen" anführen kann, in Zukunft wieder eingeschränkt wird. Die Erarbeitung überzeugungsfähiger und praktikabler Abgrenzungskriterien auf der Grundlage einer Analyse der Informationsflüsse dürfte deshalb eine wichtige juristische Zukunftsaufgabe darstellen.

2. Wird nicht die medizinische Forschung durch die Verlagerung von Verfügungskompetenzen zum Patienten hin stark behindert? Eine Reihe von Forschungsvorhaben, insbesondere die epidemiologische Forschung, benötigt z. B. für Longitudinalstudien individualisierte medizinische Daten. Zumindest hierfür ist eine Forschungsklausel erforderlich. Sie muß die verfassungsmäßig garantierte Forschungsfreiheit (Art. 5 Abs. 3 S. 1 GG), sowie die Interessen der Gesundheitsvorsorge und der betroffenen Patienten berücksichtigen. Eine solche Forschungsklausel könnte institutionenbezogenen Treuhändergremien die Kontrolle der einzuhaltenden methodischen und datenschutzrechtlichen Standards übertragen. Insbesondere sollte vorgeschrieben werden, daß medizinische Daten nur dort Verwendung finden dürfen, wo ein entsprechendes Bedürfnis vom Forschungsziel her unabweisbar ist. Die Anforderungen für eine faktische Anonymisierung sind gesetzlich festzulegen.

V. Zusammenfassung

Bei der Beurteilung der Verfügungsbefugnis über medizinische Daten ist nicht das Eigentum am Datenträger, sondern die Zuordnung des Datums zu der betroffenen Person entscheidend. Zwischen der Ableitung der Verfügungsbefugnis aus dem Sacheigentum oder dem Persönlichkeitsrecht besteht kein konkurrierendes, sondern ein alternatives Verhältnis. Da es bei der Verarbeitung medizinischer Daten primär nicht um kommerzielle Interessen, sondern um individuelle Gesundheitsversorgung oder öffentliche Gesundheitsverwaltung geht, dominiert das Persönlichkeitsrecht über das Sacheigentum. Beispielsweise läßt sich ein persönliches Vertrauensverhältnis zwischen Arzt und Patient nicht durch den Verkauf der Arztpraxis auf einen Kollegen transferieren. Nach Inkrafttreten des Bundesdatenschutzgesetzes und unter der Voraussetzung, daß eine Patientenkartei oder Datensammlung den "Datei"-Begriff erfüllt, würde es sich bei dem Verkauf der Patientenkartei nach heutiger Rechtslage um eine Verletzung schutzwürdiger Belange des Patienten handeln (§ 24 Abs. 1 S. 1 BDSG), wenn dieser nicht zuvor der Weitergabe seiner Daten schriftlich (§ 3 S. 2 BDSG) zustimmt.

Die Begründung der Verfügungsbefugnis aus dem Persönlichkeitsrecht desjenigen, zu dessen Person medizinische Daten gespeichert werden, deckt sich mit der neueren Rechtsprechung des Bundesverfassungsgerichts. In mehreren Entscheidungen hat das Bundesverfassungsgericht aus Art. 1 und 2 GG Grenzen für die Verwendung persönlicher Angaben gezogen. Im jüngsten Beschluß über die Unzulässigkeit der Beschlagnahme von Klientenakten einer Drogenberatungsstelle führt das Gericht aus:

"Die Klientenakten der Beratungsstelle mit den Aufzeichnungen des Beraters über Gespräche, Tests, therapeutische Maßnahmen und den eigenen schriftlichen Äußerungen des Ratsuchenden betreffen zwar nicht die unantastbare Intinsphäre, wohl aber den privaten Bereich des Klienten. Sie nehmen damit - ähnlich wie ärztliche Karteikarten (Krankenblätter) - teil an dem Schutz, den das Grundrecht aus Art. 2 Abs. 1 in Verbindung mit Art. 1 Abs. 1 GG dem Einzelnen vor Zugriff der öffentlichen Gewalt gewährt"[23].

Eine tendenziell ähnliche Präzisierung der Verfügungsbefugnis erfolgt im Rahmen des allgemeinen Persönlichkeitsrechts nach § 823 Abs. 1 BGB[24]. Die medizinische Praxis wird ihre traditionellen Vorstellungen über die Verfügungskompetenzen dieser Entwicklung anpassen müssen, wenn nicht das geplante Bundessozialdatengesetz Sondervorschriften für den medizinischen Bereich schafft. Die Konkretisierungen in einem Spezialgesetz setzen rechtspolitische und medizinpolitische Entscheidungen darüber voraus, welche Arten und Formen der Beschaffung und Verwendung medizinischer Daten wünschenswert sind. Die Diskussion hierüber ist praktisch erst über die Auslegung des Bundesdatenschutzgesetzes in Gang gekommen.

Die stärksten Veränderungen im Kommunikationsprozeß mit medizinischen Daten ergeben sich gegenwärtig im sekundären und tertiären Verwendungszusammenhang. Moderne Auffassungen über die Aufgaben und Notwendigkeit von Sozialversicherung und Gesundheitsplanung führen zu neuen Informationsbedürfnissen, Kommunikationssystemen und Rationalisierungsvorhaben. Diese Entwicklung verwundert nicht, da insbesondere die gesetzliche Krankenversicherung in ihrer fast einhundertjährigen Geschichte stets Träger sozialpolitischer Vorstellungen war[25].
Die juristischen Anstrengungen müssen darauf gerichtet sein, eine moderne Gesundheitsversorgung zu ermöglichen, ohne die berechtigten Interessen der betroffenen Patienten und Ärzte zu minimieren.

---

23) BVerfG NJW 1977, S. 1489. Schon in der Entscheidung NJW 1972, S. 1123 ff. ordnete das Bundesverfassungsgericht ärztliche Karteikarten dem privaten Bereich des Patienten zu mit dem Anspruch auf Geheimhaltung.

24) Peter Schwerdtner, Das Persönlichkeitsrecht in der deutschen Zivilrechtsordnung, Berlin 1977.

25) Vgl. Willi Weyrauch, Vom Mittel zum Zweck. Zum Wandel des Stellenwertes der gesetzlichen Krankenversicherung, in: Die Ortskrankenkasse 9/1978, S. 286-293.

THESEN

1. Unter "medizinischen Daten" werden alle Informationen verstanden, die auf ein Arzt-Patienten-Verhältnis zurückgehen. Dazu gehören Patientendaten (Befund-, Diagnose-, Therapie- und Eignungsdaten) und Arztdaten (Identifikation des Arztes bei Behandlungsangaben).Unmittelbare Bezugsperson für die Patientendaten insbesondere Befunddaten für die Arztdaten ist der Arzt. Bei bestimmten Patientendaten - inbesondere Befunddaten - sind mittelbare Bezugspersonen (z. B. Familienmitglieder im Rahmen einer Sozialanamnese) denkbar.

2. Die "Verfügungsbefugnis" liefert die juristische Anknüpfung für die Frage, wer unter welchen Voraussetzungen den Fluß und die Verwendung medizinischer Daten steuern darf.

3. Bei der Verwendung medizinischer Daten lassen sich administrative Funktionen (Dokumentation, Abrechnung) und dispositive Funktionen (Gesundheitsplanung, Forschung) unterscheiden.

4. Art und Umfang der Verfügungsbefugnis über medizinische Daten hängen von der Legitimation des jeweiligen Verwendungszusammenhangs ab. Legitimationen bildeten bisher

   - im Rahmen des <u>primären Verwendungszusammenhangs</u> zwischen Arzt und Patient der Behandlungsvertrag und das ärztliche Berufsrecht,

   - im Rahmen des <u>sekundären Verwendungszusammenhangs</u> zwischen Arzt/Patient sowie den öffentlichen und privaten Versicherungssystemen das Sozial- und Privatversicherungsrecht,

   - im Rahmen des <u>tertiären Verwendungszusammenhangs</u> zwischen Arzt/Patient sowie den öffentlichen Gesundheitsplanungs-, Gesundheitsvorsorge- und Gesundheitsforschungseinrichtungen das Öffentliche Recht.

5. Die zunehmende Erfassung hochaggregierter medizinisch-statistischer Angaben bis hin zu individualisierbaren Diagnosen in Datenbanken erfordern Überlegungen, ob das juristische Modell für die Verfügungsbefugnis und damit das System der rechtlichen Kontrolle medizinischer Daten noch ausreicht oder weiterzuentwickeln ist.

6. Das klasssische juristische Modell für die Steuerung des Informationsflusses über medizinische Daten beruht auf der Schweigepflicht des Arztes, dem Auskunftsrecht des Patienten, dem Eigentum an den Behandlungsunterlagen sowie krankenversicherungsrechtlichen Verwendungsregeln. Außerhalb des Krankenversicherungsbereichs handelt es sich um Rechtssprechungsgrundsätze. Diese haben bereits in der Vergangenheit, beispielsweise bei Klagen auf Herausgabe von Krankenblättern in sogenannten ärztlichen Kunstfehlerprozessen, zu kontroversen Ansichten geführt. Für die Bewältigung neuartiger, durch EDV ermöglichte Kommunikationsbeziehungen reichen die bisherigen Rechtssprechungsgrundsätze für einen angemessenen Interessenausgleich nicht aus.

7. Das Bürgerliche Recht weist aus historischen Gründen dem Eigentum an einer Sache einen hohen Rang zu und knüpft daran Verfügungsbefugnisse an. Die Verfügungsbefugnis erscheint danach als eine Komponente der Eigentümerfreiheit. Das Eigentum eines Arztes oder einer Institution an dem Material, auf dem medizinische Daten erfaßt werden (z. B. Papier, Mikrofilm, Mikrofiche, Lochkarten, Lochstreifen, Magnetbänder) kann jedoch in keinem Fall mehr zu einer ausschließlichen Verfügungsberechtigung über die dort verkörperten medizinischen Daten führen. Die Eigentümerbefugnisse nach § 903 BGB sind durch das verfassungsmäßig höherrangige Persönlichkeitsrecht (Art. 2 Abs. 1 GG) der Bezugspersonen sowie von eigentumsbeschränkenden Gesetzen im öffentlichen Gesundheitswesen im Hinblick auf medizinische Daten eingeschränkt worden. Das - auch ökonomisch gesehen - Wertvollere bilden nicht die Datenträger, sondern die darauf verkörperten Daten. Dies ist insbesondere bedeutsam, wenn juristische Personen (z. B. Krankenhäuser) Eigentümer der Datenträger sind.

8. Das Bundesdatenschutzgesetz und die anschließenden Landesdatenschutzgesetze haben für dateimäßig erfaßte medizinische Daten das Persönlichkeitsrecht konkretisiert und eine neue Rechtsgrundlage hinsichtlich der Verfügungsbefugnisse geschaffen. Soweit medizinische Daten nicht in Akten oder Aktensammlungen, sondern in "Dateien" i. S. des § 2 Abs. 3 Nr. 3 BDSG erfaßt werden, unterliegen Sammlung, Speicherung, Verarbeitung, Weitergabe, Auskunft, Berichtigung und Löschung diesem Gesetz, soweit keine bundesrechtlichen Sondervorschriften (§ 45 BDSG) bestehen. Danach fallen dateimäßig gesammelte medizinische Daten von Ärzten, Krankenhäusern, Verrechnungsstellen, Forschungseinrichtungen und Personenversicherern grundsätzlich unter das Bundes- bzw. Landesdatenschutzgesetz.

9. Für dateimäßig erfaßte Patientendaten ist dadurch die jeweilige Bezugsperson primär verfügungsberechtigt. Der Arzt ist insoweit verfügungsberechtigt

   - als er (z. B. bei Diagnosen und Therapien) als Urheber erkennbar ist und die Verwendung dieser Daten mit der Urhebereigenschaft zusammenhängt (z. B. für Abrechnungen sowie für Wirtschaftlichkeitsprüfungen nach § 223 RVO)

   - soweit eine Einwilligung des Patienten vorliegt (§ 3 BDSG)

   - soweit eine öffentlichrechtliche Vorschrift eine bestimmte Verwendung der medizinischen Daten vorschreibt oder

   - soweit es sich um faktisch anonymisierte medizinische Daten handelt.

10. Stillschweigende Einwilligungen von Patienten, die in der Vergangenheit oft als Grundlage einer alleinigen Verfügungsberechtigung des Arztes über medizinische Daten gedient haben, sind unter dem Datenschutzaspekt nur noch dann anzuerkennen, wenn vorher eine entsprechende Information des Patienten über die Verwendung stattgefunden hat ("informed consent").

11. Probleme bei der Anwendung des Datenschutzrechts auf medizinische Daten ergeben sich

insbesondere

- bei der Frage, wer "speichernde Stelle" (§ 2 Abs. 3 Nr. 1 BDSG) ist (wichtig bei Krankenhäusern, Verrechnungsstellen, Gemeinschaftspraxen),

- wie die Generalklauseln "schutzwürdige Belange" und "berechtigtes Interesse" (§ 24 Abs. 1 S. 1 BDSG) zu konkretisieren sind,

- bei der medizinischen Forschung.

12. Für die medizinische Forschung ist es erforderlich, eine die Forschungsfreiheit (Art. 5 Abs. 3 S. 1 GG) und den Interessen der Gesundheitsvorsorge Rechnung tragende gesetzliche Sondervorschrift hinsichtlich der Verfügungsberechtigung zu schaffen ("Forschungsklausel"). Diese Sondervorschrift könnte institutionsbezogenen Treuhändergremien die Kontrolle der einzuhaltenden Richtlinien übertragen. Insbesondere sollte vorgeschrieben werden, daß medizinische Daten nur dort in nicht anonymisierter Form Verwendung finden dürfen, wo ein entsprechendes Bedürfnis vom Forschungsziel her unabweisbar ist. Die Anforderungen für eine faktische Anonymisierung sind gesetzlich festzulegen.

ZUSAMMENFASSUNG DER DISKUSSION ZUM REFERAT
"VERFÜGUNGSBERECHTIGUNG ÜBER MEDIZINISCHE DATEN"

A. J. PORTH, W. KILIAN

Herr HEUSSNER problematisierte zunächst die Kennzeichnung der Beziehungen zwischen Arzt und Patient als "Behandlungsvertrag" und sagte: "Bei der großen Masse der Sozialversicherten gibt es keinen Behandlungsvertrag. Es besteht lediglich ein öffentlich-rechtliches Versicherungs-verhältnis zwischen den Sozialversicherungsträgern und dem Versicherten, das diesem einen Anspruch auf eine Dienstleistung gibt. Diese Dienstleistung hat eine öffentlich-rechtliche Körperschaft - die Kassenärztliche Vereinigung - sicherzustellen. Die Kassenärztliche Vereini-gung hat Zwangsmitglieder, nämlich die Kassenärzte, und die vollziehen diese Dienstleistung." Das Mißverständnis, einen privatrechtlichen Vertrag anzunehmen, beruhe auf § 368 g Abs. 4 RVO und der Tatsache, daß es früher keine Sozialgerichte gegeben habe, die über Sorgfalts-pflichtverletzungen hätten entscheiden können. Die Unklarheiten wirkten sich heute bei der Anwendung des Bundesdatenschutzgesetzes aus. Herr KILIAN bemerkte, daß es dann für die Rechte des Patienten auf den organisatorischen Überbau, in dem der Arzt tätig wird, ankomme: Der Überbau kann aber "keinen Einfluß auf die Rechte des Patienten haben, Auskunft von dem Arzt zu verlangen .... Denn für den Kassenpatienten gilt das Prinzip der freien Arztwahl. Die Arztwahl wird von bestimmten Gesichtspunkten gesteuert, z. B. vom Vertrauen. Ich weiß also nicht, warum so große Unterschiede bestehen zwischen einem privaten Arztvertrag und einem anderen, soweit das Vertrauensverhältnis betroffen ist." Herr HEUSSNER betonte, er wolle keine abschließende Meinung vertreten; er sehe die auftretenden Schwierigkeiten weniger im Verhältnis Arzt - Patient als im Verhältnis Arzt - Versicherungsträger.

Herr DAMMANN hielt den Begriff der "Verfügungsbefugnis" für problematisch. Im Kern ginge es um die Frage der Zuständigkeit für Daten, also um die rechtliche Zuordnung. Soweit ein Arzt Aufzeichnungen mache, handele es sich um "Unterlagen und Instrumente seines Berufes. Er verfügt darüber. Er ist dafür auch verantwortlich. Er ist im Sinne das Datenschutzgesetzes die speichernde Stelle". Diese grundsätzliche Verfügungsbefugnis sei lediglich durch die Rechte des Patienten eingeschränkt. Andernfalls käme man zu der fragwürdigen Konstruktion mehrerer Verfügungsbefugnisse. Im übrigen ergebe sich ein Problem bei der Anwendung von §§ 10, 11 und 24 BDSG: "Daß das Arztgeheimnis Vorrang haben soll, kann man dem § 45 S. 2 BDSG entnehmen, wonach das Arztgeheimnis unberührt bleibt .... Es wäre auch widersinnig, wenn wir feststellen müßten, daß vor dem Erlaß des Bundesdatenschutzgesetzes das Arztgeheimnis gegolten hat und damit die Übermittlung eben nicht möglich war - nur aufgrund spezieller gesetzlicher Ermächtigung oder der Einwilligung - und daß nun das Bundesdatenschutzgesetz diese eigentlich so weiten generalklauselartigen Übermittlungstatbestände der §§ 10, 11 und 24 BDSG eingefügt und damit die Übermittlungsmöglichkeiten so außerordentlich ausgedehnt haben soll." Herr DAMMANN meinte, man müsse trennen zwischen der "zuständigen Stelle" i. S. des Bundesdaten-schutzgesetzes, die "verfügungsbefugt" sei und den Rechten des Patienten, der beispielsweise bei der Übermittlung medizinischer Daten Entscheidungsbefugnisse besitze.

Herr KILIAN verwies darauf, daß der § 45 S. 2 BDSG erst sehr spät in das Gesetz eingefügt worden sei und die Relevanz der Bestimmung nicht ausdiskutiert erscheine. Wie im Referat ausgeführt, halte er den § 203 StGB für problematisch, weil die Grenzen der Auskunftsrechte und Auskunftspflichten nicht durch Bundesrecht, sondern nur durch untergesetzliche Regelungen und durch Gerichtsentscheidungen festgelegt würden. Insoweit schaffe das Bundesdatenschutzgesetz jedoch präzisere Vorgaben, soweit der Patient selbst betroffen werde. Da das Bundesdatenschutzgesetz die medizinischen Daten als Teilmenge der personenbezogenen Daten erfasse, müßten alle Vorschriften auch angewandt werden. Ob man das begrüßen soll und ob innerhalb des primären, sekundären und tertiären Verwendungszusammenhangs nicht ganz andere Steuerungskriterien zur Verfügung stünden, sei eine andere Frage, die auf der politischen Ebene entschieden werden müsse. Abschließend sagte er: "Ich warte auf den ersten Kunstfehlerprozeß, in dem ein Anwalt auf die Idee kommt, kein Strafverfahren vorwegzuschalten, um an die Akten zu kommen, sondern sich auf das Bundesdatenschutzgesetz beruft, weil er weiß, es sind ja Dateien vorhanden. Er wird alle Daten bekommen müssen, die Laborwerte und alles, was er sonst nicht bekommen hat."

Überwiegend Zustimmung fand Herr KILIAN mit der These, daß die Verfügungsbefugnis über medizinische Daten nicht mehr auf das Eigentum an den Datenträgern gestützt werden könne, sondern auf dem Persönlichkeitsrecht beruhe. Herr SCHAEFER hob die Konsequenzen dieser Auffassung, die er für vermutlich unumgänglich hielt, für die medizinische Praxis hervor: "Wahrscheinlich läuft es darauf hinaus, jeden Patienten anzuschreiben, auch wenn es natürlich sehr aufwendig ist. Denken Sie besonders daran, daß dann, wenn der Praxisinhaber verstorben ist, ja diese Aufgabe von irgend jemandem übernommen werden muß. Ich glaube, wir werden hier von der Ärztekammer .... Ausführungsbestimmungen erwarten, damit dies in der Zukunft einen vernünftigen Weg geht." Herr DAMMANN hielt das Anschreiben aller Patienten - vergleichbar mit dem Einzug offener Geldbeträge - selbst dann für vertretbar, wenn die Klientel einer Praxis - nach Angaben von Herrn SCHAEFER - "zwischen 800 und bisweilen weit über 2000 Patienten zuzüglich einer mehrfach größeren Altkartei umfasse".

Abschließend betonte Herr SCHAEFER den möglichen Einfluß des Bundesdatenschutzgesetzes auf die Praxis der ärztlichen Dokumentation: "Der Arzt wird dazu kommen, entweder in dem sensibelsten Bereich, in seiner unmittelbaren Beziehung zum Patienten, gar keine Aufzeichnungen zu machen oder eine Geheimkartei anzulegen, die er unter gar keinen Umständen preisgeben will, weil nämlich sonst genau dieser sensibelste Bereich extrem gefährdet wird durch die immer mehr ansteigenden Informationsansprüche Dritter aus dem Gesamtsystem. Das ist ein Sachverhalt, worüber wir Ärzte uns klar werden müssen. Hier werden sich also die Dokumentationsverfahren in der Arztpraxis .... und das Dokumentationsverhalten entscheidend ändern müssen - eine Folge, die ich eigentlich nicht begrüßen kann, weil sie als echter Störfaktor in die Beziehung zwischen Arzt und Patient eingeht".

DER SCHUTZ "MEDIZINISCHER" DATEN:
TERMINOLOGISCHE, RECHTLICHE UND ORGANISATORISCHE ASPEKTE;
SOWIE EIN VORSCHLAG ZUR GESETZLICHEN REGELUNG DES DATEN-
SCHUTZES BEI FORSCHUNG UND PLANUNG.

W. STEINMÜLLER

1. Terminologie: "Medizinische" Daten
2. Eigentum an Daten?
3. Die komplizierte Rechtslage "medizinischer" Daten
4. Was heißt "ärztliche Schweigepflicht" heute?
5. Grundgedanken einer zeitgemäßen Realisierung des Persönlichkeitsrechts des Patienten
6. Das Sonderproblem der Planungs- und Forschungsdaten
7. Ein Gesetzgebungsvorschlag zur Datenverarbeitung für wissenschaftliche Zwecke

1. Terminologie: "Medizinische" Daten

Angesichts widersprüchlicher terminologischer Vorschläge habe ich es bisher immer als einfachstes empfunden, wenn ich mir überlegte, was durch die einzelnen Termini (in welcher Hinsicht "Rolle") abgebildet wird.

Wenn man also versucht, die auftretenden Daten nach ihrem pragmatischen Inhalt zu klassifizieren, gibt es - im medizinischen Verhältnis - Daten über Patienten, dann über den Arzt, drittens über Angehörige, viertens über sonstige Dritte (z. B. im Rahmen der Sozialanamnese). Die beiden letzteren möchte ich nicht mit den Patientendaten zusammenfassen, weil sich möglicherweise sonst nicht klar ergibt, daß der Dritte zustimmen muß, d. h. seine Daten nicht notwendig das rechtliche Schicksal der Daten des Patienten teilen (z. B. beim Verkauf einer Arztpraxis).

Die gleichen Daten spielen aber auch in anderen rechtlichen Bezügen eine Rolle; so ist als weiterer Bereich die Versichertendaten zu nennen (§ 35 SGB-AT): dort wird der Mensch in seiner Rolle als Versicherter abgebildet; sechstens gibt es Klientendaten (§ 203 Abs. 1 StGB); Daten über Verwaltete (§ 30 VwVerfG); über Steuerzahler (§ 30 AO); usw.

Nun wurde hier der Hilfsbegriff "medizinische Daten" eingeführt (als Inbegriff der aus dem Arzt-

Patienten-Verhältnis stammenden Daten des Patienten, seiner Angehörigen, Dritter; nicht jedoch die Arztdaten) als Objekt des Geheimhaltungs-, aber auch des Forschungsinteresses des ärztlichen Standes. Da hat sich sogar so etwas wie eine herrschende Meinung herausgebildet (über die genaue Abgrenzung zum Begriff der "Gesundheitsdaten" wird man dann die Kommentare konsultieren). Nun darf man nicht vergessen, daß aus dem Begriff der "medizinischen" Daten erst einmal rechtlich nichts folgt; denn der Bereich dieser Daten ist juristisch verschieden geregelt, so daß man sich viel terminologische Mühe und Anstrengung ersparen kann, wenn man diese Bezeichnung nicht benützt. - Selbstverständlich bezeichnen die "medizinischen Daten" ein standespolitisches oder ökonomisches oder ein Forschungsproblem: Begriffe sind ja bekanntlich (nach der entlarvenden Terminologie der Bibliothekare) "Hieb-, Stich- und Schlagworte", demnach Mittel zu Zwecken.

Sieht man medizinische Daten als den terminologischen Ausdruck von Interessen eines bestimmten Berufes, so ist zudem anzumerken, daß es obendrein ein sehr problematischer Ausdruck ist, weil der Begriff der "medizinischen" Daten z. B. den Interessengegensatz zwischen medizinischen Sozialforschern und den behandelnden Ärzten verdecken könnte. Denn was die einen an Daten haben wollen, verweigern die anderen.

2. "Eigentum" an Daten?

Nach dem Versuch einer terminologischen Klarstellung ein zweiter: ein "Eigentum" an Daten ist schon aus den Gründen verfehlt, die Herr KILIAN angegeben hat. Es gibt einen weiteren Grund: Er sei durch eine hübsche Geschichte illustriert. Bis vor kurzem (und vielleicht heute) war es noch möglich, daß ein mit Daten beschriebener Plattenstapel beim Zoll an der Grenze als gering zu verzollende "gebrauchte Ware" durchging, während ein leerer Plattenstapel als "neu" teuer zu stehen kommen konnte - ungeachtet dessen, daß die Daten u. U. den eigentlichen Wert darstellen.

Man muß also zwischen dem Eigentum an dem Datenträger und - nicht dem Eigentum, sondern - dem Verfügungsrecht an den Daten unterscheiden, und zwar aus dem simplen Grund, weil Eigentum nur an Sachen möglich ist, Daten aber die vertrackte Eigenschaft haben, daß sie nicht materiell sind, sondern ideell abbilden, und zwar nicht nur Sachen, sondern genauso auch Personen oder andere Informationen, beispielsweise Rechtsverhältnisse. Aus diesem rechtstheoretischen und zugleich informations-wissenschaftlichen Grund sollte man sich vor dem vereinfachten Sprachgebrauch des "Eigentums an Daten" hüten - noch dazu, wo dieser Sprachgebrauch häufig legitimierend verwendet wird, um faktische Zugriffsmöglichkeiten abzuschirmen. Da sprechen nicht nur Ärzte von "ihren" Daten (wobei sie nicht Arztdaten meinen), sondern natürlich auch die Datenverarbeiter, um sich gegen die Verwaltungsstellen abzusichern, usw. Das ist ein Unfug, den man unterbinden sollte.

3. Die komplizierte Rechtslage "medizinischer" Daten

Der juristische Ausgangspunkt ist bereits in der bisherigen Debatte hinreichend klar geworden, daß ungeachtet der verfassungsrechtlichen Kontroversen es sich letzten Endes um Persönlichkeits- und Kommunikationsschutz handelt und nicht um Versicherungs- oder Arztschutz oder

"Daten"-Schutz oder sonst etwas. Wenn man sich darüber einig ist, was, glaube ich, der Fall ist, ungeachtet der juristischen Differenzen über nachgeordnete Details, dann ist die Anschlußfrage, mit welchen Rechtsnormen die verschiedenen Datenmengen belegt werden. Leider ist das nicht ganz einfach. Ich habe hier etwas für unsere nichtjuristischen Teilnehmer angemalt, um zu zeigen, wie für fast die gleichen Daten drei verschiedene rechtliche Regeln gelten.

Wie <u>Abb. 1</u> zeigt, handelt es sich hinsichtlich der beteiligten

- <u>Daten</u> um drei Bereiche: nämlich den Bereich der
  (1) Versichertendaten (§ 35 SGB-AT)
  (2) Patientendaten (und Daten ihrer Angehörigen usw.) (§ 203 Abs. 1 Ziff. 1 StGB)
  (3) personenbezogenen Daten (§ 2 Abs. 1 BDSG)

- <u>DV-Prozesse:</u> um zwei Phasen; nämlich die Phasen der
  (a) Offenbarung bzw. Übermittlung von Daten (§ 35 aaO; § 203 aaO)
  (b) Speicherung, Veränderung und Löschung von Daten (BDSG).

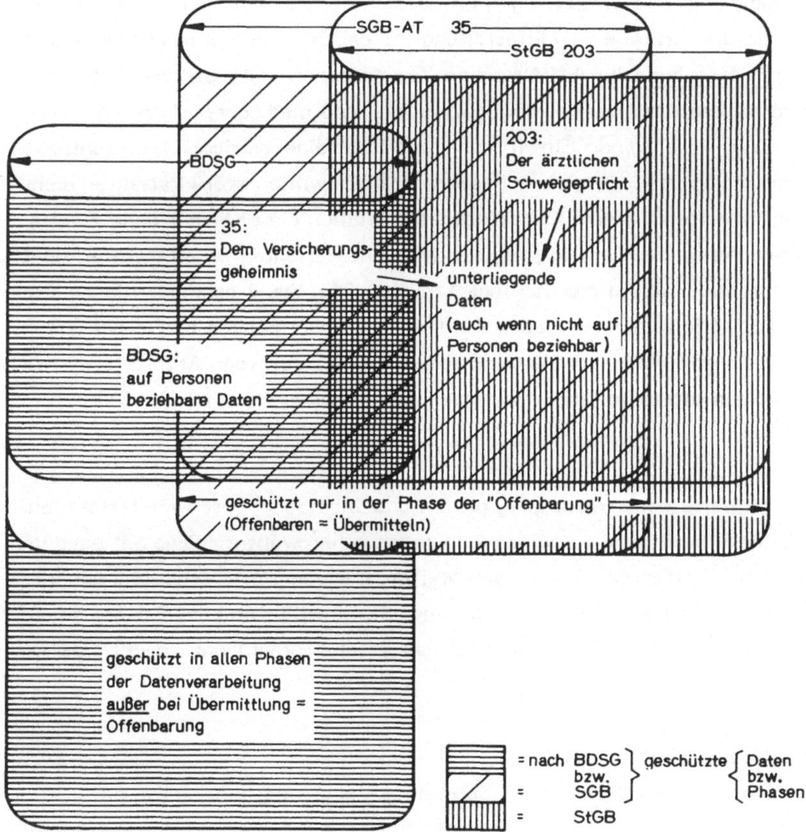

Abbildung 1: Das Verhältnis von BDSG, SGB-AT und StGB § 203

Zur Erläuterung:

<u>Versicherten- und Patientendaten</u> müssen nicht personenbezogen sein; etwa wenn ein Patient ein Betriebsgeheimnis einer Firma ausplaudert. Die Datenmengen sind also nicht identisch. <u>"Übermitteln" und "Offenbaren"</u> hat, wie anhand der Kommentare zum BDSG bzw. zum StGB festgestellt werden kann, juristisch die gleiche Bedeutung - übrigens ein ungewöhnliches Phänomen!

Streitig ist, ob <u>"Auftragsdatenverarbeitung"</u> ein "Offenbaren" darstellt (obwohl es nach § 8 BDSG keine "Übermittlung" ist, sondern ein quasi interner Vorgang innerhalb des Verantwortungsbereiches der "speichernden Stelle"). Ich favorisiere die Auslegung, daß das BDSG als lex specialis posterior eine authentische Interpretation für Datenweitergabevorgänge gegeben hat: Bei automationsunterstützter "DV außer Haus" (nur für sie gilt § 8 BDSG, nach der Entstehungsgeschichte des Gesetzes) soll allgemein (also auch für Patienten- usw. -Daten) juristisch keine "Übermittlung" (und mithin auch keine "Offenbarung") vorliegen.

Ehe ich auf die verschiedenen Datenübermittlungen im Bereich der sozialen Sicherung eingehe, möchte ich versuchen, für die Ärzte eine Hilfestellung zu geben in der praktischen Arbeit hinsichtlich der <u>Einwilligungsproblematik:</u> Auf Grund des Bundesdatenschutzgesetzes und seiner Formulierungen im § 3 ist es dem Arzt jetzt ermöglicht, durch "informed consent" des Patienten (indem er ihn über die Tragweite seiner Einwilligung aufklärt) eine gewisse Datenkontrolle auszuüben, so daß er durch die Sperrwirkung einer beschränkten Einwilligung des Patienten nicht mehr legitimiert ist, die bisherigen Datenanforderungen zu erfüllen, die er bisher ohne Zweifel erfüllt hat. Er kann sagen: Nein, die Einwilligung, die ich vom Patienten erhalten habe, geht nicht mehr so weit, ich bin leider durch das Strafgesetzbuch § 203 Abs. 1 gehindert über diese Einwilligung hinauszugehen. - Hier wäre ein weites Feld, wie man die meisten hier diskutierten kasuistischen Fragen auf diesem Wege pragmatisch lösen könnte: der vom Arzt informierte Patient wird im beiderseitigen Interesse die Einwilligung beschränken. Dazu ist er rechtlich in der Lage.

Der Arzt muß also die Tragweite der Einwilligung prüfen und wird dabei unschwer feststellen, daß sicher der Patient keine Einwilligung zu seinen Ungunsten geben wollte. - Dies gilt auch im Verhältnis des Patienten zu Dritten; z. B. bei der Weitergabe von Patientendaten von der Krankenversicherung an die Lebensversicherung. Zwar wird die Einwilligung vom Patient an die Versicherung erklärt, aber mutmaßlich (wie der Arzt unterstellen kann) nur soweit, als sie zugunsten des Patienten wirkt.

4. Was heißt "ärztliche Schweigepflicht" heute?

Herr LUTTERBECK hat von der "ärztlichen Schweigepflicht" als einer "Grundfiktion" gesprochen. Das ist nicht ganz falsch, wenn man empirisch untersucht, was mit den Patienten- usw. Daten heute normalerweise geschieht. Zur Illustration möchte ich die Datenflüsse im Rahmen der sozialen Sicherung darstellen.

Geht man vom Gesamtbereich der sozialen Sicherung und dem ihm zugeordneten Sozialdaten-
banksystem der Bundesrepublik Deutschland aus, so ist der Bereich der gesetzlichen Krankenversicherung nur einer von mehreren Teilbereichen (in <u>Abb. 2</u> links):

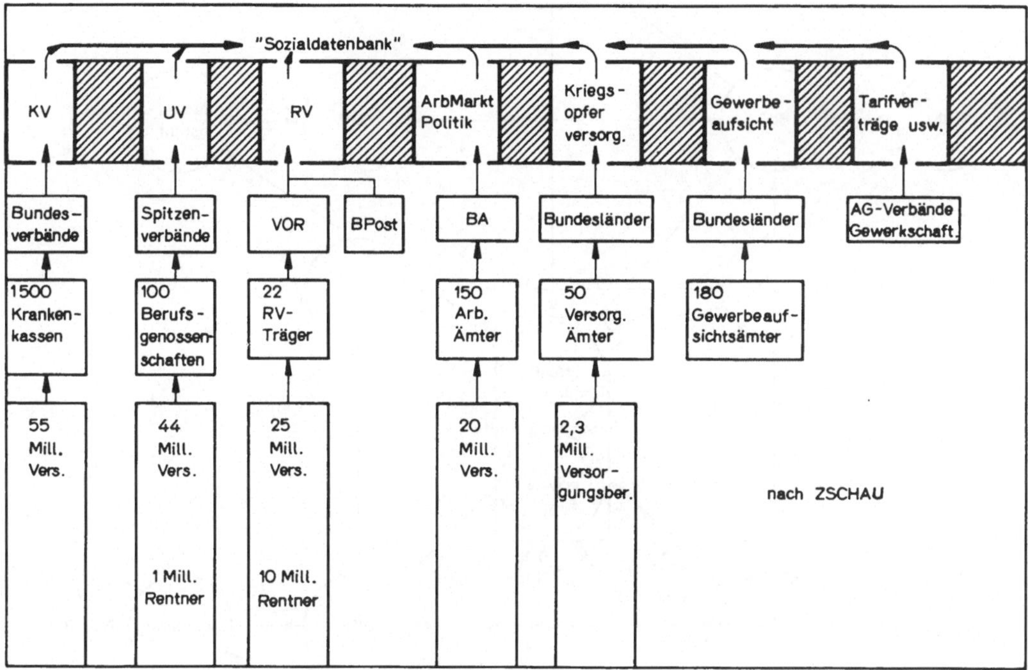

Abbildung 2: Sozialdatenbank

Die Datenflüsse innerhalb dieses Teilbereichs bestehen im wesentlichen aus Versicherten- und
aus Arztdaten, also zum guten Teil aus Daten, die der ärztlichen Schweigepflicht unterliegen.

Selbstverständlich enthalten auch die anderen Versicherungszweige derartige Daten, was zur
Vereinfachung weggelassen sei. Auch nach dieser Reduzierung ist das Geflecht der Datenbahnen
imponierend; es charakterisiert den Realzustand der ärztlichen Schweigepflicht, und wer ohne
Ideologieverdacht darüber reden will, muß zuerst die heutigen faktischen Zustände zur Kenntnis
nehmen, wie sie (nach Vorarbeiten von SCHAEFER und BORCHERT) in der (unvollständigen!)
<u>Abb. 3</u> dargestellt sind.

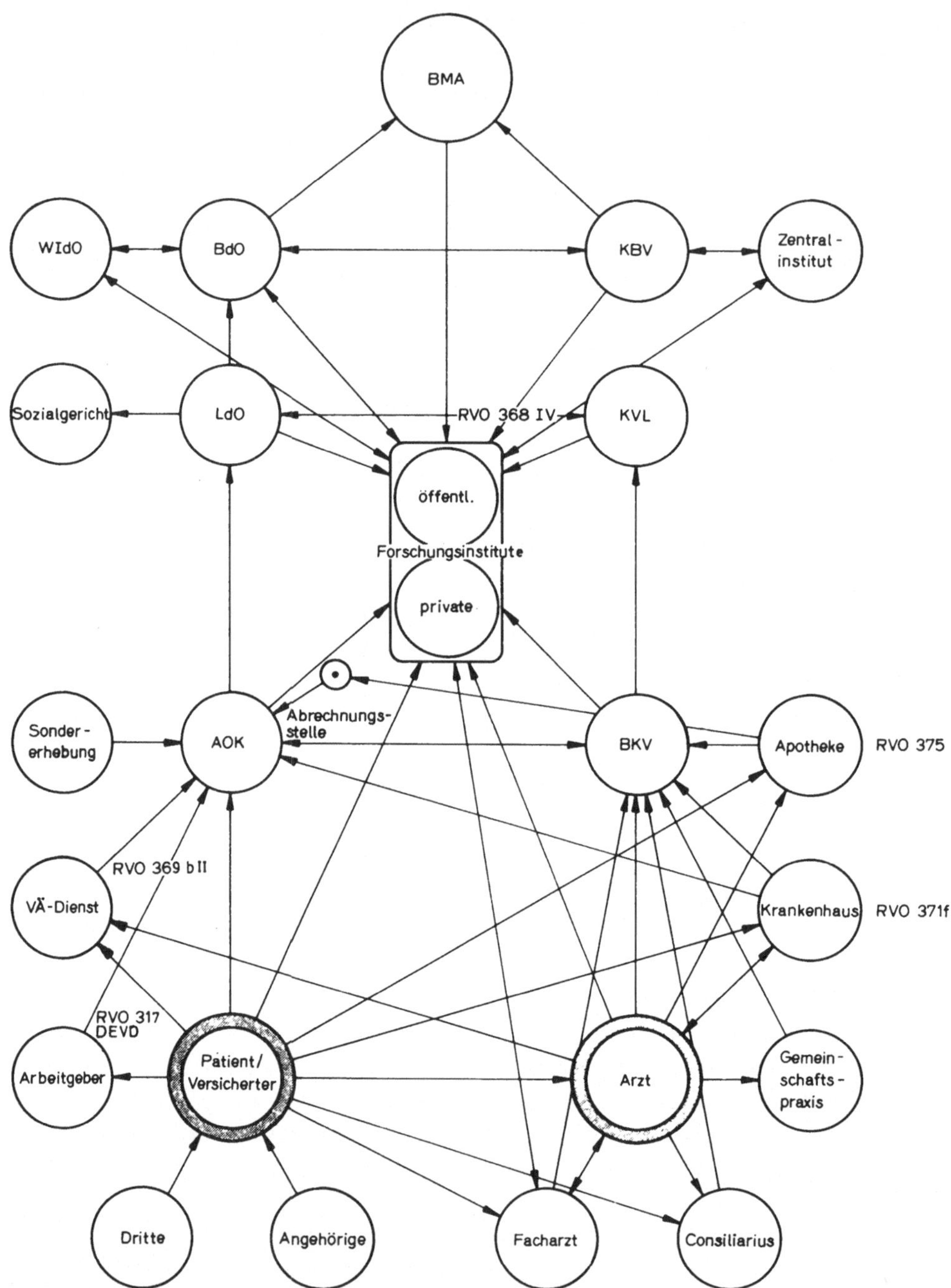

Abbildung 3: Das System der Datenoperationen in der
GK-Versicherung - unvollständig

Zur Erläuterung:

Geht man von dem Arzt/Patientverhältnis aus als dem Grundverhältnis, dann sind alle übrigen Striche davon abgeleitete <u>Datenwege</u> "medizinischer" usw. Daten, und die Knoten im Netzwerk sind <u>beteiligte</u> Personen und Institutionen. Wichtig sind vor allem drei Stellen, - und damit sind wir mitten in unserem Streitthema - : Es gibt mindestens vier beteiligte Gruppen von Forschungsinstitutionen;

(1) Forschungsinstitute auf der ärztlichen Seite,

(2) solche auf der AOK-Seite,

(3) unabhängige Forschungsinstitute im öffentlichen und

(4) privaten Bereich (öffentliche: z. B. Universitäten; private: z. B. Infratest).

Die wichtigsten dieser Datenbahnen habe ich in rechtlicher Hinsicht analysiert und hoffe, das Ergebnis demnächst schriftlich vorlegen zu können. Die Materie ist jedoch so kompliziert, daß ich vermute, daß trotz der vielfältigen Vorarbeit, die Herr HEUSSNER und andere geleistet haben, mir noch einige Fehler unterlaufen sind; denn bei jeder Datenoperation gibt es mindestens drei Datenschutzrechtsnormen, die zu beachten sind, und zusätzlich die materiellen und formellen Bestimmungen der RVO. - Das wäre auch kritisch zum Referat von Frau HOLLMANN anzumerken, weil die Fakten dort doch etwas vereinfacht dargestellt sind.

Wenn man also versuchen will, zu sagen, was ärztliche Schweigepflicht heute heißt, dann muß man sich diese Abbildung 3 vor Augen stellen: Das ist ärztliche Schweigepflicht in ihrer konkreten Ausgestaltung!

Empirisch kann man darum mit Fug behaupten, daß die Aushöhlung der ärztlichen Schweigepflicht, oder, anders ausgedrückt, die "Datenentfremdung" heute (und nicht nur in diesem Bereich) eine soziale Realität wesentlich größeren Ausmaßes ist als dies auch unter Fachleuten bekannt ist. Das ist aber (mit HEUSSNER) ein notwendiger Ausdruck unserer Dienstleistungsgesellschaft. Das ist übrigens auch der Grund, weswegen die Selbstbestimmungstheorie (daß jeder selbst über die Wege seiner Daten zu bestimmen habe) zwar ein anzustrebendes Ziel ist, aber nur gebrochen institutionalisiert und organisiert werden kann.

Auf einem ganz anderen Blatt steht die <u>normative Seite</u> der ärztlichen Schweigepflicht. Selbstverständlich wollen wir diese Institution aufrecht erhalten, weil sie Ausdruck nicht nur eines ganz "besonderen Vertrauensverhältnisses" ist (das wurde ja von Herrn SCHAEFER dargelegt, wobei allerdings zu bemerken ist, daß es Vertrauensverhältnisse dieser Stärke auch in anderen, nicht-ärztlichen Sozialbeziehungen gibt); vielmehr ist die ärztliche Schweigepflicht auch ein Ausdruck - das darf ich jedenfalls als Jurist sagen und möchte damit keinem Mediziner weh tun - eines "besonderen Abhängigkeitsverhältnisses". Es ist das Aquivalent dafür, daß der Kranke in einer besonders massiven Abhängigkeit zum Arzt steht. Dieses Abhängigkeitsverhältnis steht in meinen Augen sogar noch mehr im Vordergrund als das gelegentliche ideologisch aufgewertete Vertrauensverhältnis. Man muß davon ausgehen, daß heute, wie diese Zeichnung eher noch verschweigt, häufig die eine Seite genau das tut, was sie der jeweils anderen vorwirft

- ohne daß ich allzusehr aus der Schule plaudern möchte. Und es tun auch noch Dritte, nämlich die "unabhängigen" Forschungsstellen, nicht nur im Sold der Kassen, sondern auch der Ärzte und dritter Interessenten. Wir haben also bei der ärztlichen Schweigepflicht einerseits ein altertümliches Relikt aus einer ehrwürdigen Vergangenheit, andererseits eine konkrete Ausprägung des Persönlichkeitsrechts in der Rolle des Patienten, dessen soziale Funktion unersetzlich ist und unter den veränderten sozialen und technischen Verhältnissen neu durchdacht und realisiert werden muß.

Ich glaube, auf diese Formel könnte man sich einigen.

5. Grundgedanken einer zeitgemäßen Realisierung des Persönlichkeitsrechts des Patienten

Was könnten die Grundgedanken einer neuen Realisierung sein? Ohne Rücksicht auf gegenwärtige Realitäten seien hier kurz einige Behauptungen genannt, die unmittelbar zu den "Sonderproblemen der Planung und Wissenschaft" überleiten:

(1) Es handele sich weniger um Patienten- und Arztschutz, als um Personenschutz unter den besonderen Bedingungen des ärztlichen Verhältnisses.

(2) Die Informationstechnologien seien unter möglichst humanen Bedingungen anzuwenden. (Damit soll die rechts- und arbeitspolitische Diskussion um die Humanisierung der Arbeitswelt aufgegriffen werden.)

(3) Eine Folgerung aus dem vorigen Punkt: Unüberschaubare Informationssysteme müssen nach Möglichkeit vermieden werden; durch:

- Diversifizierung, in funktionaler Hinsicht
- Regionalisierung, in lokaler Hinsicht
- Parzellierung, hier verstanden als Zuordnung zu überschaubaren Gruppen.

(4) Die Vorteile der Automation müssen aber gleichwohl erhalten werden. Der Einsatz der Informationstechnologien als Organisationsmittel gestattet diese scheinbare Quadratur des Kreise.

(Diese Ansätze sind ausgeführt in STEINMÜLLER/ERMER/SCHIMMEL, Datenschutz bei riskanten Systemen, Berlin usw. 1978.)

6. Das Sonderproblem der Planungs- und Forschungsdaten

Jetzt aber zurück zur Gegenwart. Das Hauptproblem bei der Verarbeitung "medizinischer" Daten ist gegenwärtig die wissenschaftliche Datenverarbeitung und die Planungsdatenverarbeitung, wobei die Planungsbedürfnisse von der Verwaltung bisher aber eher postuliert denn substantiiert wurden.

Unter dem speziellen Gesichtspunkt des Planungsbedarfs an "medizinischen" Daten ist nach meinen Erfahrungen eine Reduktion des Problems möglich: Ärzteverbände und Gesundheitsverwaltung benötigen für ihre Planung genau die Daten, die sie für _legitime_ Forschungszwecke benötigen.

Das ist in der Sache begründet; denn die bei der Planung auftretenden Probleme sind strukturell identisch mit denen der wissenschaftlichen Forschung.

Auf der Grundlage dieser Vorüberlegung möchte ich einen Vorschlag für eine Rechtsnorm vorlegen; in dem Wissen (DAMMANN), daß es äußerst riskant ist, den Gesamtbereich der wissenschaftlichen Forschung mit den zahlreichen Interessen-Binnenkonflikten gesetzlich zu regeln. Ich bin mir darüber im klaren, daß ein derartiger Formulierungsvorschlag gründlichst diskutiert werden muß und wahrscheinlich nur in Teilbereichen realisiert werden kann.

Die Grundgedanken dieses Formulierungsvorschlags sind folgende: Versteht man die auf dem Workshop diskutierten Postulate weder als empirische Beschreibungen noch als fixe Rechtsnormen, sondern lediglich als normative vorjuristische Leitlinien, die anzeigen, in welche Richtung man gehen sollte, dann könnte man folgende Leitlinien aufstellen:

Wissenschaftliche Datenverarbeitung soll innen und außen "korrekt" sein (das ist das "Postulat der definierten Struktur", STEINMÜLLER/ERMER/SCHIMMEL, a. a. O., S. 100). Es bedeutet:

(1) <u>nach innen:</u> im System muß der Forscher für seine DV verantwortlich gemacht werden können;

(2) <u>von innen:</u> es bedarf einer organisierten Transparenz der Datenverarbeitung zur Ermöglichung von Kontrolle;

(3) <u>nach außen:</u> das System der Datenverarbeitung muß abgedichtet sein gegen illegitime Datenübermittlung von innen;

(4) <u>von außen:</u> es bedarf auch hier einer externen Kontrolle, wie in der üblichen Datenschutzdiskussion hinreichend als notwendig belegt worden ist.

Sind diese Mindestanforderungen gewahrt, dann gilt die PODLECH'sche normative "Vermutung der Zulässigkeit der Binnendatenverarbeitung in abgeschotteten Systemen" zugunsten einer möglichst ungehinderten und effizienten Datenverarbeitung, und der "Grundsatz der währenden Irrelevanz sedimentärer Information" (ebenfalls nach PODLECH. Unter letzterem hat man zu verstehen, daß dem Betroffenen unter bestimmten Bedingungen der Restsatz an Informationen, der über ihn umläuft, gleichgültig ist. Die Bedingung ist aber, daß diese Restmenge ihm nicht mehr gefährlich werden kann: wenn nämlich das "Postulat des abgeschotteten Systems" (vgl. STEINMÜLLER/ERMER/SCHIMMEL, a. a. O., S. 98) für die besondere Situation der wissenschaftlichen Datenverarbeitung realisiert ist ("Datenverarbeitung für wissenschaftliche Zwecke als 'Einbahnstraße' ": PODLECH).

Ist aber das forschende Informationssystem so abgedichtet, dann ist der Schutzlevel so hoch, daß es eines Sonderschutzes der Patienten- bzw. Versichertendaten nicht mehr bedarf.

Damit vereint der anschließende Gesetzgebungsvorschlag die in der bisherigen Literatur (BORCHERT, DAMMANN, PODLECH, SIMITIS) und Datenschutzgesetzgebung (Hessen, Nordrhein-Westfalen, u. a.) vorgeschlagenen Sicherungsvorkehrungen für diese besonders "riskante" Art der Datenverarbeitung mit dem Gedanken der umfassenden Nachprüfbarkeit durch die kompetente Datenschutzinstitution und der Publizität für den Bürger.

7. Ein Gesetzgebungsvorschlag zur Datenverarbeitung für wissenschaftliche Zwecke

Gesetzestext

Erläuterungen

<u>Abs. 1</u>

Personen (1) und Stellen mit der Aufgabe unabhängiger wissenschaftlicher Forschung (forschende Stellen) (2) können im Rahmen ihrer Aufgaben (3) für im einzelnen bestimmte (4) Forschungsvorhaben personenbezogene Daten (5) speichern und verändern (6).

(1) Gleichstellung wird erforderlich wegen Art. 5 Abs. 3 GG.

(2) Die großzügige Ausweitung privilegierter Stellen wird kompensiert durch die weitgehende institutionelle Kontrolle nach Abs.4

(3) Damit wird das Auseinanderfallen von Verwaltungsfunktion und Planungstätigkeit bei Stellen öffentlicher Verwaltung blockiert.

(4) Eine Konsequenz des 'Postulats der definierten Struktur' als Voraussetzung kontrollfreundlicher Transparenz.

(5/ Terminologie des BDSG. Sie ist der ADV

6) angemessener als die des StGB § 203 oder des SGB-AT § 35.

<u>Abs. 2</u>

Öffentliche (7) Stellen können forschenden Stellen in diesem Rahmen (8) Forschungsaufträge erteilen (9).

(7) Verhindert kommerzielle Auswertung des Arzt- bzw. Versichertengeheimnisses.

(8) Also beschränkt auf die Aufgabe und das definierte Vorhaben.

(9) Eine Übertragung des Gedankens der Auftragsdatenverarbeitung auf die wissenschaftliche Datenverarbeitung.

Sie dürfen ihnen in diesem Rahmen personenbezogene Daten übermitteln (10), wenn die forschende Stelle diese Daten zum Zweck dieses Forschungsvorhabens kennen muß (11).

(10) = (5/6)

(11) Rechtsstaatlicher Grundsatz des Mindesteingriffs in die Rechte des Betroffenen.

Die Übermittlung bedarf der Zustimmung der obersten Aufsichtsbehörde (12).

(12) Betrifft nur öffentliche Stellen. Die Zustimmung ist Ausfluß der politischen Verantwortung für diese sozial besonders riskante Form der DV.

Gesetzestext

Erläuterungen

Die Grundsätze der Auftragsdatenverarbeitung über sorgfältige Auswahl der forschenden Stelle (§ 8 Abs. 1 S. 2 BDSG) sind entsprechend anzuwenden (13).

(13) D. h. die forschende Stelle ist unter besonderer Berücksichtigung der Eignung der von ihr getroffenen technischen und organisatorischen Datenschutzmaßnahmen sorgfältig auszuwählen - Realisierung insbesondere des Postulats des Ausschlusses "undichter" Dritter (STEINMÜLLER/ERMER/SCHIMMEL, a. a. O., S. 99; PODLECH: Wissenschaftliche DV als "Einbahnstraße").

Eine inhaltliche Prüfung des Forschungsvorhabens findet nicht statt (14).

(14) Pendant zum Zustimmungserfordernis (Satz 3). Die Nachstellung nach S. 4 stellt klar, daß dieses Zensurverbot auch für die den Forschungsauftrag erteilende Stelle gilt (nicht nur für die Aufsichtsbehörden).

Abs. 3

Die Datenverarbeitung nach Abs. 1 und 2 erfordert außerdem, daß die Betroffenen eingewilligt haben (15) oder sichergestellt ist (16), daß ihre schutzwürdigen Belange nicht beeinträchtigt werden, insbesondere alle zumutbaren technischen (18) und organisatorischen (19) Möglichkeiten der Anonymisierung ausgenützt werden.

(15) Deklaratorische Wiederholung aus BDSG § 3 zur erhöhten Verständlichkeit für den Laien.

(16) Mutmaßungen genügen nicht; es bedarf des Nachweises (Abs. 4 S. 1) konkreter und ausreichender Maßnahmen.

(17) Nicht nur: ihre Rechte, denn im Informationswesen ist es oft zweifelhaft, ob der "schutzwürdige Belang" schon zum Recht erstarkt ist. - Im übrigen Reprise der Formulierung von BDSG § 1 Abs. 1.

(18/ Hier wird verwiesen auf die Ergebnisse eines
19) entsprechenden Forschungsprojekts, deren Publikation bevorsteht.

Für das Forschungsvorhaben ist ein persönlich Verantwortlicher (Forschungsleiter) zu benennen (20).

(20) Dieser bewährte Grundsatz betriebswirtschaftlicher ADV-Organisation verdient es, auch hier fruchtbar gemacht zu werden. Er vermeidet Beweisschwierigkeiten des potentiellen Geschädigten.

Gesetzestext	**Erläuterungen**

Abs. 4

Der Forschungsleiter oder Träger des Forschungsvorhabens (Forschungsträger) hat
vor Beginn des Vorhabens die Voraussetzungen der Abs. 1 und 3 dem Bundesbeauftragten für den Datenschutz bzw. den
entsprechenden Datenschutzstellen der
Länder nachzuweisen (21); ebenso unverzüglich jede Änderung (22).

(21) Tragende Basis der Gesamtregelung und
m. E. Hauptfortschritt gegenüber bisherigen
gesetzlichen Regelungen. Die Datenschutzstelle ist hier als "lernendes System" konzipiert, die sonst kaum justitiable Bewertungen
(vgl. S. 1 "unabhängig"; "wissenschaftlich")
durch trial and error konkretisieren kann.

(22) Vermeidet Umgehungen.

Diese Datenschutzstellen (23) führen
hierüber ein Register, aus dem an jedermann Auskunft hinsichtlich ... erteilt
wird (24).

(23) Nicht dagegen die evtl. Aufsichts- oder andere öffentliche Stellen, um Interessenkollisionen (namentlich im Hochschulbereich) zu
vermeiden.

(24) Beschränktes Publizitätsprinzip. Eine unbeschränkte Publizität ist aus mehreren Gründen untunlich und/oder unrealistisch.

Forschungsleiter und -träger haften
nebeneinander für die Erfüllung der Erfordernisse des Datenschutzes (25).

(25) Notwendige Ergänzung zu Abs. 3 S. 2.

Sie unterliegen der Kontrolle der zuständigen Datenschutzstelle nach Satz 1 (26).

(26) D. h. die Datenschutzstelle ist auf Datenschutzkontrolle beschränkt; eine Zensur findet auch hier nicht statt.

§ 19 Abs. 3 S. 1 und 2 BDSG gelten entsprechend (27).

(27) D. h. die forschende Stelle hat die Datenschutzstelle zu unterstützen, ihr insbesondere
Auskunft zu erteilen sowie Einsicht und Zutritt zu gewähren.

Abs. 5

Weitere Übermittlungen sind nur für
Zwecke der Forschung im Rahmen der
Abs. 1 bis 4 zulässig (28).

(28) Ungefährliche Ausweitung nach dem Prinzip
der Zweckerstreckung (BDSG § 11 S. 2) aber
nur unter den strengen Voraussetzungen der
Abs. 1 bis 4.

Gesetzestext

Die Veröffentlichung von Forschungsergeb-
nissen, auch zu Unterrichtszwecken, ist nur
mit Einwilligung des Betroffenen zulässig,
soweit sie personenbezogene Daten enthält (29), wenn es sich nicht um eine Person der Zeitgeschichte handelt (30).

Erläuterungen

(29) Ein im Bereich historischer Forschung
durchaus problematischer Vorschlag.
(30) Auch diese ist selbstverständlich nicht
vogelfrei; hier gelten die anerkannten
Grundsätze publizistischer Güterabwägung.

AUSGEWÄHLTE GESETZESTEXTE

GRUNDGESETZ FÜR DIE BUNDESREPUBLIK DEUTSCHLAND (GG)
vom 23. Mai 1949
(BGBl. S. 1)

Art. 1 (Schutz der Menschenwürde)

(1) Die Würde des Menschen ist unantastbar. Sie zu achten und zu schützen ist Verpflichtung aller staatlichen Gewalt.

(2) Das Deutsche Volk bekennt sich darum zu unverletzlichen und unveräußerlichen Menschenrechten als Grundlage jeder menschlichen Gemeinschaft, des Friedens und der Gerechtigkeit in der Welt.

(3) Die nachfolgenden Grundrechte binden Gesetzgebung, vollziehende Gewalt und Rechtsprechung als unmittelbar geltendes Recht.

Art. 2 (Allgemeines Persönlichkeitsrecht)

(1) Jeder hat das Recht auf die freie Entfaltung seiner Persönlichkeit, soweit er nicht die Rechte anderer verletzt und nicht gegen die verfassungsmäßige Ordnung oder das Sittengesetz verstößt.

(2) Jeder hat das Recht auf Leben und körperliche Unversehrtheit. Die Freiheit der Person ist unverletzlich. In diese Rechte darf nur auf Grund eines Gesetzes eingegriffen werden.

Art. 5 (Recht der freien Meinungsäußerung)

(1) Jeder hat das Recht, seine Meinung in Wort, Schrift und Bild frei zu äußern und zu verbreiten und sich aus allgemein zugänglichen Quellen ungehindert zu unterrichten. Die Pressefreiheit und die Freiheit der Berichterstattung durch Rundfunk und Film werden gewährleistet. Eine Zensur findet nicht statt.

(2) Diese Rechte finden ihre Schranken in den Vorschriften der allgemeinen Gesetze, den gesetzlichen Bestimmungen zum Schutze der Jugend und in dem Recht der persönlichen Ehre.

(3) Kunst und Wissenschaft, Forschung und Lehre sind frei. Die Freiheit der Lehre entbindet nicht von der Treue zur Verfassung.

Art. 12 (Berufsfreiheit)

(1) Alle Deutschen haben das Recht, Beruf, Arbeitsplatz und Ausbildungsstätte frei zu wählen. Die Berufsausübung kann durch Gesetz oder auf Grund eines Gesetzes geregelt werden.

(2) Niemand darf zu einer bestimmten Arbeit gezwungen werden, außer im Rahmen einer herkömmlichen allgemeinen, für alle gleichen öffentlichen Dienstleistungspflicht.

(3) Zwangsarbeit ist nur bei einer gerichtlich angeordneten Freiheitsentziehung zulässig.

GESETZ ZUM SCHUTZ VOR MISSBRAUCH
PERSONENBEZOGENER DATEN BEI DER DATENVERARBEITUNG
(BUNDESDATENSCHUTZGESETZ – BDSG)

Vom 27. Januar 1977

(BGBl. I S. 201)

Erster Abschnitt. Allgemeine Vorschriften

§ 1 Aufgabe und Gegenstand des Datenschutzes

(1) Aufgabe des Datenschutzes ist es, durch den Schutz personenbezogener Daten vor Mißbrauch bei ihrer Speicherung, Übermittlung, Veränderung und Löschung (Datenverarbeitung) der Beeinträchtigung schutzwürdiger Belange der Betroffenen entgegenzuwirken.

(2) Dieses Gesetz schützt personenbezogene Daten, die

    1. von Behörden oder sonstigen öffentlichen Stellen (§ 7),

    2. von natürlichen oder juristischen Personen, Gesellschaften oder anderen Personenvereinigungen des privaten Rechts für eigene Zwecke (§ 22),

    3. von natürlichen oder juristischen Personen, Gesellschaften oder anderen Personenvereinigungen des privaten Rechts geschäftsmäßig für fremde Zwecke (§ 31)

in Dateien gespeichert, verändert, gelöscht oder aus Dateien übermittelt werden. Für personenbezogene Daten, die nicht zur Übermittlung an Dritte bestimmt sind und in nicht automatisierten Verfahren verarbeitet werden, gilt von den Vorschriften dieses Gesetzes nur § 6.

(3) Dieses Gesetz schützt personenbezogene Daten nicht, die durch Unternehmen oder Hilfsunternehmen der Presse, des Rundfunks oder des Films ausschließlich zu eigenen publizistischen Zwecken verarbeitet werden; § 6 Abs. 1 bleibt unberührt.

§ 2 Begriffsbestimmungen

(1) Im Sinne dieses Gesetzes sind personenbezogene Daten Einzelangaben über persönliche oder sachliche Verhältnisse einer bestimmten oder bestimmbaren natürlichen Person (Betroffener).

(2) Im Sinne dieses Gesetzes ist

    1. Speichern (Speicherung) das Erfassen, Aufnehmen oder Aufbewahren von Daten auf einem Datenträger zum Zwecke ihrer weiteren Verwendung,

    2. Übermitteln (Übermittlung) das Bekanntgeben gespeicherter oder durch Datenverarbeitung unmittelbar gewonnener Daten an Dritte in der Weise, daß die Daten durch die speichernde Stelle weitergegeben oder zur Einsichtnahme, namentlich zum Abruf bereitgehalten werden,

    3. Verändern (Veränderung) das inhaltliche Umgestalten gespeicherter Daten,

    4. Löschen (Löschung) das Unkenntlichmachen gespeicherter Daten, ungeachtet der dabei angewendeten Verfahren.

(3) Im Sinne dieses Gesetzes ist

    1. speichernde Stelle jede der in § 1 Abs. 2 Satz 1 genannten Personen oder Stellen, die Daten für sich selbst speichert oder durch andere speichern läßt.

    2. Dritter jede Person oder Stelle außerhalb der speichernden Stelle, ausgenommen der Betroffene oder diejenigen Personen und Stellen, die in den Fällen der Nummer 1 im Geltungsbereich dieses Gesetzes im Auftrag tätig werden,

    3. eine Datei eine gleichartig aufgebaute Sammlung von Daten, die nach bestimmten Merkmalen erfaßt und geordnet, nach anderen bestimmten Merkmalen umgeordnet und ausgewertet werden kann, ungeachtet der dabei angewendeten Verfahren; nicht hierzu gehören Akten und Aktensammlungen, es sei denn, daß sie durch automatisierte Verfahren umgeordnet und ausgewertet werden können.

§ 3 Zulässigkeit der Datenverarbeitung

Die Verarbeitung personenbezogener Daten, die von diesem Gesetz geschützt werden, ist in jeder ihrer in § 1 Abs. 1 genannten Phasen nur zulässig, wenn

1.   dieses Gesetz oder eine andere Rechtsvorschrift sie erlaubt oder

2.   der Betroffene eingewilligt hat.

Die Einwilligung bedarf der Schriftform, soweit nicht wegen besonderer Umstände eine andere Form angemessen ist; wird die Einwilligung zusammen mit anderen Erklärungen schriftlich erteilt, ist der Betroffene hierauf schriftlich besonders hinzuweisen.

§ 4 Rechte des Betroffenen

Jeder hat nach Maßgabe dieses Gesetzes ein Recht auf

1.   Auskunft über die zu seiner Person gespeicherten Daten,

2.   Berichtigung der zu seiner Person gespeicherten Daten, wenn sie unrichtig sind,

3.   Sperrung der zu seiner Person gespeicherten Daten, wenn sich weder deren Richtigkeit, noch deren Unrichtigkeit feststellen läßt oder nach Wegfall der ursprünglich erfüllten Voraussetzungen für die Speicherung,

4.   Löschung der zu seiner Person gespeicherten Daten, wenn ihre Speicherung unzulässig war oder - wahlweise neben dem Recht auf Sperrung - nach Wegfall der ursprünglich erfüllten Voraussetzungen für die Speicherung.

Zweiter Abschnitt. Datenverarbeitung der Behörden und sonstigen öffentlichen Stellen

§ 9 Datenspeicherung und -veränderung

(1) Das Speichern und das Verändern personenbezogener Daten ist zulässig, wenn es zur rechtmäßigen Erfüllung der in der Zuständigkeit der speichernden Stelle liegenden Aufgaben erforderlich ist.

(2) Werden Daten beim Betroffenen auf Grund einer Rechtsvorschrift erhoben, dann ist er auf sie, sonst auf die Freiwilligkeit seiner Angaben hinzuweisen.

§ 10 Datenübermittlung innerhalb des öffentlichen Bereichs

(1) Die Übermittlung personenbezogener Daten an Behörden und sonstige öffentliche Stellen ist zulässig, wenn sie zur rechtmäßigen Erfüllung der in der Zuständigkeit der übermittelnden Stelle oder des Empfängers liegenden Aufgaben erforderlich ist. Unterliegen die personenbezogenen Daten einem Berufs- oder besonderen Amtsgeheimnis (§ 45 Satz 2 Nr. 1, Satz 3) und sind sie der übermittelnden Stelle von der zur Verschwiegenheit verpflichteten Person in Ausübung ihrer Berufs- oder Amtspflicht übermittelt worden, ist für die Zulässigkeit der Übermittlung ferner erforderlich, daß der Empfänger die Daten zur Erfüllung des gleichen Zweckes benötigt, zu dem sie die übermittelnde Stelle erhalten hat.

(2) Die Übermittlung personenbezogener Daten an Stellen der öffentlich-rechtlichen Religionsgesellschaften ist in entsprechender Anwendung der Vorschriften über die Datenübermittlung an Behörden und sonstige öffentliche Stellen zulässig, sofern sichergestellt ist, daß bei dem Empfänger ausreichende Datenschutzmaßnahmen getroffen werden.

§ 11 Datenübermittlung an Stellen außerhalb des öffentlichen Bereichs

Die Übermittlung personenbezogener Daten an Personen und an andere Stellen als die in § 10 bezeichneten ist zulässig, wenn sie zur rechtmäßigen Erfüllung der in der Zuständigkeit der übermittelnden Stelle liegenden Aufgaben erforderlich ist oder soweit der Empfänger ein berechtigtes Interesse an der Kenntnis der zu übermittelnden Daten glaubhaft macht und dadurch schutzwürdige Belange des Betroffenen nicht beeinträchtigt werden. Unterliegen die personenbezogenen Daten einem Berufs- oder besonderen Amtsgeheimnis (§ 45 Satz 2 Nr. 1, Satz 3) und sind sie der übermittelnden Stelle von der zur Verschwiegenheit verpflichteten Person in Ausübung ihrer Berufs- oder Amtspflicht übermittelt worden, ist für die Zulässigkeit der Übermittlung ferner erforderlich, daß die gleichen Voraussetzungen gegeben sind, unter denen sie die zur Verschwiegenheit verpflichtete Person übermitteln dürfte. Für die Übermittlung an Behörden und sonstige Stellen außerhalb des Geltungsbereichs dieses Gesetzes sowie an über- und zwischenstaatliche Stellen finden die Sätze 1 und 2 nach Maßgabe der für diese Übermittlung geltenden Gesetze und Vereinbarungen Anwendung.

§ 13 Auskunft an den Betroffenen

.

.

(3) Die Auskunftserteilung unterbleibt, soweit

1. ...

2. die Auskunft die öffentliche Sicherheit und Ordnung gefährden oder sonst dem Wohle des Bundes oder eines Landes Nachteile bereiten würde.

Dritter Abschnitt. Datenverarbeitung nicht-öffentlicher Stellen für eigene Zwecke

§ 22 Anwendungsbereich

(1) Die Vorschriften dieses Abschnittes gelten für natürliche und juristische Personen, Gesellschaften und andere Personenvereinigungen des privaten Rechts, soweit sie geschützte personenbezogene Daten als Hilfsmittel für die Erfüllung ihrer Geschäftszwecke oder Ziele verarbeiten. Sie gelten mit Ausnahme der §§ 28 bis 30 nach Maßgabe von Satz 1 auch für öffentlich-rechtliche Unternehmen, die am Wettbewerb teilnehmen, soweit sie die Voraussetzungen von § 7 Abs. 1 Satz 1 oder § 7 Abs. 2 Satz 1 Nr. 1 erfüllen.

(2) Die Vorschriften dieses Abschnittes gelten für die in Absatz 1 genannten Personen, Gesellschaften und anderen Personenvereinigungen auch insoweit, als personenbezogene Daten in deren Auftrag durch andere Personen oder Stellen verarbeitet werden. In diesen Fällen ist der Auftragnehmer unter besonderer Berücksichtigung der Eignung der an ihm getroffenen technischen und organisatorischen Maßnahmen (§ 6 Abs. 1) sorgfältig auszuwählen.

(3) Die Vorschriften dieses Abschnittes gelten nicht für die in Absatz 1 genannten Personen, Gesellschaften und anderen Personenvereinigungen, die Aufgaben der öffentlichen Verwaltung wahrnehmen.

§ 24 Datenübermittlung

(1) Die Übermittlung personenbezogener Daten ist zulässig im Rahmen der Zweckbestimmung eines Vertragsverhältnisses oder vertragsähnlichen Vertrauensverhältnisses mit dem Betroffenen oder soweit es zur Wahrung berechtigter Interessen der übermittelnden Stelle oder eines Dritten oder der Allgemeinheit erforderlich ist und dadurch schutzwürdige Belange des Betroffenen nicht beeinträchtigt werden. Personenbezogene Daten, die einem Berufs- oder besonderen Amtsgeheimnis (§ 45 Satz 2 Nr. 1, Satz 3) unterliegen und die von der zur Verschwiegenheit verpflichteten Person in Ausübung ihrer Berufs- oder Amtspflicht übermittelt worden sind, dürfen vom Empfänger nicht mehr weitergegeben werden.

(2) Abweichend von Absatz 1 ist die Übermittlung von listenmäßig oder sonst zusammengefaßten Daten über Angehörige einer Personengruppe zulässig, wenn sie sich auf

    1. Namen,

    2. Titel, akademische Grade,

    3. Geburtsdatum,

    4. Beruf, Branchen- oder Geschäftsbezeichnung,

    5. Anschrift,

    6. Rufnummer

beschränkt und kein Grund zu der Annahme besteht, daß dadurch schutzwürdige Belange des Betroffenen beeinträchtigt werden. Zur Angabe der Zugehörigkeit des Betroffenen zu einer Personengruppe dürfen andere als die im vorstehenden Satz genannten Daten nicht übermittelt werden.

Sechster Abschnitt. Übergangs- und Schlußvorschriften

§ 45 Weitergeltende Vorschriften

Soweit besondere Rechtsvorschriften des Bundes auf in Dateien gespeicherte personenbezogene Daten anzuwenden sind, gehen sie den Vorschriften dieses Gesetzes vor. Zu den vorrangigen Vorschriften gehören namentlich:

1. Vorschriften über die Geheimhaltung von dienstlich oder sonst in Ausübung des Berufs erworbenen Kenntnissen, z. B. § 12 des Gesetzes über die Statistik für Bundeszwecke vom 3. September 1953 (BGBl. I S. 1314), zuletzt geändert durch Gesetz vom 2. März 1974 (BGBl. I S. 469), § 30 der Abgabenordnung, § 9 des Gesetzes über das Kreditwesen in der Fassung der Bekanntmachung vom 3. Mai 1976 (BGBl. I S. 1121), §§ 5 und 6 des Gesetzes über das Postwesen, §§ 10 und 11 des Fernmeldeanlagengesetzes;

.

.

.

.

8. Vorschriften über die Verpflichtung zur Verarbeitung personenbezogener Daten bei der Rechnungslegung einschließlich Buchführung und sonstiger Aufzeichnungen, z. B. §§ 38 bis 40, 42 bis 47 des Handelsgesetzbuches, §§ 140 bis 148 der Abgabenordnung, § 8 der VOPR Nr. 30/53 über die Preise bei öffentlichen Aufträgen vom 21. November 1953 (Bundesanzeiger Nr. 244), § 71 der Bundeshaushaltsordnung.

Die Verpflichtung zur Wahrung der in § 203 Abs. 1 des Strafgesetzbuches genannten Berufsgeheimnisse, z. B. des ärztlichen Geheimnisses, bleibt unberührt.

Anlage zu § 6 Abs. 1 Satz 1 BDSG

Werden personenbezogene Daten automatisch verarbeitet, sind zur Ausführung der Vorschriften dieses Gesetzes Maßnahmen zu treffen, die je nach der Art der zu schützenden personenbezogenen Daten geeignet sind,

1. Unbefugten den Zugang zu Datenverarbeitungsanlagen, mit denen personenbezogene Daten verarbeitet werden, zu verwehren (Zugangskontrolle),

2. Personen, die bei der Verarbeitung personenbezogener Daten tätig sind, daran zu hindern, daß sie Datenträger unbefugt entfernen (Abgangskontrolle),

3. die unbefugte Eingabe in den Speicher sowie die unbefugte Kenntnisnahme, Veränderung oder Löschung gespeicherter personenbezogener Daten zu verhindern (Speicherkontrolle),

4. die Benutzung von Datenverarbeitungssystemen, aus denen oder in die personenbezogene Daten durch selbsttätige Einrichtungen übermittelt werden, durch unbefugte Personen zu verhindern (Benutzerkontrolle),

5. zu gewährleisten, daß die zur Benutzung eines Datenverarbeitungssystems Berechtigten durch selbsttätige Einrichtungen ausschließlich auf die ihrer Zugriffsberechtigung unterliegenden personenbezogenen Daten zugreifen können (Zugriffskontrolle),

6. zu gewährleisten, daß überprüft und festgestellt werden kann, an welche Stellen personenbezogene Daten durch selbsttätige Einrichtungen übermittelt werden können (Übermittlungskontrolle),

7. zu gewährleisten, daß nachträglich überprüft und festgestellt werden kann, welche personenbezogenen Daten zu welcher Zeit von wem in Datenverarbeitungssysteme eingegeben worden sind (Eingabekontrolle),

8. zu gewährleisten, daß personenbezogene Daten, die im Auftrag verarbeitet werden, nur entsprechend den Weisungen des Auftraggebers verarbeitet werden können (Auftragskontrolle),

9. zu gewährleisten, daß bei der Übermittlung personenbezogener Daten sowie beim Transport entsprechender Datenträger diese nicht unbefugt gelesen, verändert oder gelöscht werden können (Transportkontrolle),

10. die innerbehördliche oder innerbetriebliche Organisation so zu gestalten, daß sie den besonderen Anforderungen des Datenschutzes gerecht wird (Organisationskontrolle).

SOZIALGESETZBUCH (SGB) - ALLGEMEINER TEIL -
vom 11. Dezember 1975
(BGBl. III 2171-2)

ERSTES BUCH (I). ALLGEMEINER TEIL

Erster Abschnitt. Aufgaben des Sozialgesetzbuchs und soziale Rechte

§ 35 Geheimhaltung

(1) Jeder hat Anspruch darauf, daß seine Geheimnisse, insbesondere die zum persönlichen Lebensbereich gehörenden Geheimnisse sowie die Betriebs- und Geschäftsgeheimnisse, von den Leistungsträgern, ihren Verbänden, den sonstigen in diesem Gesetzbuch genannten öffentlich-rechtlichen Vereinigungen und den Aufsichtsbehörden nicht unbefugt offenbart werden. Eine Offenbarung ist dann nicht unbefugt, wenn der Betroffene zustimmt oder eine gesetzliche Mitteilungspflicht besteht.

(2) Die Amtshilfe unter den Leistungsträgern wird durch Absatz 1 nicht beschränkt, soweit die ersuchende Stelle zur Erfüllung ihrer Aufgaben die geheimzuhaltenden Tatsachen kennen muß.

BÜRGERLICHES GESETZBUCH (BGB)
vom 18. August 1896
(RGBl. S. 195)

§ 810 Einsicht in Urkunden

Wer ein rechtliches Interesse daran hat, eine in fremdem Besitze befindliche Urkunde einzusehen, kann von dem Besitzer die Gestattung der Einsicht verlangen, wenn die Urkunde in seinem Interesse errichtet oder in der Urkunde ein zwischen ihm und einem anderen bestehendes Rechtsverhältnis beurkundet ist oder wenn die Urkunde Verhandlungen über ein Rechtsgeschäft enthält, die zwischen ihm und einem anderen oder zwischen einem von beiden und einem gemeinschaftlichen Vermittler gepflogen worden sind.

§ 203 Verletzung von Privatgeheimnissen

(1) Wer unbefugt ein fremdes Geheimnis, namentlich ein zum persönlichen Lebensbereich gehörendes Geheimnis oder ein Betriebs- oder Geschäftsgeheimnis, offenbart, das ihm als

1. Arzt, Zahnarzt, Tierarzt, Apotheker oder Angehörigen eines anderen Heilberufs, der für die Berufsausübung oder die Führung der Berufsbezeichnung eine staatlich geregelte Ausbildung erfordert,

2. Berufspsychologen mit staatlich anerkannter wissenschaftlicher Abschlußprüfung,

3. Rechtsanwalt, Patentanwalt, Notar, Verteidiger in einem gesetzlich geordneten Verfahren, Wirtschaftsprüfer, vereidigtem Buchprüfer, Steuerberater, Steuerbevollmächtigten oder Organ oder Mitglied eines Organs einer Wirtschaftsprüfungs-, Buchführungs- oder Steuerberatungsgesellschaft,

4. Ehe-, Erziehungs- oder Jugendberater sowie Berater für Suchtfragen in einer Beratungsstelle, die von einer Behörde oder Körperschaft, Anstalt oder Stiftung des öffentlichen Rechts anerkannt ist,

4a. Mitglied oder Beauftragten einer anerkannten Beratungsstelle nach § 218 b Abs. 2 Nr. 1,

5. staatlich anerkanntem Sozialarbeiter oder staatlich anerkanntem Sozialpädagogen oder

6. Angehörigen eines Unternehmens der privaten Kranken-, Unfall- oder Lebensversicherung oder einer privatärztlichen Verrechnungsstelle

anvertraut worden oder sonst bekanntgeworden ist, wird mit Freiheitsstrafe bis zu einem Jahr oder mit Geldstrafe bestraft.

(2) Ebenso wird bestraft, wer unbefugt ein fremdes Geheimnis, namentlich ein zum persönlichen Lebensbereich gehörendes Geheimnis oder ein Betriebs- oder Geschäftsgeheimnis, offenbart, das ihm als

1. Amtsträger,

2. für den öffentlichen Dienst besonders Verpflichteten,

3. Person, die Aufgaben und Befugnisse nach dem Personalvertretungsrecht wahrnimmt,

4. Mitglied eines für ein Gesetzgebungsorgan des Bundes oder eines Landes tätigen Untersuchungsausschusses, sonstigen Ausschusses oder Rates, das nicht selbst Mitglies des Gesetzesgebungsorgans ist, oder als Hilfskraft eines solchen Ausschusses oder Rates oder

5. öffentlich bestelltem Sachverständigen, der auf die gewissenhafte Erfüllung seiner Obliegenheiten auf Grund eines Gesetzes förmlich verpflichtet worden ist,

anvertraut worden oder sonst bekanntgeworden ist. Einem Geheimnis im Sinne des Satzes 1 stehen Einzelangaben über persönliche oder sachliche Verhältnisse eines anderen gleich, die für Aufgaben der öffentlichen Verwaltung erfaßt worden sind; Satz 1 ist jedoch nicht anzuwenden, soweit solche Einzelangaben anderen Behörden oder sonstigen Stellen für Aufgaben der öffentlichen Verwaltung bekanntgegeben werden und das Gesetz dies nicht untersagt.

(3) Den in Absatz 1 Genannten stehen ihre berufsmäßig tätigen Gehilfen und die Personen gleich, die bei ihnen zur Vorbereitung auf den Beruf tätig sind. Den in Absatz 1 und den in Satz 1 Genannten steht nach dem Tode des zur Wahrung des Geheimnisses Verpflichteten ferner gleich, wer das Geheimnis von dem Verstorbenen oder aus dessen Nachlaß erlangt hat.

(4) Die Absätze 1 bis 3 sind auch anzuwenden, wenn der Täter das fremde Geheimnis nach dem Tode des Betroffenen unbefugt offenbart.

(5) Handelt der Täter gegen Entgelt oder in der Absicht, sich oder einen anderen zu bereichern oder einen anderen zu schädigen, so ist die Strafe Freiheitsstrafe bis zu zwei Jahren oder Geldstrafe.

REICHSVERSICHERUNGSORDNUNG (RVO)

vom 19. Juli 1911 (RGBl. S. 509)

In der Fassung der Bekanntmachung vom 15. Dezember 1924

(RGBl. I S. 779)

§ 223 Überprüfung von Krankheitsfällen

Die Krankenkasse kann in geeigneten Fällen im Zusammenwirken mit den Kassenärztlichen Vereinigungen, den Krankenhausträgern für den jeweiligen Bereich sowie den Vertrauensärzten die Krankheitsfälle vor allem im Hinblick auf die in Anspruch genommenen Leistungen überprüfen; die Krankenkasse kann den Versicherten und den behandelnden Arzt über die in Anspruch genommenen Leistungen und ihre Kosten unterrichten.

§ 319 a. Mitgliederverzeichnis der Krankenkasse

Die Krankenkasse hat ein Mitgliederverzeichnis zu führen, in das die Aufzeichnungen aufzunehmen sind, die zur rechtmäßigen Erfüllung ihrer Aufgaben erforderlich sind. Der Bundesminister für Arbeit und Sozialordnung bestimmt durch Rechtsverordnung mit Zustimmung des Bundesrates über Inhalt und Form des Mitgliederverzeichnisses.

§ 368 d. Freie Kassenarztwahl

(1)   Es besteht vorbehaltlich der Vorschriften der Absätze 2 und 3 freie Wahl unter den an der kassenärztlichen Versorgung teilnehmenden Ärzten, den Zahnkliniken der Krankenkassen sowie unter den in § 368 n Abs. 7 genannten Einrichtungen. Ärzte, die nicht an der kassenärztlichen Versorgung teilnehmen, dürfen nur in Notfällen in Anspruch genommen werden. Die Inanspruchnahme der poliklinischen Einrichtungen der Hochschulen und der Eigeneinrichtungen der Krankenkassen richtet sich nach den hierüber abgeschlossenen Verträgen. Zahl und Umfang der Eigeneinrichtungen dürfen nur auf Grund vertraglicher Vereinbarung vermehrt werden.

(2)   Wird ohne zwingenden Grund ein anderer als einer der nächsterreichbaren an der kassenärztlichen Versorgung teilnehmenden Ärzte in Anspruch genommen, so hat der Versicherte die Mehrkosten zu tragen.

(3)   Der Versicherte soll den an der kassenärztlichen Versorgung teilnehmenden Arzt innerhalb eines Kalendervierteljahres nur bei Vorliegen eines triftigen Grundes wechseln.

(4)   Die Übernahme der Behandlung verpflichtet den an der kassenärztlichen Versorgung teilnehmenden Arzt dem zu Behandelnden gegenüber zur Sorgfalt nach den Vorschriften des bürgerlichen Vertragsrechts.

(5)   Absätze 1 bis 4 gelten für ärztlich geleitete Einrichtungen, die an der kassenärztlichen Versorgung teilnehmen, entsprechend.

§ 368 g. Gesamtverträge; Mantelverträge

(1) Die kassenärztliche Versorgung ist im Rahmen der gesetzlichen Vorschriften und der Richtlinien der Bundesausschüsse durch schriftliche Verträge der Kassenärztlichen Vereinigungen mit den Verbänden der Krankenkassen so zu regeln, daß eine gleichmäßige, ausreichende, zweckmäßige und wirtschaftliche Versorgung der Kranken gewährleistet ist und die ärztlichen Leistungen angemessen vergütet werden.

(2) Vorbehaltlich des Satzes 2 schließen die Kassenärztlichen Vereinigungen mit den Landesverbänden der Krankenkassen mit Wirkung für die beteiligten Krankenkassen Gesamtverträge über die kassenärztliche Versorgung. Gesamtverträge für Krankenkassen, deren Bereich sich über den Bereich einer Kassenärztlichen Vereinigung hinaus erstreckt, werden von den Kassenärztlichen Bundesvereinigungen mit dem Bundesverband oder Landesverband geschlossen, dessen Mitglied die betreffende Krankenkasse ist; die Kassenärztlichen Bundesvereinigungen können den Abschluß den beteiligten Kassenärztlichen Vereinigungen, die beteiligten Bundesverbände und Landesverbände der Krankenkassen können den Abschluß einander übertragen. Die beteiligten Krankenkassen sind vor Abschluß der Verträge anzuhören.

(3) Den allgemeinen Inhalt der Gesamtverträge vereinbaren die Kassenärztlichen Bundesvereinigungen mit den Bundesverbänden der Krankenkassen in Mantelverträgen (Bundesmantelverträge).

(4) Als Bestandteil der Bundesmantelverträge vereinbaren die Vertragspartner durch die Bewertungsausschüsse (§ 368i Abs. 8) einen einheitlichen Bewertungsmaßstab für die ärztlichen Leistungen und einen einheitlichen Bewertungsmaßstab für die zahnärztlichen Leistungen. Die Bewertungsmaßstäbe bestimmen den Inhalt der abrechnungsfähigen ärztlichen Leistungen und ihr wertmäßiges, in Punkten ausgedrücktes Verhältnis zueinander. Sie sind in bestimmten Zeitabständen auch daraufhin zu überprüfen, ob die Leistungsbeschreibungen und ihre Bewertungen noch dem Stande der medizinisch-technischen Entwicklung sowie dem Erfordernis der Rationalisierung und Wirtschaftlichkeit entsprechen.

§ 369 Pflichten bei Maßnahmen zur Früherkennung von Krankheiten

(1) Die Kassen sind verpflichtet, im Zusammenwirken mit den Kassenärztlichen Vereinigungen die Versicherten und ihre anspruchsberechtigten Familienangehörigen mit allen geeigneten Mitteln und in bestimmten Zeitabständen über die zur Sicherung der Gesundheit notwendige und zweckmäßige Inanspruchnahme von Untersuchungen zur Früherkennung von Krankheiten aufzuklären.

(2) Die Kassen und Kassenärztlichen Vereinigungen haben die bei Durchführung von Maßnahmen zur Früherkennung von Krankheiten anfallenden Ergebnisse zu sammeln und auszuwerten; dabei ist sicherzustellen, daß Rückschlüsse auf die Person des Untersuchten ausgeschlossen sind.

§ 369 a. Krankenkarte

Die Kassen sind verpflichtet, für jeden Erkrankten eine Krankenkarte anzulegen, in der die Art der Krankheit und die Dauer der mit ihr verbundenen Arbeitsunfähigkeit vermerkt werden. Die Karte kann auch andere den Zwecken der Krankenversicherung dienende Angaben tatsächlicher Art enthalten.

§ 369 b. Vertrauensarzt

(1) Die Kassen sind verpflichtet,

1. die Verordnung von Versicherungsleistungen in den erforderlichen Fällen durch einen Arzt (Vertrauensarzt) rechtzeitig nachprüfen zu lassen,

2. eine Begutachtung der Arbeitsunfähigkeit durch einen Vertrauensarzt zu veranlassen, wenn es zur Sicherung des Heilerfolges,insbesondere zur Einleitung von Maßnahmen der Sozialleistungsträger für die Wiederherstellung der Arbeitsfähigkeit oder zur Beseitigung von begründeten Zweifeln an der Arbeitsunfähigkeit erforderlich erscheint,

3. im Benehmen mit dem behandelnden Arzt eine Begutachtung durch einen Vertrauensarzt zu veranlassen, wenn dies zur Einleitung von Maßnahmen zur Rehabilitation, insbesondere zur Aufstellung eines Gesamtplanes nach § 5 Abs. 3 des Gesetzes über die Angleichung der Leistungen zur Rehabilitation vom 7. August 1974 (Bundesgesetzbl. I S. 1881), erforderlich erscheint.

(2) Der Vertrauensarzt ist nicht berechtigt, in die Behandlung des Kassenarztes einzugreifen. Der Vertrauensarzt hat dem Versicherten das Ergebnis der Begutachtung, dem Kassenarzt und der Kasse auch die erforderlichen Angaben über den Befund mitzuteilen.

(3) Die Kasse hat, solange ein Anspruch auf Fortzahlung des Arbeitsentgelts besteht, dem Arbeitgeber das Ergebnis der Begutachtung über die Arbeitsunfähigkeit mitzuteilen, wenn das Gutachten des Vertrauensarztes mit der Bescheinigung des Kassenarztes im Ergebnis nicht übereinstimmt. Die Mitteilung an den Arbeitgeber darf keine Angaben über die Krankheit des Versicherten enthalten.

(4) Das Reichsversicherungsamt erläßt Bestimmungen für die Auswahl der Vertrauensärzte, für den Vertragsinhalt und für die Sicherung der Unabhängigkeit. Die Bestimmungen müssen auch den Kündigungsschutz betreffen.

ARBEITSFÖRDERUNGSGESETZ
(AFG)
vom 25. Juni 1969
(BGBl. I S. 582)

§ 14

(1) Die Bundesanstalt hat dahin zu wirken, daß Arbeitsuchende Arbeit und Arbeitgeber die erforderlichen Arbeitskräfte erhalten. Dabei hat sie die besonderen Verhältnisse der freien Arbeitsplätze, die Eignung der Arbeitsuchenden und deren persönliche Verhältnisse zu berücksichtigen. Die Bundesanstalt kann Arbeitsuchende, soweit dies für die Berücksichtigung ihres Gesundheitszustandes bei der Arbeitsvermittlung erforderlich ist, mit deren Einverständnis ärztlich untersuchen und begutachten; in besonderen Fällen kann sie Arbeitsuchende mit deren Einverständnis auch psychologisch untersuchen und begutachten.

(2) Sie kann sich in den Fällen des § 2 Nr. 4 und 6 nach der Vermittlung in Arbeit um die Festigung der Arbeitsverhältnisse bemühen, soweit dies erforderlich ist.

§ 22

Bei der Arbeitsvermittlung und Arbeitsberatung dürfen Hinweise auf die Besonderheiten einer offenen Stelle, die für den Arbeitsuchenden oder den Ratsuchenden von Bedeutung sein können, sowie auf besondere Eigenschaften eines Arbeitsuchenden oder Ratsuchenden, die für dessen Eignung für die Stelle wichtig sein können, gegeben werden, wenn diese Besonderheiten oder besonderen Eigenschaften amtlich bekanntgeworden sind und wenn besondere Umstände, namentlich die Aufnahme in die Hausgemeinschaft, es rechtfertigen. Auf Verlangen müssen entsprechende Auskünfte gegeben werden. Das Ergebnis einer Untersuchung oder Begutachtung nach § 14 Abs. 1 Satz 3 darf nur mit Zustimmung des Arbeitsuchenden mitgeteilt werden.

§ 103

(1) Der Arbeitsvermittlung steht zur Verfügung, wer

1. eine zumutbare Beschäftigung unter den üblichen Bedingungen des allgemeinen Arbeitsmarktes ausüben kann und darf sowie

2. bereit ist, jede zumutbare Beschäftigung anzunehmen, die er ausüben kann.

Nummer 1 gilt nicht hinsichtlich der Arbeitszeit; Lage und Verteilung der Arbeitszeit müssen jedoch den Bedingungen entsprechen, zu denen Beschäftigungen der in Betracht kommenden Art und Dauer üblicherweise ausgeübt werden. Der Arbeitsvermittlung steht nicht zur Verfügung, wer

1. nur geringfügige Beschäftigungen ausüben kann und darf, weil er

a) in seiner Leistungsfähigkeit gemindert und berufsunfähig im Sinne der gesetzlichen Rentenversicherung ist oder

b) tatsächlich oder rechtlich gebunden ist,

2. wegen häuslicher Bindungen, die nicht in der Betreuung aufsichtsbedürftiger Kinder oder pflegebedürftiger Personen bestehen, Beschäftigungen nur zu bestimmten Arbeitszeiten ausüben kann,

3. wegen seines Verhaltens nach der im Arbeitsleben herrschenden Auffassung für eine Beschäftigung als Arbeitnehmer nicht in Betracht kommt.

(1a) Bei der Beurteilung der Zumutbarkeit sind die Lage und Entwicklung des Arbeitsmarktes, die Interessen der Gesamtheit der Beitragszahler und die des Arbeitslosen zu berücksichtigen. Beschäftigungen sind nicht allein deshalb unzumutbar, weil

1. sie nicht der bisherigen beruflichen Tätigkeit des Arbeitslosen entsprechen,

2. der Beschäftigungsort vom Wohnort des Arbeitslosen weiter entfernt ist als der bisherige Beschäftigungsort oder

3. die Arbeitsbedingungen ungünstiger sind als bei der bisherigen Beschäftigung, insbesondere lediglich der tarifliche Arbeitslohn gezahlt wird oder im Vergleich zur früheren Beschäftigung übertarifliche Zuschläge oder sonstige Vergünstigungen entfallen.

(2) Die Entscheidung, ob Berufsunfähigkeit im Sinne der gesetzlichen Rentenversicherung vorliegt, trifft der zuständige Rentenversicherungsträger im Wege der Amtshilfe. Bis zur Entscheidung gilt der Arbeitslose als nicht berufsunfähig. Wird dem Arbeitslosen eine Rente wegen Berufsunfähigkeit oder Erwerbsunfähigkeit zuerkannt, so geht der Anspruch auf die Rente für die Zeit, für die der Arbeitslose nach Satz 2 als nicht berufsunfähig galt, bis zur Höhe des für diese Zeit gewährten Arbeitslosengeldes auf die Bundesanstalt über.

(3) Kann der Arbeitslose nur Heimarbeit übernehmen, so schließt das nicht aus, daß er der Arbeitsvermittlung zur Verfügung steht, wenn er innerhalb der Rahmenfrist eine die Beitragspflicht begründende Beschäftigung als Heimarbeiter so lange ausgeübt hat, wie zur Erfüllung einer Anwartschaft erforderlich ist (§ 104).

(4) Leistet der Arbeitslose vorübergehend zur Verhütung oder Beseitigung öffentlicher Notstände Dienste, die nicht auf einem Arbeitsverhältnis beruhen, so schließt das nicht aus, daß der Arbeitslose der Arbeitsvermittlung zur Verfügung steht.

GESETZ

ÜBER DIE ANGLEICHUNG DER LEISTUNGEN ZUR REHABILITATION (REHAG)

vom 7. August 1974

(BGBl. I S. 1881)

§ 5   Zusammenarbeit der Rehabilitationsträger

(1)   Die Rehabilitationsträger haben im Interesse einer raschen und dauerhaften Eingliederung der Behinderten eng zusammenzuarbeiten. Die umfassende Beratung der Behinderten ist durch die Einrichtung von Auskunfts- und Beratungsstellen zu gewährleisten; gemeinschaftliche Auskunfts-und Beratungsstellen sind anzustreben.

(2)   Jeder Träger hat im Rahmen seiner Zuständigkeit die nach Lage des Einzelfalles erforderlichen Leistungen so vollständig und umfassend zu erbringen, daß Leistungen eines anderen Trägers nicht erforderlich werden. Die §§ 565, 1239 der Reichsversicherungsordnung, § 16 des Angestelltenversicherungsgesetzes, § 38 des Reichsknappschaftsgesetzes und § 10 Abs. 7, § 65 Abs. 3 des Bundesversorgungsgesetzes bleiben unberührt.

(3)   In allen geeigneten Fällen, insbesondere, wenn das Rehabilitationsverfahren mehrere Maßnahmen umfaßt oder andere Träger und Stellen daran beteiligt sind, hat der zuständige Träger einen Gesamtplan zur Rehabilitation aufzustellen. Der Gesamtplan soll alle Maßnahmen umfassen, die im Einzelfall erforderlich sind, um eine vollständige und dauerhafte Eingliederung zu erreichen; dabei ist sicherzustellen, daß die Maßnahmen nahtlos ineinandergreifen. Der Behinderte, auf sein Verlangen oder soweit erforderlich die behandelnden Ärzte sowie die am Rehabilitationsverfahren beteiligten Stellen wirken bei der Aufstellung des Gesamtplanes beratend mit.

ABGABENORDNUNG (AO 1977)
In der Fassung vom 16. März 1976
(BGBl. I S. 613)

Vierter Abschnitt. Steuergeheimnis

§ 30 Steuergeheimnis

(1) Amtsträger haben das Steuergeheimnis zu wahren.

(2) Ein Amtsträger verletzt das Steuergeheimnis, wenn er

  1. Verhältnisse eines anderen, die ihm

   a) in einem Verwaltungsverfahren oder einem gerichtlichen Verfahren in Steuersachen,

   b) in einem Strafverfahren wegen einer Steuerstraftat oder einem Bußgeldverfahren wegen einer Steuerordnungswidrigkeit,

   c) aus anderem Anlaß durch Mitteilung einer Finanzbehörde oder durch die gesetzlich vorgeschriebene Vorlage eines Steuerbescheides oder eine Bescheinigung über die bei der Besteuerung getroffenen Feststellungen

   bekanntgeworden sind, oder

  2. ein fremdes Betriebs- oder Geschäftsgeheimnis, das ihm in einem der in Nummer 1 genannten Verfahren bekanntgeworden ist,

  unbefugt offenbart oder verwertet.

(3) Den Amtsträgern stehen gleich

  1. die für den öffentlichen Dienst besonders Verpflichteten (§ 11 Abs. 1 Nr. 4 des Strafgesetzbuches),

  2. amtlich zugezogene Sachverständige,

  3. die Träger von Ämtern der Kirchen und anderen Religionsgemeinschaften, die Körperschaften des öffentlichen Rechts sind.

(4) Die Offenbarung der nach Absatz 2 erlangten Kenntnisse ist zulässig, soweit

  1. sie der Durchführung eines Verfahrens im Sinne des Absatzes 2 Nr. 1 Buchstaben a und b dient,

  2. sie durch Gesetz ausdrücklich zugelassen ist,

  3. der Betroffene zustimmt,

  4. sie der Durchführung eines Strafverfahrens wegen einer Tat dient, die keine Steuerstraftat ist, und die Kenntnisse

   a) in einem Verfahren wegen einer Steuerstraftat oder Steuerordnungswidrigkeit erlangt worden sind; dies gilt jedoch nicht für solche Tatsachen, die der Steuerpflichtige in Unkenntnis der Einleitung des Strafverfahrens oder des Bußgeldverfahrens offenbart hat oder die bereits vor Einleitung des Strafverfahrens oder des Bußgeldverfahrens im Besteuerungsverfahren bekanntgeworden sind, oder

   b) ohne Bestehen einer steuerlichen Verpflichtung oder unter Verzicht auf ein Auskunftsverweigerungsrecht erlangt worden sind,

5. für sie ein zwingendes öffentliches Interesse besteht; ein zwingendes öffentliches Interesse ist namentlich gegeben, wenn

    a) Verbrechen und vorsätzliche schwere Vergehen gegen Leib und Leben oder gegen den Staat und seine Einrichtungen verfolgt werden oder verfolgt werden sollen,

    b) Wirtschaftsstraftaten verfolgt werden oder verfolgt werden sollen, die nach ihrer Begehungsweise oder wegen des Umfangs des durch sie verursachten Schadens geeignet sind, die wirtschaftliche Ordnung erheblich zu stören oder das Vertrauen der Allgemeinheit auf die Redlichkeit des geschäftlichen Verkehrs oder auf die ordnungsgemäße Arbeit der Behörden und der öffentlichen Einrichtungen erheblich zu erschüttern,

    oder

    c) die Offenbarung erforderlich ist zur Richtigstellung in der Öffentlichkeit verbreiteter unwahrer Tatsachen, die geeignet sind, das Vertrauen in die Verwaltung erheblich zu erschüttern; die Entscheidung trifft die zuständige oberste Finanzbehörde im Einvernehmen mit dem Bundesminister der Finanzen; vor der Richtigstellung soll der Steuerpflichtige gehört werden.

(5) Vorsätzlich falsche Angaben des Betroffenen dürfen den Strafverfolgungsbehörden gegenüber offenbart werden.

§ 31 Vordrucke zur Durchführung der kassenärztlichen Versorgung

(1) Die zur Durchführung der kassenärztlichen Versorgung erforderlichen Vordrucke -mit Ausnahme der von den Kassenärztlichen Vereinigungen zu schaffenden und von ihnen zu liefernden Vordrucke für die Abrechnung der Kassenärzte - werden zwischen den Partnern des Bundesmantelvertrages vereinbart. Dazu gehören insbesondere Vordrucke für

a) die Krankenscheine,

b) die Überweisungsscheine,

c) die Arbeitsunfähigkeitsbescheinigungen,

d) die Krankengeld-Zahlscheine,

e) das Verordnungsblatt für Krankenhauspflege,

f) das Verordnungsblatt für Arznei-, Heil- und Hilfsmittel,

g) die Bescheinigung über den mutmaßlichen Tag der Entbindung,

h) die Auskunftserteilung gemäß § 12 Abs. 7 und die Mitteilung gemäß § 30 Abs. 2,

i) den Mutterschaftsvorsorgeschein,

k) den Überweisungsschein für serologische Untersuchungen im Rahmen der Mutterschaftsvorsorge,

l) die Berechtigungsscheine für Maßnahmen zur Früherkennung von Krankheiten,

m) der Überweisungsschein für eine zytologische Untersuchung im Rahmen der Krebsfrüherkennungsuntersuchung für Frauen.

(2) Die Kosten für diese Vordrucke werden von den Krankenkassen getragen.

(3) Vordrucke und Bescheinigungen sind vollständig und leserlich auszufüllen, mit dem Kassenarztstempel zu versehen und vom Kassenarzt persönlich zu unterzeichnen. Die persönliche Unterschrift des abrechnenden Arztes auf den Behandlungsausweisen, Mutterschaftsvorsorgescheinen und Berechtigungsscheinen entfällt; an ihre Stelle tritt eine Sammelerklärung, deren Wortlaut zwischen den Partnern des Gesamtvertrages zu vereinbaren ist.

Bei Verordnungen von Arznei- sowie Heil- und Hilfsmitteln kann auf die Verwendung des Kassenarztstempels verzichtet werden, wenn dessen Inhalt auf dem Arzneiverordnungsblatt (Muster 16 der Vordruckvereinbarung) an der für die Stempelung vorgesehenen Stelle im Maschinendruck bereits enthalten ist.

(4) Das Nähere über den Kassenarztstempel ist im Gesamtvertrag zu vereinbaren.

(5) Die zur Durchführung der kassenärztlichen Versorgung erforderlichen Vordrucke und Stempel sind zur Verhütung mißbräuchlicher Benutzung sorgfältig aufzubewahren.